Altium Designer 18 电路板设计入门与提高实战

◎ 张利国　主编　◎ 李占友　原大明　副主编

电子工业出版社
Publishing House of Electronics Industry
北京·BEIJING

内 容 简 介

本书以 Altium Designer 18 为平台，打破程式化的讲解思路，结合实例，重点讲述原理图设计、印制电路板（PCB）设计、集成库生成、电路仿真系统和综合设计实战，既包括适合初学者学习的基础操作，也包括适合进阶提高者的绘制技巧和设计技巧。

本书抓住读者在设计中常涉及的问题和工程应用难题进行讲解，既可作为从事电路设计工作的技术人员和电路设计爱好者的入门书籍，也可作为相关专业在校学生的教材。

未经许可，不得以任何方式复制或抄袭本书之部分或全部内容。
版权所有，侵权必究。

图书在版编目（CIP）数据

Altium Designer 18 电路板设计入门与提高实战 / 张利国主编. —北京：电子工业出版社，2020.3
ISBN 978-7-121-38171-3

Ⅰ．①A… Ⅱ．①张… Ⅲ．①印刷电路－计算机辅助设计－应用软件 Ⅳ．①TN410.2

中国版本图书馆 CIP 数据核字（2019）第 290019 号

责任编辑：钱维扬
印　　刷：北京七彩京通数码快印有限公司
装　　订：北京七彩京通数码快印有限公司
出版发行：电子工业出版社
　　　　　北京市海淀区万寿路 173 信箱　邮编：100036
开　　本：787×1092　1/16　印张：26　字数：665.6 千字
版　　次：2020 年 3 月第 1 版
印　　次：2024 年 1 月第 4 次印刷
定　　价：98.00 元

凡所购买电子工业出版社图书有缺损问题，请向购买店调换。若书店售缺，请与本社发行部联系，联系及邮购电话：（010）88254888，88258888。
质量投诉请发邮件至 zlts@phei.com.cn，盗版侵权举报请发邮件至 dbqq@phei.com.cn。
本书咨询联系方式：（010）88254459。

前言
PREFACE

随着电子产品规模的扩大和集成度的提高，对PCB设计的要求也越来越高。面对结构精巧、功能复杂的电子产品设计，人们总是希望提高设计效率、缩短设计周期，同时还要从信号传输、电源供应、电磁兼容等几个方面提高PCB性能，以保证系统可以稳定可靠地工作。Altium Designer作为主流的EDA工具，在高速、高密度PCB的设计和分析方面提供了一系列解决方案，帮助用户提高效率，保障产品性能。Altium Designer不但继承了Protel系列软件板级设计上的易学易用性，功能上的层次化原理图设计，高效的PCB交互式布线器，在线规则检查，全新的、更人性化的视图功能，强大的设计复用能力，方便快捷的加工文件输出功能，而且还提供了丰富的、提高设计效率的新功能。

Altium Designer 18显著地提高了用户体验和设计效率，利用极具现代感的用户界面使设计流程流线化，同时实现了紧凑的性能优化。Altium Designer 18将64位体系结构和多线程结合，在PCB设计中实现了更高的稳定性、更快的速度和更强的功能。互连的多板装配，时尚的用户界面体验，强大的PCB设计，快速、高质量的布线，实时的BOM管理和简化的PCB文档处理流程，都体现了软件的现代感和对用户使用体验的考虑。

本书以Altium Designer 18为平台，介绍电路原理图设计、印制电路板设计和电路仿真等方面的内容。全书共10章：第1章介绍Altium Designer的相关知识和软件安装方法；第2章根据原理图编辑的一般流程介绍原理图设计的操作方法；第3章针对复杂电路设计介绍层次化原理图的绘制方法，并根据实际应用介绍原理图绘制的后期处理；第4章介绍原理图常用的几类元器件绘制方法及其元器件库的使用；第5章和第6章介绍PCB设计基础、自动布线设计PCB和手动修改PCB；第7章介绍PCB布线技巧、PCB编辑技巧、Altium Designer 18与Protel 99 SE同类库文件的转换、PCB设计的后期处理和Altium Designer软件的使用技巧；第8章介绍创建元器件封装和集成库的方法；第9章介绍Altium Designer的电路仿真系统；第10章是原理图与电路板综合设计实战，对电路板设计的多个实例进行讲解，通过实例总结了原理图和电路板设计的多个知识点。

本书由浅入深，突出重点，可帮助读者掌握PCB设计技巧并加以灵活运用；采用结合实例的方法，打破程式化的讲解思路，利于理解；注重软件基础知识与基础操作的讲解，由浅入深，逐步提高，对原理图与PCB图绘制中的常用操作与使用方法进行了重点讲解；通过笔者对软件使用经验的总结，帮助读者将掌握的软件使用技巧灵活地运用到工程实践当中。

本书编者均来自东北石油大学秦皇岛分校。第1章由李红霞编写，第2章由刘彦昌编写，第3章由陈雷编写，第4章由贾茉编写，第5章和第8章由李占友编写，第6章、第

9 章和附录 A 由原大明编写，第 7 章 7.1 节～7.4 节由高静编写，第 7 章 7.5 节～7.8 节和第 10 章由张利国编写，全书由张利国统稿。本书在编写过程中得到了来自学校、同事和亲友等多方面的大力支持与帮助，在此一并表示感谢。由于时间仓促，加之编者水平有限，书中难免有不妥之处，恳请读者批评指正。

编 者

2020 年 2 月

目 录
CONTENTS

第 1 章 Altium Designer 概述 ·· 1
 1.1 Altium Designer 简介 ·· 1
  1.1.1 Altium Designer 的发展 ··· 1
  1.1.2 Altium Designer 的主要功能 ·· 2
  1.1.3 Altium Designer 18 的功能改进 ·· 3
 1.2 Altium Designer 18 软件的安装 ·· 4
  1.2.1 安装 Altium Designer 18 软件 ··· 4
  1.2.2 激活 Altium Designer 18 软件 ··· 5

第 2 章 原理图设计 ·· 8
 2.1 原理图设计准备 ··· 8
  2.1.1 创建工作空间和项目 ·· 8
  2.1.2 创建原理图文件 ··· 11
  2.1.3 文件保存提示 ·· 11
 2.2 原理图工作环境设置 ·· 12
  2.2.1 工作环境设置选项 ·· 13
  2.2.2 图形编辑环境参数设置 ·· 15
  2.2.3 原理图图样参数设置 ··· 18
 2.3 原理图绘图环境介绍 ·· 21
  2.3.1 主菜单 ··· 21
  2.3.2 主工具栏 ·· 23
  2.3.3 工作面板 ·· 23
  2.3.4 原理图视图操作 ··· 24
 2.4 元器件的查找与放置 ·· 25
  2.4.1 加载元器件库 ·· 25
  2.4.2 元器件的查找 ·· 27
  2.4.3 元器件的放置 ·· 28
  2.4.4 元器件属性设置 ··· 29
 2.5 原理图的绘制 ·· 32
  2.5.1 导线的绘制 ·· 32

         2.5.2　放置电源/接地符号 ··· 34
         2.5.3　放置网络标号 ··· 35
         2.5.4　绘制总线与总线分支 ··· 36
         2.5.5　绘制 I/O 端口 ··· 38
         2.5.6　放置忽略 ERC 测试点 ·· 39
   2.6　原理图对象编辑 ··· 40
         2.6.1　选取对象 ·· 40
         2.6.2　移动对象 ·· 42
         2.6.3　对象的复制、剪切、粘贴和删除 ··· 43
         2.6.4　元器件的阵列粘贴 ·· 44
         2.6.5　元器件的对齐 ·· 46
         2.6.6　对象属性整体编辑 ·· 47
   2.7　原理图绘图工具的使用 ·· 49
         2.7.1　绘图工具栏 ··· 49
         2.7.2　绘制直线 ·· 50
         2.7.3　绘制多边形和圆弧 ·· 51
         2.7.4　绘制直角矩形和圆角矩形 ··· 52
         2.7.5　放置文本和文本框 ·· 53
         2.7.6　绘制圆和椭圆 ·· 54

第 3 章　原理图设计进阶 ·· 56
   3.1　层次化原理图设计 ·· 56
         3.1.1　层次化原理图介绍 ·· 56
         3.1.2　自上而下的层次化原理图设计 ··· 57
         3.1.3　自下而上的层次化原理图设计 ··· 61
         3.1.4　层次化原理图之间的切换 ··· 62
   3.2　原理图的后期处理 ·· 63
         3.2.1　文本的查找与替换 ·· 63
         3.2.2　元器件编号管理 ··· 64
         3.2.3　原理图电气检查与编译 ·· 69
         3.2.4　元器件的过滤 ·· 71
         3.2.5　封装管理器的使用 ·· 74
         3.2.6　自动生成元器件库 ·· 78
         3.2.7　在原理图中添加 PCB 设计规则 ··· 78
         3.2.8　由覆盖区指示器创建网络类 ·· 80
         3.2.9　创建组合体（Union）和通用电路片段 ··· 82
         3.2.10　生成原理图报表 ·· 84

3.2.11　打印输出原理图 ………………………………………………………… 89

第 4 章　绘制原理图元器件 …………………………………………………………… 92
　4.1　原理图元器件库 ………………………………………………………………… 92
　　　4.1.1　启动元器件库编辑器 ……………………………………………………… 92
　　　4.1.2　元器件库编辑管理器 ……………………………………………………… 92
　　　4.1.3　元器件库编辑器工具 ……………………………………………………… 95
　4.2　绘制简单元器件 ………………………………………………………………… 96
　　　4.2.1　新建一个元器件符号 ……………………………………………………… 96
　　　4.2.2　添加元器件符号模型 ……………………………………………………… 100
　　　4.2.3　添加元器件参数 …………………………………………………………… 105
　4.3　绘制含有多个部件的元器件 …………………………………………………… 107
　　　4.3.1　分部分绘制元器件 ………………………………………………………… 107
　　　4.3.2　绘制元器件的一个部件 …………………………………………………… 107
　　　4.3.3　新建元器件的第二个部件 ………………………………………………… 108
　　　4.3.4　元器件属性设置 …………………………………………………………… 109
　　　4.3.5　原理图的同步更新 ………………………………………………………… 109

第 5 章　印制电路板（PCB）设计环境 ……………………………………………… 110
　5.1　PCB 设计基础 …………………………………………………………………… 110
　　　5.1.1　PCB 的种类与结构 ………………………………………………………… 110
　　　5.1.2　元器件封装概述 …………………………………………………………… 112
　　　5.1.3　PCB 设计流程 ……………………………………………………………… 114
　5.2　规划 PCB 和设置环境参数 …………………………………………………… 116
　　　5.2.1　规划 PCB …………………………………………………………………… 116
　　　5.2.2　PCB 界面介绍 ……………………………………………………………… 118
　　　5.2.3　PCB 层介绍 ………………………………………………………………… 122
　　　5.2.4　设置板层 …………………………………………………………………… 123
　　　5.2.5　设置 PCB 层显示和颜色属性 ……………………………………………… 125
　　　5.2.6　设置 PCB 栅格 ……………………………………………………………… 126
　5.3　设置 PCB 编辑环境 …………………………………………………………… 128
　　　5.3.1　设置常规参数 ……………………………………………………………… 129
　　　5.3.2　设置显示参数 ……………………………………………………………… 130
　　　5.3.3　设置板观察器参数 ………………………………………………………… 132
　　　5.3.4　设置交互式布线参数 ……………………………………………………… 135
　　　5.3.5　设置字体参数 ……………………………………………………………… 137
　　　5.3.6　设置默认参数 ……………………………………………………………… 137
　　　5.3.7　设置报告参数与层颜色 …………………………………………………… 138

5.4 元器件封装库操作 ········ 139
5.4.1 加载元器件封装库 ········ 139
5.4.2 元器件封装的搜索和放置 ········ 141
5.4.3 修改元器件封装属性 ········ 143
5.5 PCB 设计的基本规则 ········ 143
5.5.1 电气设计规则 ········ 144
5.5.2 布线设计规则 ········ 149
5.5.3 表贴（SMT）元器件设计规则 ········ 155
5.5.4 掩膜（Mask）设计规则 ········ 157
5.5.5 内层（Plane）设计规则 ········ 158
5.5.6 测试点（Testpoint）设计规则 ········ 160
5.5.7 制造（Manufacturing）设计规则 ········ 163
5.5.8 高频电路设计规则 ········ 166
5.5.9 布局（Placement）设计规则 ········ 168
5.5.10 PCB 设计规则向导 ········ 170

第 6 章 PCB 的绘制 ········ 174
6.1 PCB 加载网络表 ········ 174
6.1.1 设置同步比较规则 ········ 174
6.1.2 网络表的导入 ········ 175
6.1.3 原理图与 PCB 图同步更新 ········ 180
6.2 手动调整元器件的布局 ········ 182
6.2.1 元器件选取 ········ 182
6.2.2 元器件的旋转与移动 ········ 183
6.2.3 元器件的复制、剪切、粘贴与删除 ········ 184
6.2.4 元器件的排列 ········ 185
6.2.5 调整元器件标注 ········ 187
6.3 PCB 的自动布线 ········ 187
6.3.1 设置 PCB 自动布线策略 ········ 187
6.3.2 PCB 自动布线命令 ········ 189
6.3.3 扇出式布线 ········ 193
6.3.4 自动补跳线和删除补跳线 ········ 196
6.4 PCB 的手动布线 ········ 196
6.4.1 放置走线 ········ 196
6.4.2 布线过程的快捷键 ········ 197
6.4.3 布线过程添加过孔和切换板层 ········ 198
6.4.4 布线过程调整走线长度 ········ 199

  6.4.5 布线过程改变线宽 200
  6.4.6 拆除走线 203

第7章 PCB 设计进阶 204

7.1 PCB 布线技巧 204
  7.1.1 循边走线 204
  7.1.2 推挤式走线 205
  7.1.3 智能环绕走线 206
  7.1.4 总线式走线 207
  7.1.5 差分对（Differential Pairs）走线 208
  7.1.6 调整走线 213

7.2 PCB 编辑技巧 215
  7.2.1 放置焊盘和过孔 215
  7.2.2 补泪滴 219
  7.2.3 放置敷铜 220
  7.2.4 放置文字和注释 223
  7.2.5 距离测量与标注 223
  7.2.6 添加包地 225
  7.2.7 特殊粘贴 226
  7.2.8 添加网络连接 228
  7.2.9 多层板设计 230
  7.2.10 内电层分割 233

7.3 Altium Designer 18 与同类软件库文件的转换 234
  7.3.1 将 Protel 99 SE 库文件导入 Altium Designer 18 234
  7.3.2 将 Altium Designer 18 的元器件库转换成 Protel 99 SE 的格式 238

7.4 PCB 设计的后期处理 239
  7.4.1 设计规则检查（DRC） 239
  7.4.2 PCB 报表输出 241
  7.4.3 PCB 文件的打印输出 244
  7.4.4 智能 PDF 生成向导 248
  7.4.5 面板设置 253
  7.4.6 汉化软件设置 254

7.5 PCB 的尺寸概念 255
  7.5.1 元器件引脚尺寸与焊盘孔径 255
  7.5.2 焊盘尺寸与孔径的关系 255
  7.5.3 焊盘间距的测量方法 256
  7.5.4 元器件外形尺寸的测量方法 257

7.5.5　贴片元器件封装尺寸 ··· 257
7.5.6　根据机壳设计电路板尺寸 ··· 258
7.5.7　电路板安装孔的设计方法 ··· 260
7.6　表面贴装技术（SMT） ·· 261
7.6.1　SMT元器件 ·· 262
7.6.2　表面贴装对PCB的要求 ··· 264
7.6.3　SMT元器件分类和识别方法 ··· 265
7.6.4　SMT元器件的主要组成部分和SMT元器件的制造工艺 ················· 267
7.7　单面板设计 ··· 268
7.7.1　单面板设计准备工作 ··· 269
7.7.2　加载元器件封装库和电路板规划 ··· 270
7.7.3　设置单面板和导入网络表 ··· 271
7.4.4　布局和自动布线 ··· 272
7.8　PCB设计原则 ·· 273
7.8.1　抗干扰设计原则 ··· 273
7.8.2　热设计原则 ··· 276
7.8.3　抗震设计原则 ··· 277
7.8.4　可测试性设计原则 ··· 277

第8章　创建元器件封装库和集成库 ··· 279

8.1　创建元器件封装库 ··· 279
8.1.1　创建封装库文件 ··· 279
8.1.2　手动创建元器件封装 ··· 279
8.1.3　使用向导创建元器件封装 ··· 282
8.1.4　不规则封装的绘制 ··· 284
8.2　3D封装的绘制 ·· 284
8.2.1　封装高度属性的添加 ··· 285
8.2.2　手动制作3D模型 ·· 285
8.2.3　制作交互式3D模型 ·· 288
8.3　集成库的创建与维护 ··· 290
8.3.1　创建集成库 ··· 290
8.3.2　集成库的维护 ··· 293

第9章　电路仿真系统 ··· 294

9.1　电路仿真的基本概念和步骤 ··· 294
9.1.1　电路仿真的基本概念 ··· 294
9.1.2　电路仿真的步骤 ··· 295
9.2　电源和仿真激励源 ··· 295

9.3 仿真分析的参数设置 303
9.3.1 通用参数设置 303
9.3.2 元器件仿真参数设置 304
9.3.3 特殊仿真元器件的参数设置 309
9.3.4 仿真数学函数放置 309
9.3.5 仿真传输元器件 310

9.4 仿真形式 311
9.4.1 静态工作点分析 311
9.4.2 瞬态分析和傅里叶分析 312
9.4.3 直流传输特性分析 315
9.4.4 交流小信号分析 317
9.4.5 噪声分析 318
9.4.6 零—极点分析 319
9.4.7 传递函数分析 321
9.4.8 温度扫描 322
9.4.9 参数扫描 323
9.4.10 蒙特卡洛分析 325

第10章 原理图与电路板综合设计实战 327

10.1 单片机（基于51）最小系统电路板设计 327
10.1.1 单片机（基于51）最小系统原理 327
10.1.2 单片机（基于51）最小系统原理图设计 329
10.1.3 单片机（基于51）最小系统PCB设计 335

10.2 单片机（基于AVR）最小系统电路板设计 338
10.2.1 单片机（基于AVR）最小系统原理 338
10.2.2 单片机（基于AVR）最小系统原理图设计 342
10.2.3 单片机（基于AVR）最小系统PCB设计 344

10.3 单片机（基于MSP430）最小系统电路板设计 347
10.3.1 单片机（基于MSP430）最小系统原理 347
10.3.2 单片机（基于MSP430）最小系统原理图设计 349
10.3.3 单片机（基于MSP430）最小系统PCB设计 352

10.4 单片机（基于ARM）最小系统电路板设计 355
10.4.1 单片机（基于ARM）最小系统原理 355
10.4.2 单片机（基于ARM）最小系统原理图设计 358
10.4.3 单片机（基于ARM）最小系统PCB设计 362

10.5 CPLD（基于ISPLSI1032）最小系统电路板设计 364
10.5.1 CPLD（基于ISPLSI1032）最小系统原理 364

10.5.2 CPLD（基于 ISPLSI1032）最小系统原理图设计 ········· 368
10.5.3 CPLD（基于 ISPLSI1032）最小系统 PCB 设计 ········· 373
10.6 DSP（基于 TMS320F2407）最小系统电路板设计 ········· 376
10.6.1 DSP（基于 TMS320F2407）最小系统原理 ········· 376
10.6.2 DSP（基于 TMS320F2407）最小系统原理图设计 ········· 379
10.6.3 DSP（基于 TMS320F2407）最小系统 PCB 设计 ········· 384
10.7 DSP（基于 TMS320F2812）最小系统电路板设计 ········· 387
10.7.1 DSP（基于 TMS320F2812）最小系统原理 ········· 387
10.7.2 DSP（基于 TMS320F2812）最小系统原理图设计 ········· 392
10.7.3 DSP（基于 TMS320F2812）最小系统 PCB 设计 ········· 397

附录 A　Altium Designer 18 快捷键 ········· 402

A.1　设计浏览器快捷键 ········· 402
A.2　原理图和 PCB 通用快捷键 ········· 402
A.3　原理图快捷键 ········· 403
A.4　PCB 快捷键 ········· 404

第 1 章
Altium Designer 概述

Altium Designer 是 Protel 系列软件开发商 Altium 公司推出的一体化的电子产品开发系统，主要运行在 Windows 操作系统上。这套软件通过把原理图设计、电路仿真、PCB 绘制编辑、拓扑逻辑自动布线、信号完整性分析和设计输出等技术完美融合，为设计者提供了全新的设计解决方案，使设计者可以轻松地进行电路设计，熟练使用这套软件必将使电路设计的质量和效率大大提高。

【本章要点】
- Altium Designer 的发展。
- Altium Designer 的主要功能。
- Altium Designer 18 的安装。
- Altium Designer 18 的激活。

1.1 Altium Designer 简介

1.1.1 Altium Designer 的发展

Altium Designer 是 Altium 公司（澳大利亚）继 Protel 系列产品 Tango(1985)、Protel For DOS(1988)、ProtelForWindows、Protel 98、Protel 99、Protel 99 SE、Protel DXP、Protel DXP 2004 之后推出的印制电路板高端设计软件。

Protel 产品家族的渊源最早可以追溯到 1985 年，ACCEL Technologies Inc 推出了第一个用于电子线路设计的软件包——Tango。1988 年，ACCEL Technologies Inc 公司更名为 Protel Technology 公司，推出了 Protel ForDOS 软件作为 Tango 的升级版本，自此推出 Protel 系列软件。2001 年，Protel Technology 公司改名为 Altium 公司，并整合了多家 EDA 软件公司，成为业内的巨无霸。

2006 年，Altium 公司新品 Altium Designer 6.0 成功推出，经过 Altium Designer 6.3、Altium Designer 6.6、Altium Designer 6.7、Altium Designer 6.8、Altium Designer 6.9、Altium Designer Summer 08、Altium Designer Winter 09、Altium Designer Summer09、Altium Designer10、Altium Designer13 等版本升级，越来越贴近设计者的应用需求，越来越符合未来电子设计发展的趋势要求。

目前，业界广泛使用的两个版本分别为 Protel 99 SE 和 Altium Designer 的最新版，尽管

Protel 版本不停地升级和发展，Protel 99 SE 仍以其体积小、占用系统资源少、易学易用、高效等优点赢得了众多设计者的青睐。Altium Designer 操作界面不同于 Protel 99 SE，它沿用了 Protel DXP 的界面风格。Altium Designer 18 除了全面继承包括 Protel 99 SE、Protel DXP 2004 在内的之前一系列版本的功能和优点以外，还进行了许多改进，增加了许多高端功能，可以使设计者的工作更加便捷、有效和轻松，帮助设计者解决在项目开发中遇到的各种挑战，推动 Protel 软件向更高端的 EDA 工具迈进。

1.1.2 Altium Designer 的主要功能

1．电路原理图设计

Altium Designer 的电路原理图设计系统由原理图编辑器（SCH）、原理图元器件库编辑器和各种文本编辑器组成，该系统的主要功能如下：

（1）绘制、修改和编辑电路原理图。
（2）更新和修改电路图元器件及元器件库。
（3）查看和编辑电路图元器件库相关的各种报表。

2．印制电路板设计

印制电路板（Printed Circuit Board，PCB）是一种重要的电子部件，是所有电子元器件的支撑体，也是电子元器件电气连接的提供者。Altium Designer 的印制电路板设计系统由印制电路板编辑器、元器件封装编辑器和电路板组件管理器组成。该系统的主要功能如下：

（1）绘制、修改和编辑印制电路板。
（2）更新和修改元器件封装及封装库。
（3）管理电路板组件及生成 PCB 报表。

3．电路模拟仿真

Altium Designer 的电路模拟仿真系统包含一个数字/模拟信号仿真器，可提供连续的数字信号和模拟信号，以便对电路原理图进行信号模拟仿真，从而验证正确性和可行性。

4．FPGA 及逻辑部件

Altium Designer 的编程逻辑设计系统包含一个有语法功能的文本编辑器和一个波形编辑器，可以对逻辑电路进行分析和综合，观察信号的波形。利用 PLD 系统可以最大限度地精简逻辑部件，使数字电路设计达到最简化。

5．高级信号完整性分析

Altium Designer 的信号完整性分析系统提供了一个精确的信号完整性模拟器，可用来分析 PCB 设计、检查电路设计参数、实验超调量、实现阻抗和信号谐波要求等。此外，使用 Altium Designer 还可以进行设计规则检查、生成元器件清单、生成数控钻床用的钻孔定位文件、生成阻焊层文件、生成印刷字符层文件等。

1.1.3　Altium Designer 18 的功能改进

从 Altium Designer 6.0 到 Altium Designer 18，Altium Designer 变得越来越华丽：华丽的界面，华丽的 3D PCB 效果，越来越丰富的功能，当然，其代价便是软件版本的迭代速度越来越快，软件的体积越来越庞大，Layout 布线时对系统的资源占用也越来越严重，卡顿也就不可避免了。

Altium Designer 18 最大的特性就是改善卡顿问题，提升速度，包括以下几个方面：

（1）采用新的 DirectX 3D 渲染引擎，带来更好的 3D PCB 显示效果和性能。

（2）仅支持 64 位操作系统，具有更好的内存读/写性能，支持更大的内存空间。

（3）重构网络连接性分析引擎，避免如下情况：由于 PCB 较大，且 GND 很多，每次碰到有 GND 的元器件或线，屏幕就会出现 Analyzing Gnd 的情况。

（4）相比 Altium Designer 17，文件的载入性能大幅度提升。

（5）ECO 及移动器件性能优化。

（6）交互式布线速度提升。

（7）利用多核多线程技术，大幅度提升了湿度工程编译、敷铜、DRC 检查、导出 Gerber 等的性能。

（8）更加快速的 2D→3D 上下文界面切换。

（9）降低了系统内存及显卡内存的占用。

（10）更高的 Gerber 导出性能，至少比 Altium Designer 17 快 4～7 倍。在高精密 26 层 PCB 线路板，具有大约 9000 个元器件的测试板上进行对比，Altium Designer 17 导出 Gerber 需要 7h，而 Altium Designer 18 仅仅需要 11min。

Altium Designer 18 除了性能改善，还带来了一些新功能和特性的提升。

1．支持多板系统设计

增强的 BOM 清单功能，进一步增强了 ActiveBOM 功能，ActiveBOM 功能通过更好的前期元器件选择，有效避免生产返工。采用 ActiveBOM 和 Altium 数据保险库，设计者能在设计过程的任何时刻都可以查看元器件的供应链信息，无论在把它们放入电路图之前，还是在元器件的 CAD 模型尚未建立之前。

（1）在设计工具中直接查看企业的元器件数据。

（2）在设计开发过程中的最佳时间做出元器件选择。

2．按成本设计

物料清单的成本是一个关键的设计要求，是大多数设计者所面临的日常挑战。通常说的"按成本设计"针对的就是这种挑战。如果产品设计者不对产品的功能性、形式和成本加以平衡，就可会错失目标市场，产品的销售将无法达到预期，成功的几率会大大降低。采用 Altium Designer 的 ActiveBOM 和 Altium 数据保险库，设计者能够进行如下操作：

（1）通过从内部（数据库）和外部（在线供应商）源查看元器件成本及可用性，然后正确选择元器件。

（2）确定目标价格，使供应链团队了解需要在何处采购。

（3）清楚设计中每个部分在总成本中的占比。

3. 改进 Active Route 交互布线功能

Active Route 是一种交互式自动布线技术。它提供高效的多网络布线算法，应用于设计者选择的特定网络或飞线可帮助设计者交互式地定义布线路径或布线导向，从而定义布线走向。相较于常规交互式布线和自动布线，Active Route 的优点包括：

（1）自动优化引脚/过孔阵列的逸出式布线（人工布线时最耗时的操作）。
（2）高性能：信号网络布线< 1s/1 个网络。
（3）按照优先级，遵从网络和网络类的宽度、间距、板层、拓扑和 Room 设计规则。
（4）多层电路板同时布线，并跨越这些板层布线。
（5）使用直观的布线导向来引导布线路径。
（6）使用河流式布线法实现较高的完成率，无须过孔。
（7）能穿过多边形敷铜平面进行布线，并对其重新敷铜（如果启用了重新敷铜选项）。
（8）支持单端和差分对网络。

Active Route 使用强大的修线工具整理线路，进一步减少转角数量，改善布线总体外观。

1.2　Altium Designer 18 软件的安装

1.2.1　安装 Altium Designer 18 软件

本书所介绍的软件版本为 Altium Designer 18，软件的版本随时间不断更新，功能也在不断强化，但其使用和功能操作是基本不变的，所以对于多数设计者而言，选择运行稳定、通用的版本即可。Altium Designer 18 除了全面继承包括 Protel 99 SE、Protel DXP 在内的一系列版本的功能和优点外，还进行了许多改进，增加了很多高端功能。Altium Designer 18 拓宽了板级设计的传统界面，全面集成了 FPGA 设计功能和 SOPC 设计功能，从而允许工程设计人员将系统设计中的 FPGA、PCB 设计和嵌入式设计集成在一起。由于 Altium Designer 18 在继承先前 Protel 软件功能的基础上，综合了 FPGA 设计和嵌入式设计功能，因此对计算机的系统需求比先前的版本要高一些。Altium Designer 18 是基于 Windows 的应用程序，与多数软件的安装相同。其安装过程只需根据向导提示进行相关设置，具体安装步骤如下。

（1）采用硬盘安装，运行其中的 Setup.exe，打开 Altium Designer 18 安装向导进行安装，选择安装语言，选择同意版权协议，即选择"I accept the agreement"，如图 1-1 所示。

（2）单击"Next"按钮，进入软件安装选择对话框，可以选择安装 PCB Design、Soft Design 和 PCB and Soft Design，这里注意选择仿真组件 Mixed simulation 和 SIMetrix，如图 1-2 所示。

（3）单击"Next"按钮，在对话框中设置软件的安装路径：安装主程序路径和放置设计样例、元器件库文件、模板文件的路径。设计者可根据个人电脑空间情况和个人习惯来设置，默认路径选择为 C 盘，如图 1-3 所示。

（4）单击"Next"按钮，进入准备安装界面，如图 1-4 所示。

（5）单击"Next"按钮，系统开始复制文件，滚动条显示安装进度，如图 1-5 所示。

（6）几分钟后，系统出现如图 1-6 所示的安装完成界面。单击"Finish"按钮结束安装。

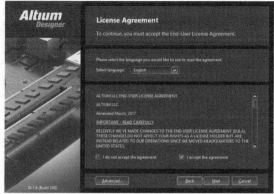

图 1-1 版权协议

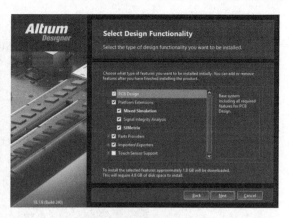

图 1-2 选择安装软件内容

图 1-3 选择安装路径

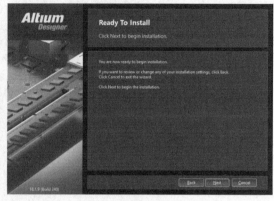

图 1-4 准备安装界面

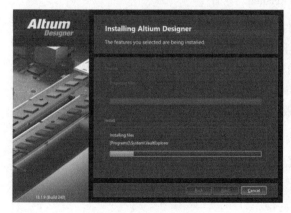

图 1-5 安装进度界面

图 1-6 安装完成界面

1.2.2 激活 Altium Designer 18 软件

在安装包里的 Crack 文件夹下有 shfolder.dll 文件和 licenses 文件夹，licences 文件夹内有预先生成的若干个 *.alf 授权信息文件。

（1）将 shfolder.dll 文件复制到 Altium Designer 18 的安装目录下，与 Altium Designer 18

的启动文件 X2.EXE 位于同级目录。

例如，将 Altium Designer 18 安装到 D:\altium 路径下，则将安装包 Crack\shfolder.dll 复制到 D:\altium 路径下即可。

注：Altium Designer 18 的启动文件名为 X2.EXE，而不是之前版本的 DXP.EXE。这里先复制 shfolder.dll 文件，再启动 Altium Designer 18 软件进行激活。

（2）通过开始菜单栏启动 Altium Designer 18，在 Altium Designer 18 中，通过右上角的菜单 Liceane Management 启动授权管理窗口，进入"My Account"界面，如图 1-7 所示，可以看到此时软件处于未激活状态。从图中也可以看出软件有多种激活方式。

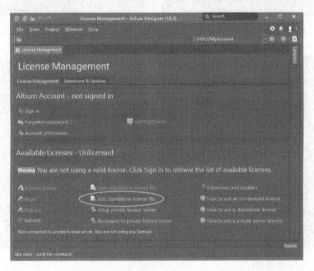

图 1-7　"My Account"界面

（3）设计者通过获取 License 文件进行软件激活，采用软件破解方法得到*.alf 激活文件，导入安装包里 Crack\Licenses 文件夹内的任意授权文件即可。

将此文件放置在指定目录中。如果下载的软件为破解版，则可在下载的文件中找到破解文件。直接单击图 1-7 中的"Add Standalone license file"选项，在出现的对话框中选择一个 License 文件，如图 1-8 所示。打开后软件被激活，如图 1-9 所示。

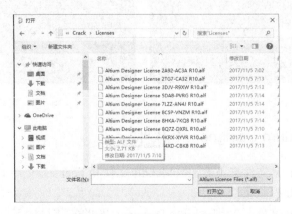

图 1-8　选择 License 文件

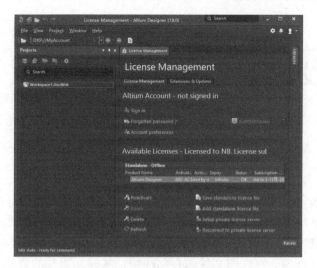

图 1-9 激活后的软件界面

第 2 章 原理图设计

Altium Designer 18 具有强大的集成开发环境，能够解决电路设计中遇到的绝大多数问题。Altium Designer 18 的一体化应用环境，使得原理图设计从单面 PCB、双面 PCB 到多层 PCB 设计，从电路仿真到复杂 FPGA 设计均可实现。本章主要介绍基本原理图设计的方法，并了解原理图的设计环境、原理图文件的存储环境，掌握元器件的查找、原理图的绘制和原理图编辑等操作。

【本章要点】
- 原理图设计环境。
- 元器件的查找与放置。
- 原理图绘图工具的使用。
- 原理图对象编辑。
- 绘图工具栏的使用方法。

2.1 原理图设计准备

在进行电路应用设计时，将涉及大量不同类型的文件，如原理图文件、PCB 图文件以及各种报表文件等，如何有效地管理这些文件将是一件比较复杂的事情，Altium Designer 18 提供了项目管理功能对文件进行管理，将电路应用设计的相关文件包含在一个项目中，将多个具有相似特征的项目包含在同一个工作空间中。电路应用设计是以项目为单元的，在进行原理图设计前需要新建项目、设置项目选项等。好的项目设置会使电路的结构清晰明确，便于项目参与者理解。本节将介绍 Altium Designer 18 中的项目管理操作。

2.1.1 创建工作空间和项目

Altium Designer 18 启动后，会自动新建一个默认名为"Workspacel.DsnWrk"的工作空间，设计者可直接在该默认工作空间下创建项目，也可以自己创建工作空间。

1. 创建工作空间

（1）双击 Altium Designer 18 图标，启动 Altium Designer 18。

（2）执行菜单命令 File→New→Design Workspace，新建默认名称为"Workspacel.DsnWrk"的工作空间，如图2-1所示。

（3）执行菜单命令 File→Save Design Workspace，如图2-2所示；或者右键单击图2-1中"Projects"面板中的"Workspace1.Dsnwrk"选项，在弹出菜单中，选择"Save Design Workspace As…"，如图 2-3 所示。打开"Save[Workspacel. DsnWrk]As…"对话框，如图2-4所示。

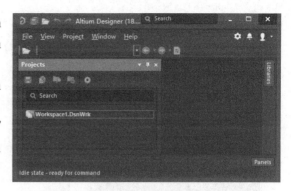

图 2-1　新建工作空间

图 2-2　执行菜单命令 File→Save Design Workspace

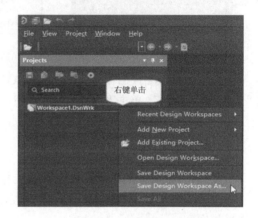

图 2-3　选择"Save Design Workspace As…"

（4）在"Save[Workspacel.DsnWrk] As…"对话框的文件名编辑框内输入工作空间名称，本例中输入 First_Workspace，然后设置工作空间文件的保存路径，单击"保存（S）"按钮，新建的工作空间即更名为"First_Workspace.DsnWrk"。

2. 新建 PCB 项目

在新建的工作空间内添加 PCB 项目，步骤如下。

（1）执行菜单命令 File→New→Project→PCB Project，或者右键单击"First_Workspace. DsnWrk"，在弹出的菜单中选择"Add New Project→PCB Project"，新建一个默认名称为"PCB_Projectl.PrjPCB"的空白 PCB 项目，如图2-5所示。

图 2-4　"Save[First_Workspace.DsnWrk]As…"对话框

（2）执行菜单命令 File→Save Project As，或者单击"Projects"面板中的"Project"按钮，在弹出的菜单中选择"Save Projects As"，打开"Save[PCB_Projectl. PrjPCB]As…"对话框，如图2-6所示。

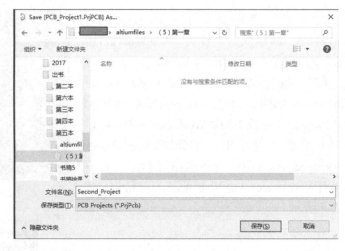

图 2-5　新建 PCB 项目　　　　图 2-6　"Save[PCB_Projectl.PrjPcb]As…"对话框

（3）在"Save[PCB_Projectl.PrjPCB]As…"对话框的文件名编辑框中输入自定义项目文件名"Second_Project"，单击"保存（S）"按钮，新建的 PCB 项目即更名为"Second_Project.PrjPcb"。

（4）执行菜单命令 File→Save Design Workspace ，保存当前工作空间的修改。

3．添加已有项目

Altium Designer 18 允许设计者在工作空间下添加已存在的项目文件，步骤如下。

（1）启动 Altium Designer 18，在"Projects"面板中选择名为"First_Workspace. DSNWRK"的工作空间。

（2）单击"Workspace"按钮，在弹出的菜单中选择"Add Existing Project"命令，打开"Choose Project to Open"对话框，如图 2-7 所示。

（3）"在 Choose Project to Open"对话框中选择需要添加到工作空间中的项目文件，单击"打开（O）"按钮，即可将所选择的项目添加到工作空间中，如图 2-8 所示。

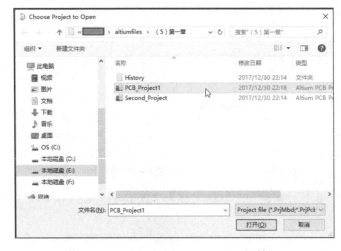
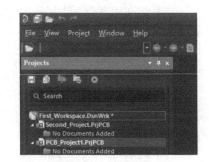

图 2-7　"Choose Project to Open"对话框　　　　图 2-8　添加项目

（4）执行菜单命令 File→Save Design Workspace，保存当前工作空间的修改。

2.1.2 创建原理图文件

1. 在项目中新建设计文件

(1) 启动 Altium Designer 18，在"Projects"面板中的工作空间下拉列表中选择名为"First_Workspace.DsnWrk"的工作空间，然后在项目下拉列表中选择名为"Second_Project.PrjPCB"的项目。

(2) 执行菜单命令 File→New→Schematic，或者单击"Projects"面板中的"Project"按钮，在新建的项目文件上单击鼠标右键，在弹出的菜单中选择"Add New to Project→Schematic"。新建一个默认名为"Sheetl.SchDoc"的原理图文件，自动进入原理图编辑界面，如图 2-9 所示。

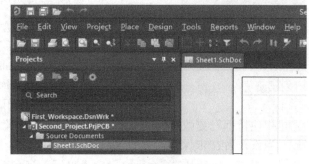

图 2-9 新建原理图文件

(3) 执行菜单命令 File→Save As，或者在"Projects"面板中的原理图文件名称上单击鼠标右键，在弹出的菜单中，选择"Save As…"，如图 2-10 所示。打开"Save[Sheetl.SchDoc]As…"对话框，如图 2-11 所示，在文件名编辑框中输入文件名"Example"，单击"保存(S)"按钮，将文件更名为"Example.SchDoc"。

(4) 执行菜单命令 File→Save All，或者单击"Project"工作面板上的"WorkSpace"按钮，在弹出的菜单中选择"Save All"，即可自动保存当前工作空间下所有的更改。

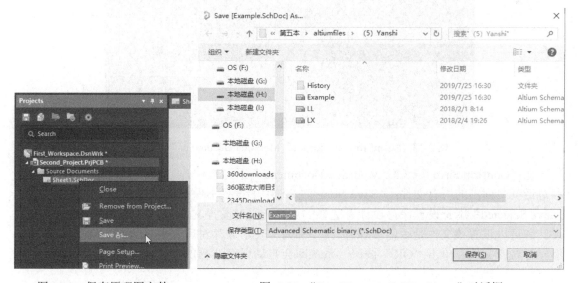

图 2-10 保存原理图文件　　　　图 2-11 "Save[Example.SchDoc]As…"对话框

2.1.3 文件保存提示

上文我们已经在新建的"Second_Project"项目下新建了一个名为"Example.SchDoc"

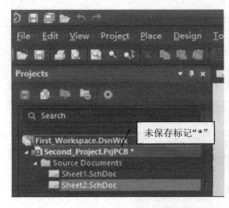

图 2-12　未保存标记"*"

的空白原理图文件，设计者还可以在该项目下继续添加其他类型的文件，如 PCB 文件、元器件库文件等。在 Altium Designer 18 中，设计者的项目操作均在内存中进行，即新建的文件或者项目在被保存前，都储存在内存中，Altium Designer 18 不会将这些文件自动写到磁盘上。因此，如果设计者在新建项目文件后未保存文件，那么文件将会自动从内存中释放。为防止出现误操作，Altium Designer 18 提供了文件更改提醒功能，如果设计者对工作空间、项目或者文件进行了修改，在"Projects"面板上对应的"WorkSpace"编辑框和"Project"编辑框中的当前工作空间名称和当前项目名称后都会出现"*"标记，如图 2-12 所示，表示该工作空间和项目都已更改，但是未被保存，以此提醒设计者进行保存。

当设计者在未保存对项目文件更改的情况下，单击"Altium Designer 18"窗口右上角的关闭按钮■，会打开"Confirm Save for（2）Modified Documents"对话框，如图 2-13 所示，提醒设计者保存对项目文件的更改，该对话框名称中的"（2）"表示有两个文档已被更改，需要保存。

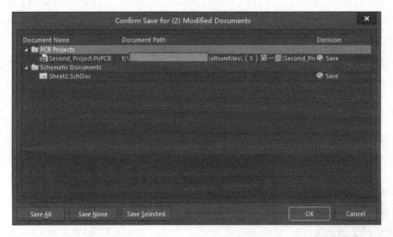

图 2-13　"Confirm Save for（2）Modified Documents"对话框

在"Confirm Save for（2）Modified Documents"对话框中，"Save All"按钮用于设置保存对话框中列出的所有文件；"Save None"按钮用于设置不保存对话框中列出的所有文件；"Save Selected"用于设置保存设计者选择的文件。通过设置文件名称右侧的"Decision"栏，设计者可以设置该文件是否需要保存，"●Save"表示保存对应文件；"■Don't Save"表示不保存对应文件。单击"OK"按钮，系统即会自动保存选择的文件。

2.2　原理图工作环境设置

Altium Designer 18 的原理图绘制模块为设计者提供了灵活的工作环境设置选项。这些选项和参数主要集中在"Preferences"对话框内的"Schematic"选项组内，通过对这些选项和参数的合理设置，可以使原理图绘制模块更加符合操作习惯，有效提高绘制效率。具体设置的方法如下。

（1）启动 Altium Designer 18，打开上文新创建的工作空间，系统会自动打开工作空间中的项目，进入原理图编辑界面，打开名称为"Example.SchDoc"的空白原理图。

（2）执行菜单命令 Tools→Schematic Preferences，打开"Preferences"对话框，如图 2-14 所示。

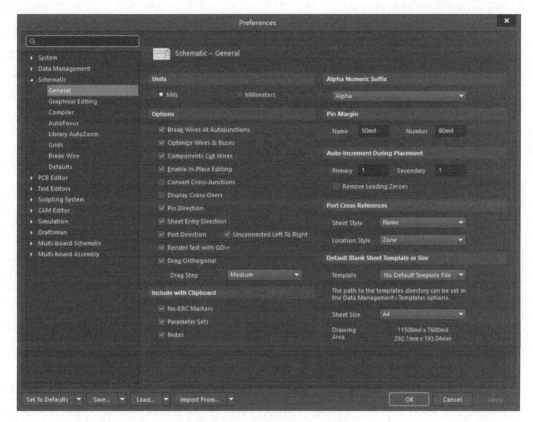

图 2-14 "Preferences"对话框

2.2.1 工作环境设置选项

工作空间的工作环境可通过调整"General"标签页中的选项进行设置。

1．"Units"选项组
- "Mils"单选钮：原理图尺寸单位为英制尺寸。
- "Milimeters"单选钮：原理图尺寸单位为公制尺寸。

2．"Options"选项组
- "Break Wires At Autojunctions"复选框：现有的连线段将在插入自动连接点的位置被分成两部分。例如，在制作 T 形接点时，垂直线段将被分成两段，每侧一段。而在禁用此选项的情况下,线段将在交汇处保持不间断。
- "Optimize Wires & Buses"复选框:用于设置自动优化连线,系统将自动删掉多余的或重复的连线,并且可以避免各种电气连线和非电气连线的重叠。
- "Components Cut Wires"复选框:用于设置元器件自动断开导线功能,该选项只有在"Optimize Wires & Buses"复选框已被选中的情况下才被激活。在选中此复选框后,将一个元器件布置到一根连续导线上,使这个元器件的两个引脚同时与导线相连,则该元器件两个引脚间的导线将被切除。如果未选中该复选项,系统不会自动切除元器件引脚中间的导线部分。
- "Enable In-Place Editing"复选框:用于设置在原理图中直接编辑文本,选中该项后,设计者可通过在原理图中的文本上单击鼠标左键或使用快捷键F2,直接打开文本编辑框,修改文本内容;若未选中该项,则必须在文本所在图元对象的"Component Properties"对话框中修改文本内容。建议选中该项。
- "Convert Cross-Junctions"复选框:用于设置在所有的连线交叉处添加连接点符号,使交叉的连线导通。
- "Displace Cross-Overs"复选框:选中该选项后,系统会采用横跨符号表示交叉而不导通的连线。
- "Pin Direction"复选框:用于显示引脚上的信号流向。选中该选项后,原理图中定义了信号流向的引脚将会通过三角箭头的形式显示该信号的流向。这样能避免原理图中元器件引脚间信号流向矛盾的错误。
- "Sheet Entry Direction"复选框:用于在层次化的设计中显示图样连接端口的信号流向,选中该选项后,原理图中的图样连接端口将通过箭头的形式显示该端口的信号流向。这样能避免原理图中电路模块间信号流向矛盾的错误。
- "Port Direction"复选框:用于显示连接端口的信号流向,选中该选项后,电路端口将通过箭头的形式显示该端口的信号流向。这样能避免原理图中信号流向矛盾的错误。
- "Unconnected Left To Right"复选框:用于设置连接的端口方向,该项只有在选中"Port Direction"项后才有效,选中该项后,系统将自动把未连接的端口方向设置为从左指向右。
- "Render text with GDI+"复选框:采用GDI渲染系统字体。
- "Drag Orthogonal"复选框:用于在保持元器件原有电气连接的情况下移动元器件位置时,设置系统自动调整导线保持直角;若不选择该项,则与元器件相连接导线可成任意角度。

3. "Include with Clipboard"选项组

"Include with Clipboard"选项组主要用来设置使用剪贴板时的属性。

4. "Alpha Numeric Suffix"选项组

"Alpha Numeric Suffix"选项组由两个单选项组成,主要用来设置集成的多单元器件的通道标识后缀的类型。所谓多单元器件是指一个元器件内集成多个功能单元。例如,运放

LM358 集成了两个独立的运算放大器单元,是一个两单元运放元器件;或者一些大规模芯片,由于引脚众多,通常也将其引脚分类,用多个单元来表示,以降低原理图的复杂程度。在绘制电路原理图时,常常将这些芯片内部的独立单元分开使用,为便于区别各单元,通常用"元器件标识号+后缀"的形式来标注芯片中的某个部分。

- "Alpha"单选钮:用于设置采用英文字母作为各单元的后缀,如"U:A""U: B"。
- "Numeric"单选钮:用于设置采用数字作为各单元的后缀,如"U:1""U:2"。

5. "Pin Margin"选项组

- "Name"编辑框:用来设置元器件标识中引脚名称与元器件符号边缘之间的距离,系统默认该间距为 50 mil。
- "Number"编辑框:用来设置元器件标识中引脚的编号与元器件边缘之间的距离,系统默认该间距为 80 mil。

6. "Auto-Increment During Placement"选项组

- "Primary"编辑框:用于在原理图上设置元器件标识的自动递增量,默认为"1"。假设在设计者连续放置同一种元器件,如电阻时,如果设置第一个电阻的编号是 R1,则系统会自动将接下来布置的电阻按 R2、R3、…的规律进行编号。
- "Secondary"编辑框:用来在创建原理图符号添加引脚的过程中,设置引脚编号的递增量,默认为"1"。

7. "Port Cross References"选项组

- "Sheet Style"选项:用于设置原理图类型。
- "Location Style"选项:用于设置移动类型。

8. "Default Blank Sheet Template or Size"选项组

"Default Blank Sheet Template or Size"选项组内的下拉列表用来设置默认空白文档的尺寸大小,默认为 A4,可在下拉列表中选择其他的标准尺寸。

2.2.2 图形编辑环境参数设置

图形编辑环境参数的设置可通过设置"Graphical Editing"标签页来实现,如图 2-15 所示。该标签页主要对原理图编辑中的图形编辑属性进行设置。

1. "Options"选项组

- "Clipboard Reference"复选框:用于设置在剪贴板中使用的参考点,选择该项后,在进行复制和剪切操作时,系统会要求设置指定参考点。
- "Add Template to Clipboard"复选框:用于设置剪贴板中是否包含模板内容。选择该项后,在进行复制或剪切操作时,会将当前文档所使用模板的相关内容一起复制到剪贴板中;若不选择该项,则可以直接对原理图进行复制。
- "Center of Object"复选框:选中该项后,当使用鼠标调整元器件的位置时,将自动跳转到元器件的参考点上或对象的中心处;若不选择该项,则移动对象时鼠标指针将自动滑到元器件的电气节点上。

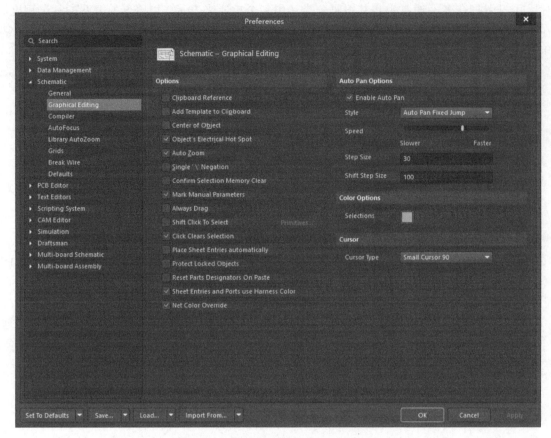

图 2-15 "Graphical Editing"标签页

- "Object's Electrical Hot Spot"复选框：用于设置元器件的电气热点作为操作的基准点，选中该项后，在使用鼠标调整元器件位置时，以元器件离鼠标指针位置最近的热点（一般是元器件的引脚末端）作为基准点。
- "Auto Zoom"复选框：选择该项后，当选择某元器件时，系统会自动调整视图显示比例，以最佳比例显示所选择的图元对象。
- "Single '\' Negation"复选框：用于设置在编辑原理图符号时，以'\'字符作为引脚名取反的符号。选中该项并在引脚名前添加'\'符号后，引脚名上方就会显示代表反值信号有效的短横杠。
- "Confirm Selection Memory Clear"复选框：用于设置在清除选择存储器时，显示确认消息框。若选中该项，则设计者单击存储器选择对话框的"Clear"按钮，欲清除选择存储器时，将显示确认对话框；若未选中该项，则在清除选择存储器的内容时，将不会出现确认对话框，直接进行清除。建议选择该项，这样可以防止由于疏忽而删掉已选存储器。
- "Mark Manual Parameters"复选框：当用一个点来显示参数时，这个点表示自动定位已经被关闭，并且这些参数被移动或旋转。建议选择该项，显示此点。

- "Always Drag"复选框：用于设置在移动具有电气意义的图元对象位置时，保持操作对象的电气连接状态，系统自动调节连接导线的长度。
- "Shift Click To Select"复选框：用于指定需要按住 Shift 键，然后单击鼠标左键才能选中的操作对象，选中该项后，右侧的"Primitives"按钮被激活，单击"Primitives"按钮，打开"Must Hold Shift To Select"对话框。在该对话框内的列表中选中图元对象类型对应的"Use Shift"栏，所有在"Must Hold Shift To Select"对话框中被选中的图元对象类型都需要按住 Shift 键，然后单击鼠标才能被选中。
- "Click Clears Selection"复选框：用于设置通过单击原理图编辑窗口内的任意位置来清除其他对象的选中状态。若未选中该项，则单击原理图编辑窗口内已选中对象以外的任意位置，只会增加已选取的对象，无法清除其他对象的选中状态。
- "Place Sheet Entries automatically"复选框：选中该项后，可以在页面符号之间相互连接时自动放上工作表条目（Sheet Entries）。
- "Protect Locked Objects"复选框：用于保护处于锁定状态（不可选中）的对象。
- "Reset Parts Designators On Paste"复选框：用于在原理图中复制元器件到新的原理图中，重置元器件编号。
- "Sheet Entries and Ports use Harness Color"复选框：用于设定图样入口和端口是否使用和"Harness"相同的颜色进行设置。
- "Net Color Override"复选框：用于设置布线网络叠层颜色显示。

2. "Auto Pan Options"选项组

"Auto Pan Options"选项组主要用于设置系统的视图自动移动功能。视图自动移动是指当工作区无法完全显示当前的整幅图样时，通过调整鼠标指针位置，调整视图显示的图样区域，方便设计者在显示比例不变的情况下对图样的其他部分进行编辑。

- "Style"下拉列表，用于设置视图自动移动的模式，该下拉列表中共有 3 个选项。"Auto Pan Off"表示取消视图自动移动功能；"Auto Pan Fixed Jump"表示按照"Step Size"编辑框和"Shift Size"编辑框内的设置值进行视图的自动移动；"Auto Pan ReCenter"表示每次都将鼠标指针的位置设置为下一视图的中心位置，使鼠标指针永远保持在视图的中心。
- "Speed"滑块：用于设定自动摇景的移动速度。滑块位置越靠右，自动摇景速度越快，速度设置一定要适中。速度设置得过大，视图的移动速度太快，视图位置就难以准确确定；速度设置得过小，视图调整花费时间增加，操作效率降低。
- "Step Size"编辑框：用于设置视图每帧移动的步距。系统默认值为 30，即每帧移动 30 个像素点数。该项数值越大，图样移动速度越快，但移动过程的跳动也越大，视图位置调整的精确度越低。
- "Shift Step Size"编辑框，用于设置当按下 Shift 键时，每帧视图移动的距离。系统默认值为 100，即按下 Shift 键，每次移动 100 个像素点数。建议"Shift Step Size"选项所设数值应与"Step Size"选项所设数值有较大的差别，以便用两种操作方式实现精确移动与快速移动。

3. "Color Options"选项组

"Color Options"选项组用于设定有关对象的颜色属性。

4. "Cursor"选项组

"Cursor"选项组用于定义鼠标指针的显示类型和可视栅格的类型。
- Large Cursor 90：将鼠标指针设置为由水平线和垂直线组成的90°大鼠标指针。
- Small Cursor 90：将鼠标指针设置为由水平线和垂直线组成的90°小鼠标指针。
- Small Cursor45：将鼠标指针设置为由45°线组成的小鼠标指针。
- Tiny Cursor45：将鼠标指针设置为由45°线组成的更短、更小的鼠标指针。

2.2.3 原理图图样参数设置

设计编辑原理图，首先要进行图样参数的设置。图样参数是指与图样有关的参数，如图样尺寸与方向、边框、标题栏、字体等。

在原理图编辑环境下双击边框，或者单击右下角面板按钮 Panels→Properties，打开文档选项对话框，如图 2-16 所示。可以在这个对话框中进行图样参数的设置。

图 2-16 文档选项对话框

1. 常规设置

1）图样采用单位设置

如图 2-16 所示，"Units"下有两种单位标准选择，"mm"为公制单位，"mils"为英制单位。

2）图样栅格的设置

图样栅格的设置选项有多项，如图 2-16 所示。这几项设置的说明如下。

- "Visible Grid"（可视栅格）选项可用来设置可视栅格的尺寸。可视栅格的设定只决定图样上实际显示的栅格的距离，不影响鼠标指针的移动。当设定"Visible=100"时，图样上实际显示的每个栅格的边长为 100 个长度单位。
- "Snap Grid"（鼠标指针移动距离）选项可以用来设置鼠标指针的移动距离。鼠标指针移动距离主要决定鼠标指针移动的步长，即鼠标指针在移动过程中，以设定的鼠标指针移动距离为基本单位进行跳移，单位是 mil（1000 mil=1 in=25.4 mm）。

当设定"Snap Grid=100 mil"时，鼠标指针的移动均以 100 mil 为基本单位。设置"Snap Grid"的目的是使设计者在画图过程中可以更加方便地对准目标和引脚。

注：锁定栅格和可视栅格的设定是相互独立的，两者互不影响。

- "Snap to Electrical Object Hotspots"（电气节点选项），如果选择此项，则系统在连接导线并找到最接近的节点时，就会把鼠标指针自动移到此节点上，并在该节点上显示出一个红色的"×"，"Snap Distance"表示电气节点的捕捉范围，系统以鼠标指针为圆心，以"Snap Distance"中的设置值为半径，自动向四周搜索电气节点。

3）文档字体的设置

在图2-16中的对话框中单击"Document Font"按钮，弹出字体设置对话框，如图2-17所示，设计者可以在此处设置原理图文档的字体、字形、大小和效果。

4）图样和边框颜色设置

- "Sheet Border"选项：设置是否显示图样的边框，默认选中，默认颜色为黑色。
- "Sheet Color"选项：用来设置图样的颜色，共有239种颜色可供选择，默认设置为米色。

图2-17 字体设置对话框

2. 图样尺寸的设置

图2-16中的"Page Options"区域可设置原理图图样的尺寸大小、格式和大小，包括3种：图样模板（Template）、标准图样（Standard）和自定义图样（Custom）。

1）图样模板。"Template"选项可根据软件自带模板和自定义模板选择图样。

2）标准图样。在图2-16文档选项对话框中，选择"Standard"选项组的下拉列表，选择图样的尺寸，系统默认图样尺寸为A4，如图2-18所示。为方便设计者，系统提供了多种标准图样尺寸选项：

- 公制：A0、A1、A2、A3、A4；
- 英制：A、B、C、D、E；
- OrCAD图样：OrCAD A、OrCAD B、OrCAD C、OrcCAD D、OrCAD E；
- 其他：Letter、Legal、Tabloid。

3）自定义图样。如果想自己设置图样的大小，则选择"Custom"选项，并在该复选框下的文本框中填入图样的"Width"（宽）和"Height"（高）等各项数值，如图2-19所示。

- 图样方向设置。"Orientation"（方向）选项用于自定义尺寸图样的方向设置，如图2-19选择所示，方向有两个选项可选择："Landscape"（风景画）为水平放置；"Portrait"（肖像画）为竖直放置。一般选择"Landscape"，即水平放置。

图2-18 选择图样尺寸

- 图样标题栏的设置。"Title Block"（标题栏）选项用于设置图样的标题，如图2-19所示，标题栏有两个选项可供选择："Standard"（标准模式）和"ANSI"（美国国家标准协会模式）。

3. 图样边框与区域

如图 2-20 所示，"Margin and Zones"为图样边框的设置区域，包含以下选项。

- "Show Zones"选项：设置是否显示图样边框中的参考坐标，一般选中。
- "Vertical"选项：设置边框垂直方向分区个数。
- "Horizontal"选项：设置边框水平方向分区个数。
- "Origin"选项：设置分区起始位置，"Upper Left"为顶端居左；"Bottom Right"为底端居右。
- "Margin Width"选项：设置边框的宽度。

4. 图样属性设置

在文档选项对话框中单击"Parameters"标签，打开"Parameters"标签页，如图 2-21 所示。该标签下是一个列表窗口，可设置图样的各项属性参数，如设计公司名称与地址、图样的编号和总数、文件的标题名称和日期等。具有这些参数的对象可以是一个元器件、元器件的引脚或端口、原理图的符号、PCB 指令或参数集，每个参数均具有可编辑的名称和值。

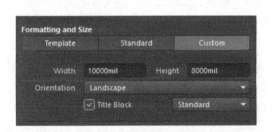

图 2-19　设置自定义图样

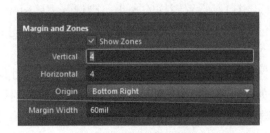

图 2-20　设置图样的边框

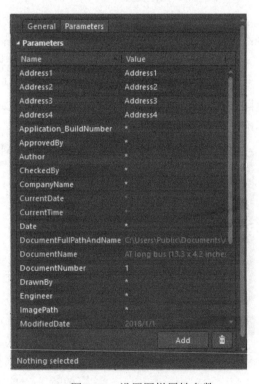

图 2-21　设置图样属性参数

单击"Add"按钮，在"Parameters"标签页中将添加新的变量，即可对新变量的名称和数值进行编辑操作，　为删除按钮。

2.3 原理图绘图环境介绍

2.3.1 主菜单

原理图设计界面可分为 4 个部分，分别是主菜单、主工具栏、左侧工作面板和右侧工作窗口。其中主菜单如图 2-22 所示。

图 2-22　原理图主菜单

原理图主菜单分为以下几部分：
- "File"菜单：主要用于文本操作，包括新建、打开、保存等功能，如图 2-23 所示。
- "Edit"菜单：用于完成各种编辑操作，包括撤销/恢复、选取对象/取消对象选取、复制、粘贴、剪切、移动、排列、查找文本等功能，如图 2-24 所示。
- "View"菜单：用于视图操作，如图 2-25 所示。

图 2-23　"File"菜单

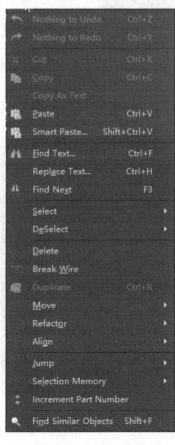

图 2-24　"Edit"菜单

图 2-25　"View"菜单

- "Project"菜单：用于完成工程相关操作，包括新建工程、打开工程、关闭工程、增加工程、删除工程等，如图2-26所示。
- "Place"菜单：用于放置原理图中各种电气元器件符号和注释符号，如图2-27所示。

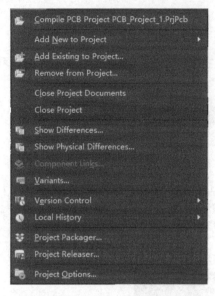

图2-26 "Project"菜单

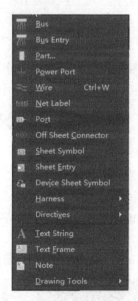

图2-27 "Place"菜单

- "Design"菜单：用于对元器件库进行操作，生成网络表、层次化原理图设计等，如图2-28所示。
- "Tools"菜单：为设计者提供各种工具，包括元器件快速定位、原理图元器件编号注释等，如图2-29所示。

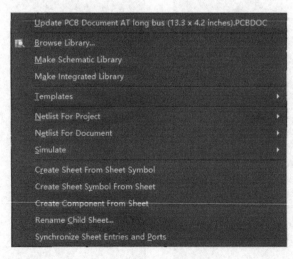

图2-28 "Design"菜单

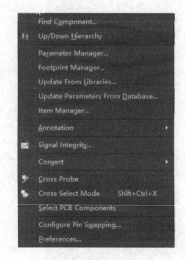

图2-29 "Tools"菜单

原理图主菜单还包括"Report"菜单、"Windows"菜单和"Help"菜单，其具体应用将在后面章节中详细讲解。

2.3.2 主工具栏

Altium Designer 18 的工具栏有原理图标准工具栏、布线工具栏、应用工具栏和混合仿真工具栏。

- 原理图标准工具栏：提供常用文件操作、视图操作和编辑操作，如图 2-30 所示，将鼠标指针放置在图标上会显示该图标对应的功能。
- 布线工具栏：包含建立原理图所需要的导线、总线、连接端口等工具，如图 2-31 所示。

图 2-30　原理图标准工具栏

图 2-31　布线工具栏

- 应用工具栏：包含常用工具列表，如图 2-32 所示。其常用工具列表展开后如图 2-33 所示。

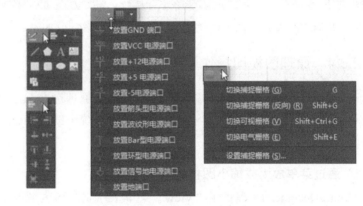

图 2-32　应用工具栏　　　　图 2-33　绘图、对齐、电源和栅格设置工具

- 混合仿真工具栏：Altium Designer 18 中的混合模式仿真器，可以用于对模拟和数字元器件电路进行分析，如图 2-34 所示。

2.3.3 工作面板

原理图设计中常用到的工作面板有如下 3 个：

- "Projects"面板：如图 2-35 所示，在该面板中列出了当前工程的文件列表和所有文件。在该面板中提供了所有有关工程的功能。通过该面板可以打开、关闭和新建各种文件，还可在工程中导入文件。
- "Libraries"面板：如图 2-36 所示，在该面板中可以浏览当前加载的元器件库，通过该面板可以在原理图上放置元器件。
- "Navigator"面板：如图 2-37 所示，在分析和编译原理图后能够通过该面板获取原理图的所有信息，通常用于检查原理图。

图 2-34　混合仿真工具栏　　图 2-35　"Projects"面板　　图 2-36　"Libraries"面板　　图 2-37　"Navigator"面板

2.3.4　原理图视图操作

设计者在绘图的过程中，需要经常查看整张原理图或只看某一个部分，所以要经常改变显示状态，缩小或放大绘图区。原理图设计系统中的"View"菜单可以对原理图进行视图操作。

1. 通过菜单放大或缩小图样显示

Altium Designer 18 提供了"View"菜单来控制图形区域的放大与缩小。"View"菜单见图 2-25。

下面介绍"View"菜单中主要命令的功能。

- "Fit Document"命令，通过该命令可将整张电路图缩放在窗口中，可以用来查看整张原理图。
- "Fit All Objects"命令，通过该命令可以使绘图区中的图形填满工作区。
- "Area"命令，通过该命令可以放大显示设定的区域。其具体实现方式是通过选定区域中对角线上两个角的位置来确定需要进行放大的区域。首先执行"Area"命令，然后移动鼠标指针到目标的左上角位置，再将鼠标指针移动到目标的右下角适当位置，单击鼠标左键进行确认，即可放大所框选的区域。
- "Selected Objects"命令，通过该命令可以放大所选择的对象。
- "Around Point"命令，通过该命令，用鼠标指针选择一个区域，指向需要放大范围的中心，再移动鼠标指针展开此范围，单击鼠标左键，即可完成定义，并将该范围放大至整个窗口。

- "Full Screen"命令，通过该命令可全屏显示设计电路。此功能适合在设计较大电路图时使用。

2. 通过键盘实现图样的缩放

当系统处于其他绘图命令下时，设计者无法用鼠标执行一般的命令以控制显示状态，此时要放大或缩小显示状态，必须通过功能键来实现。
- 按 Page Up 键，可以放大绘图区域。
- 按 Page Down 键，可以缩小绘图区域。
- 按 Home 键，可以从原来鼠标指针所在的图样位置移位到工作区中心位置进行显示。
- 按 End 键，对绘图区的图形进行刷新，恢复正确的显示状态。
- 移动当前位置，将鼠标指针指向原理图编辑区，按住鼠标右键不放，鼠标指针变为手状，拖动鼠标指针即可移动查看图样位置。

总之，Altium Designer 18 提供了强大的视图操作。通过视图操作，设计者可以查看原理图的整体和细节并在整体和细节之间自由切换。通过对视图的控制，设计者可以更加轻松地绘制和编辑原理图。

2.4 元器件的查找与放置

2.4.1 加载元器件库

1. 元器件库管理器

浏览元器件库可以执行菜单命令 Design→Browse Library，系统将弹出元器件库管理器。在元器件库管理器中，从上至下各部分功能说明如下：

（1）3 个按钮的功能为
- Libraries...：用于装载/卸载元器件库；
- Search...：用于查找元器件；
- Place...：用于放置元器件。

（2）接下来是一个下拉列表框，在其中可以看到已添加到当前开发环境中的所有集成库。

（3）再下面的一个下拉列表框用来设置过滤器参数。"*"表示匹配任何字符。

（4）下一个下拉列表框为元器件信息列表，包括元器件名、元器件说明和元器件所在集成库等信息。

（5）下一个下拉列表框为所选元器件的原理图模型展示。

（6）下一个下拉列表框为所选元器件的相关模型信息，包括 PCB 封装模型、进行信号仿真时用到的仿真模型、进行信号完整性分析时用到的信号完整性模型等。

（7）下一个下拉列表框为所选元器件的 PCB 模型展示。

2. 元器件库的加载

单击图 2-35 中的"Libraries..."按钮，系统将弹出如图 2-38 所示的"Available Libraries"

对话框，也可以直接执行菜单命令 Design→Add/Remove Library。

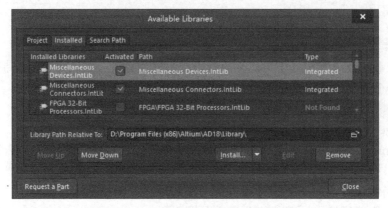

图 2-38 "Available Libraries"对话框

"Available Libraries"对话框中有 3 个选项卡：

（1）"Project"选项卡如图 2-39 所示。该选项卡中显示的是与当前项目相关联的元器件库，单击"Add Library…"按钮，即可向当前工程中添加元器件库，如图 2-40 所示。

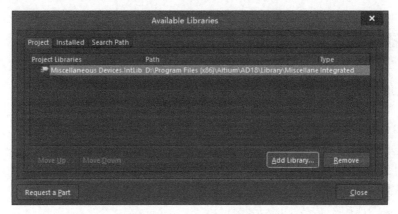

图 2-39 "Project"选项卡

图 2-40 向当前工程中添加元器件库

添加元器件库的默认路径为 Altium Designer 18 安装目录下 Library 文件夹的路径，里面按照厂家的顺序给出了元器件的集成库，设计者可以从中选择自己想要安装的元器件库，然后单击"打开（O）"按钮，就可以把元器件库添加到当前工程中了。在该选项卡中选中已经存在的文件夹，然后单击"Remove"按钮，就可以把该元器件库从当前工程中删除。

（2）"Installed"选项卡，显示当前开发环境已经安装的元器件库。任何装载在该选项卡中的元器件库均可以被开发环境中的任何工程所使用。

使用"Move Up"和"Move Down"按钮可以把列表中选中的元器件库上移或下移，以改变其在元器件库管理器中的显示顺序。

在列表中选中某个元器件库后，单击"Remove"按钮就可以将该元器件库从当前开发环境中移除。

想要添加一个新的元器件库，可以单击"Install"按钮，系统将弹出如图 2-40 所示的对话框。设计者可以从中选择自己想加载的元器件库，然后单击"打开（O）"按钮，就可以把元器件库添加到当前开发环境中了。

（3）"Search Path"选项卡，用于设置元器件库的搜索路径。

2.4.2 元器件的查找

元器件库管理器为设计者提供了查找元器件的工具，在元器件库管理器中，单击"Search…"按钮，系统将弹出"Libraries Search"对话框，如图 2-41 所示。执行菜单命令 Tools→Find Component 也可弹出该对话框。在该对话框中，可以设定查找对象和查找范围，可查找的对象为包含在*.IntLib 文件中的元器件。

"Libraries Search"对话框的操作和使用方法如下。

（1）设置元器件查找类型，在"Scope"操作框中，单击"Search in"文本框后的下拉按钮并选择查找类型，如图 2-42 所示。可供选择的 4 种查找类型分别为元器件、封装、3D 模式和数据库元器件。

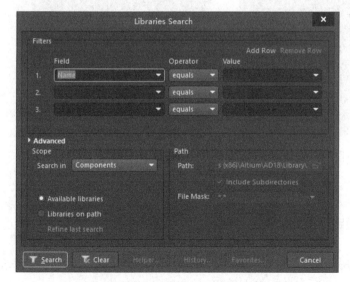

图 2-41 "Libraries Search"对话框

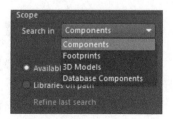

图 2-42 选择查找类型

(2)设置查找的范围。若选择"Available Libraries",则在已经装载的元器件库中进行查找;若选择"Librares on path",则在指定路径下搜索,如图2-43所示。

(3)设置"Path"操作框,该操作框用来设定查找对象的路径,该操作框的设置只有在选择"Libraries on path"时有效。"Path"栏用来设置查找的目录,选择"Include Subdirectories"复选框,则对包含在指定目录中的子目录也进行查找。"File Mask"栏可以用来设定查找对象的文件匹配域,"*.*"表示匹配任何字符串。

(4)为了查找某个元器件,可以在"Filters"文本框中输入元器件名称,如图2-43所示,单击"Search"按钮开始搜索,此时按钮变为"Stop"按钮,找到所需的元器件后,单击"Stop"按钮停止查找。

(5)从搜索结果中可以看到相关元器件及其所在的元器件库,如图2-44所示。可以将元器件所在的元器件库直接装载到元器件库管理器中以便继续使用;也可以直接使用该元器件而不装载其所在的元器件库。

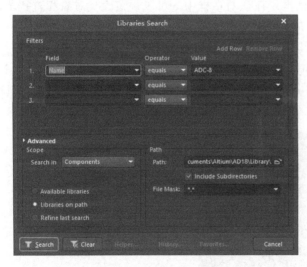

图 2-43　查找元器件设置

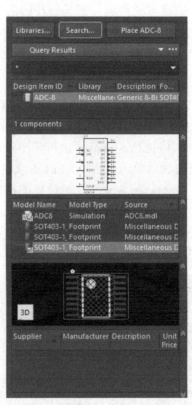

图 2-44　元器件查找结果

2.4.3　元器件的放置

下面以放置一个555定时器电路为例,说明从元器件库管理面板中选取一个元器件并进行放置的过程。

在原理图编辑平面上找到"Libraries…"标签并单击鼠标,弹出元器件管理器,如图2-45所示。在元器件管理器的"Libraries…"下拉列表中选择"ST Analog Timer Circuit .IntLib",

在元器件列表框中找到定时器"NE555D",并选定。单击"Place NE555D"按钮,此时屏幕上会出现一个随鼠标指针移动的元器件图形,将它移动到适当的位置后单击鼠标左键使其定位即可。也可以直接在元器件列表中双击定时器"NE555D",将其放置到原理图中,如图2-46所示。

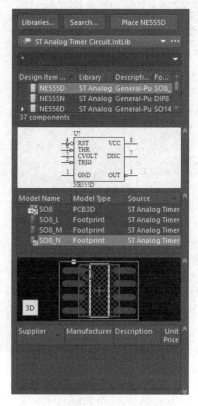

图 2-45 元器件管理器

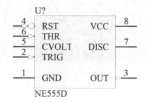

图 2-46 放置定时器 NE555D

2.4.4 元器件属性设置

在绘制原理图时,往往需要对元器件的属性进行重新设置,下面介绍如何设置元器件属性。在将元器件放置到原理图之前,元器件符号可随鼠标指针移动,如果按下 Tab 键,就可以打开"Component Properties"(元器件属性)对话框,如图 2-47 所示。在"General"标签页可编辑元器件的属性。

如果已经将元器件放置到原理图上,想要更改元器件的属性,可以通过以下 3 种方式打开"Component Poperties"对话框。

- 直接双击元器件;
- 左键单击按住元器件,再按 Tab 键;
- 右键单击元器件,在弹出的快捷菜单中选择"Properties"。

1. 元器件基本属性设置

(1)"Properties"(属性)选项组中的内容包括以下参数。

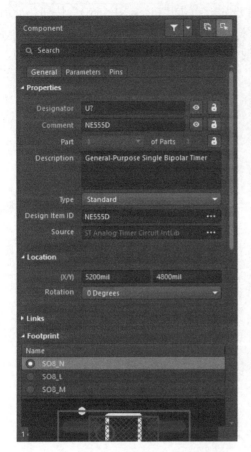 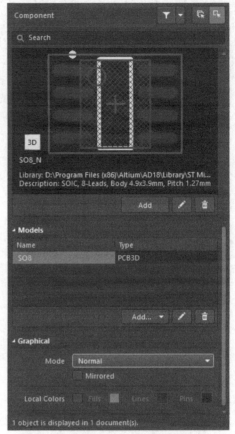

图 2-47 "Component Properties" 对话框

- Designator：用来设置元器件在原理图中的序号，选中后面的 👁 图标，可以显示该序号，否则不显示。
- Comment：用来设置元器件的注释，如前面放置的元器件注释为 "NE555D"，则可以选择或者直接输入元器件的注释，选中后面的 👁 图标，可以显示该注释，否则不显示。
- Part 和 of Parts：对于由多个相同的子元器件组成的元器件，由于组成部分一般相同，如 Texas Instruments（德州仪器）的 SN7404N 具有 6 个相同的子元器件，一般以 A、B、C、D、E 和 F 来表示，可以通过下拉列表来选择，如图 2-48 所示。
- Description：元器件的描述信息。
- Type：元器件类型。
- Design Item ID：元器件的 ID 值。
- Source：元器件所在库文件名。

（2）"Location" 选项组显示了当前元器件的图形信息，包括图形位置和旋转角度。

- 设计者可以修改 X、Y 位置坐标，移动元器件位置。
- 设计者可以设定元器件的旋转角度，以旋转当前编辑的元器件。

（3）"Footprint" 选项组用于选择元器件的封装。

（4）"Models"选项组用于选择元器件的 3D 模型。双击"Type"区域可弹出模式库文件（PCB3D Model Libraries）对话框，如图 2-49 所示。

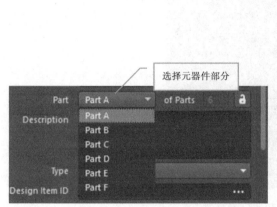

图 2-48 具有多个相同子元器件的元器件 SN7404N　　图 2-49 库文件（PCB3D Model Libraries）对话框

（5）"Graphical"选项组显示了当前元器件的图形信息，包括填充颜色、线条颜色、引脚颜色，以及是否镜像处理。

- 设计者还可以选中"Mirrored"，将元器件进行镜像处理。
- 在"Local Colors"中可以设置填充颜色、线条颜色和引脚颜色。

（6）"Parameters"标签页，在"Component Poperties"对话框中选择"Parameters"标签页，如图 2-50 所示。该标签页中包括一些与元器件特性相关的参数。设计者也可以添加新的参数和规则。如果选中了某个参数，则会在原理图上显示该参数的值。

2. 添加封装属性

在"Footprints"选项组中单击"Add"按钮，系统将弹出"PCB Model"对话框，如图 2-51 所示。在该对话框中可以设置 PCB 的封装属性。在"Name"中可以输入封装名，在"Description"中可以输入关于封装的描述。单击"Browse"按钮，系统弹出"Browse Libraries"对话框，如图 2-52 所示。此时可以选择封装类型，单击"OK"按钮即可，如果当前没有装载需要的元器件封装库，则可以单击图 2-52 中的 图标装载一个元器件库，或单击"Find..."按钮查找需要装载的元器件库。

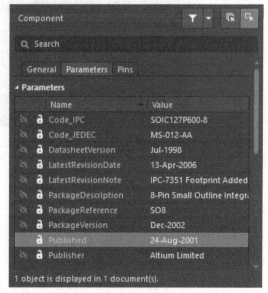

图 2-50 "Parameters"标签页

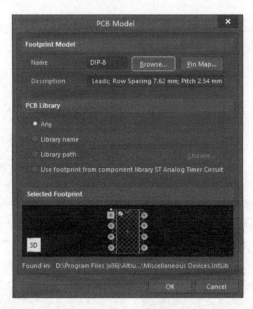

图 2-51 "PCB Model" 对话框

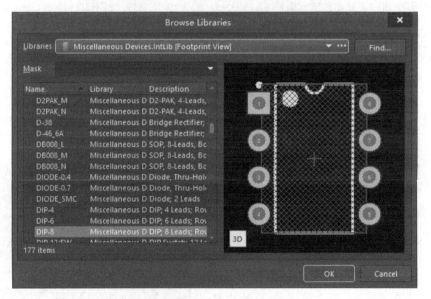

图 2-52 "Browse Libraries" 对话框

2.5 原理图的绘制

2.5.1 导线的绘制

导线是电气连接中最基本的组成单位。单张原理图上的任何电气连接都可以通过导线建立。下面以原理图中两个引脚的连接为例介绍导线的绘制。如图 2-53 所示，NE555N 的引脚 5 与电容 C1 的连接，可以按下面的步骤进行操作。

（1）执行菜单命令 Place→Wire 或用鼠标左键单击"Wiring"工具栏中的图标，此时鼠标指针变成了十字形，并附加一个叉号显示在工作窗口中，如图 2-53 所示。

（2）系统进入连线状态，将鼠标指针移到电容 C1 的第 1 引脚，会自动出现一个红色的"×"，单击鼠标左键，确定导线的起点，如图 2-54（a）所示。

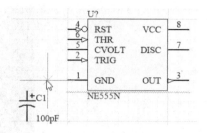

图 2-53　鼠标指针状态

（3）移动鼠标指针拖动导线线头，在转折点处单击鼠标左键，每次转折都需要单击鼠标左键，如图 2-54（b）所示。

（4）当到达导线的末端时，再次单击鼠标左键，确定导线的终点，如图 2-54（c）所示。当一条导线的绘制完成后，整条导线的颜色变为蓝色，如图 2-54（d）所示。

（5）绘制完一条导线后，系统仍然处于绘制导线的命令状态。将鼠标指针移动到新的位置后，重复（1）～（4）的操作，可以继续绘制其他导线。

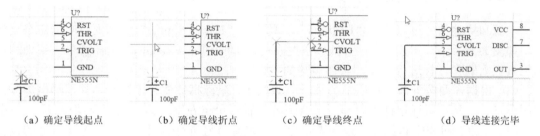

（a）确定导线起点　　（b）确定导线折点　　（c）确定导线终点　　（d）导线连接完毕

图 2-54　导线连接过程

Altium Designer 18 为设计者提供了 4 种布线模式：90°布线、45°布线、任意角度布线和自动布线，如图 2-55 所示。在绘制导线过程中，按下 Shift+Space 键可以在各种模式间进行切换。当切换到 90°布线模式（或 45°布线模式）时，按 Space 键可以进一步确定是以 90°（或 45°）线段开始的，还是以 90°（或 45°）线段结束的。当使用 Shift+Space 键切换导线到任意角度布线模式（或自动布线模式）时，再按 Space 键可以在任意角度布线模式与自动布线模式间切换。

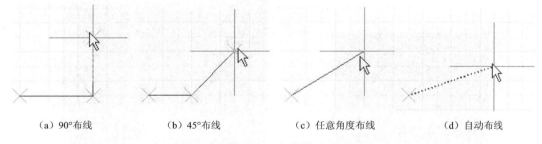

（a）90°布线　　　（b）45°布线　　　（c）任意角度布线　　　（d）自动布线

图 2-55　布线模式

（6）如果对某条导线的样式不满意，如导线宽度、颜色等，设计者可以用鼠标双击该条导线，此时将弹出"Wire"对话框，如图 2-56 所示。设计者可以在此对话框中重新设置导线的宽度和颜色等。

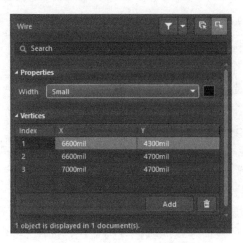

图 2-56 "Wire"对话框

2.5.2 放置电源/接地符号

电源和接地符号可以使用"Utilities"工具栏的"Power Sourse"工具上对应的命令来放置，如图 2-57 所示。电源符号还可以通过执行菜单命令 Place→Power Port 或单击原理图绘制工具栏上的 图标进行调用，具体步骤如下：

（1）根据需要按下该工具栏中的某一电源按钮，鼠标指针变为十字形，并拖动电源按钮的图形符号，移动鼠标指针到原理图上合适的位置后单击左键，即可放置电源按钮。

（2）在放置过程中和放置后设计者都可以对电源符号进行编辑。在放置电源符号的过程中，按 Tab 键，将会出现"Power Port"对话框，如图 2-58 所示。对于已放置的电源元器件，双击元器件，或在该符号上单击鼠标右键弹出快捷菜单，使用快捷菜单的"Properties"命令，也可以调出"Power Port"对话框。

图 2-57 "Power Sourse"工具

图 2-58 "Power Port"对话框

（3）在"Power Port"对话框中可以编辑电源属性，在"Name"编辑框中可修改电源符号的网络名称；单击"Rotation"选项，会弹出一个选择旋转角度的对话框，如图 2-59 所示，设计者可以选择旋转角度；单击"Style"选项，会弹出一个选择符号样式的对话框，如图 2-60 所示，设计者可以选择符号样式；确定放置电源符号的位置可以修改"Location"中（X/Y）的坐标数值。

（4）放置电源符号并进行连线，如图 2-61 所示。

  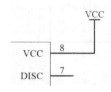

图 2-59　选择旋转角度　　　图 2-60　选择符号样式　　　图 2-61　放置电源符号并进行连线

2.5.3　放置网络标号

在原理图上，网络标号将被应用在元器件引脚、导线、电源/接地符号等具有电气特性的对象上，用于描述被应用对象所在的网络。

网络标号是实际电气连接导线的序号，它可代替有形导线，使原理图变得整洁美观。具有相同网络标号的导线，不管在原理图上是否连接在一起，都被看作同一条导线，因此它多用于层次化电路或多重电路的各个模块电路之间的连接，这个特性在绘制印制电路板的布线时十分重要。

对单页、层次化或多重电路，设计者都可以使用网络标号来定义某些网络，使它们具有电气连接关系。

设置网络标号的具体步骤如下。

（1）执行菜单命令 Place→Net Label，或用鼠标左键单击"Wiring"工具栏中的 图标。

（2）此时，鼠标指针变成十字形，并且将随着网络标号在工作区内移动，如图 2-62 所示，此框的长度是按最近一次使用的字符串的长度确定的。按下 Tab 键，工作区内将出现如图 2-63 所示的"Net Label"对话框。

"Net Label"对话框选项功能如下。

- Rotation：设置网络名称放置的方向。将鼠标指针放置在角度位置，会显示一个下拉按钮，单击下拉按钮即可打开下拉列表，其中包括 4 个选项："0 Degrees"、"90 Degrees"、"180 Degrees" 和"270 Degrees"。
- Net Name：设置网络名称，也可以单击右边的下拉按钮选择一个网络名称。
- Font：设置所要放置文字的字体。
- Justification：设置网络标号在放置点的方向位置。

（3）设置结束后，关闭对话框，单击 图标加以确认。将网络标号移到所需标注的引脚或连线的上方，单击鼠标左键，即可将设置的网络标号粘贴上去，如图 2-64 所示。

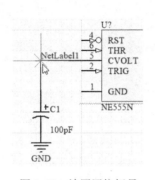  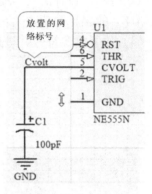

图 2-62 放置网络标号　　图 2-63 "Net Label"对话框　　图 2-64 粘贴网络标号

（4）单击鼠标右键或按 Esc 键，即可退出设置，回到待命状态。

注：网络标号要放置在元器件引脚引出导线上，不应直接放置在元器件引脚上；网络标号名称采用英文输入法。

2.5.4　绘制总线与总线分支

设计者在绘制电路原理图的过程中，为提高原理图的可读性，可采用总线连接，这样可以减少连接线的工作量，同时也能使原理图更加美观。

所谓总线就是用一条线来代表数条并行的导线。在设计电路原理图的过程中，合理地设置总线可以缩短原理图的绘制过程，使原理图的画面简洁明了。

1. 绘制总线

绘制总线之前需要对元器件引脚标注网络标号，标明电气连接，如图 2-65 所示。下面将介绍绘制总线的步骤。

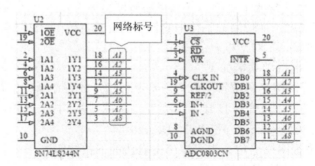

图 2-65　绘制总线前的网络标号

（1）执行绘制总线的菜单命令 Place→Bus，或用鼠标左键单击"Wiring"工具栏中的图标。

(2)此时,鼠标指针变成十字形,系统进入绘制总线命令状态。与绘制导线的方法类似,将鼠标指针移到合适位置,单击鼠标左键,确定总线的起点,然后开始绘制总线,如图 2-66 所示。

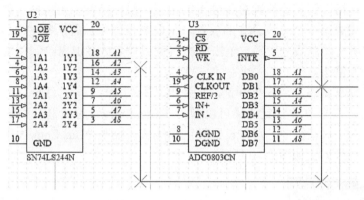

图 2-66　绘制总线

(3)移动鼠标指针拖动总线线头,在转折位置单击鼠标左键确定总线转折点的位置,每转折一次都需要单击一次。当总线的末端到达目标点时,再次单击鼠标左键即可确定总线的终点。

(4)单击鼠标右键,或按 Esc 键,结束这条总线的绘制过程,如图 2-67 所示。

(5)绘制完一条总线后,系统仍然处于绘制总线命令状态,此时单击鼠标右键或按 Esc 键,即可退出绘制总线命令状态。

(6)如果对某条总线的样式不满意,如总线宽度、颜色等,设计者可以用鼠标双击该总线,此时将出现"Bus"对话框,如图 2-68 所示。设计者可以在此对话框中重新设置总线的宽度和颜色等。

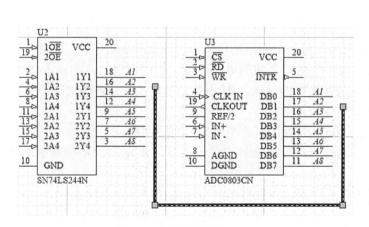

图 2-67　绘制总线完成

图 2-68　"Bus"对话框

2. 绘制总线分支

总线分支是单一导线进出总线的端点。导线与总线连接时必须使用总线分支,总线和总线分支没有任何的电气连接意义,只是让电路图看上去更具专业水平,因此电气连接功能要由网络标号来完成。绘制总线分支的步骤如下。

（1）执行主菜单命令 Place→Bus Entry，或单击绘图工具栏中的总线分支图标 。

（2）执行绘制总线分支命令后，鼠标指针变成十字形，并有分支线悬浮在鼠标指针上。如果需要改变分支线的方向，仅需按空格键即可。

（3）移动鼠标指针到需要放置总线分支的位置，鼠标指针上出现两个红色的"×"，单击鼠标左键即可完成第一个总线分支的放置，依此类推即可放置所有的总线分支。

（4）绘制完所有的总线分支后，单击鼠标右键或按 Esc 键退出绘制总线分支状态，鼠标指针由十字形变回箭头。

在绘制总线分支状态下，按 Tab 键，将弹出"Bus Entry"（总线分支）对话框，或者在退出绘制状态后，双击总线分支同样可以弹出"Bus Entry"对话框，如图 2-69 所示。

在"Bus Entry"对话框中，可以设置颜色和线宽，绘制"Bus Entry"后，即可完成总线的绘制，绘制好总线分支如图 2-70 所示。

图 2-69 "Bus Entry"对话框

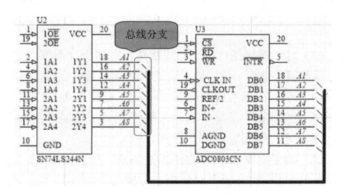

图 2-70 绘制好总线分支

2.5.5 绘制 I/O 端口

在设计电路原理图时，一个网络与另一个网络的电气连接通常有 3 种形式：通过实际导线连接；通过相同的网络名称实现两个网络之间的电气连接；相同网络名称的输入/输出端口（I/O），在电气意义上也被认为是连接的。输入/输出端口是层次化原理图设计中不可缺少的组件，绘制输入/输出端口的步骤如下。

（1）执行主菜单命令 Place→Port，或单击电路图工具栏的 图标。

（2）启动绘制输入/输出端口命令后，鼠标指针变成十字形，并有一个输入/输出端口图标悬浮在鼠标指针上。

（3）移动鼠标指针到原理图合适位置，在鼠标指针与导线相交处会出现红色的"×"，表明实现了电气连接。单击鼠标即可定位输入/输出端口的一端，移动鼠标指针调整输入/输出端口大小，单击鼠标左键完成输入/输出端口的放置。

（4）单击鼠标右键退出绘制输入/输出端口状态。

在放置输入/输出端口状态下，按 Tab 键，或者在退出绘制输入/输出端口状态后，双击绘制的输入/输出端口符号，将弹出"Port"对话框，如图 2-71 所示。

"Port"对话框主要包括如下属性的设置。

- Name：用于定义端口的名称，具有相同名称的 I/O 端口在电气意义上是连接在一起的。
- I/O Type：用于设置端口的电气特性。端口的类型设置有未确定类型（Unspecified）、输出端口类型（Output）、输入端口类型（Input）和双向端口类型（Bidirectional）4 种。
- Font：用于设置端口文字的字体、大小和颜色等。
- Border：用于设置端口边框的类型和颜色。
- Fill：用于设置端口内的填充色。

绘制完的输出端口如图 2-72 所示。

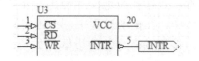

图 2-71 "Port"对话框　　　　图 2-72 绘制完的输出端口

2.5.6 放置忽略 ERC 测试点

放置忽略 ERC 测试点的主要目的是让系统在进行电气规则检查（ERC）时，忽略对某些节点的检查。例如，系统默认输入型引脚必须连接，但实际上某些输入型引脚不连接也是常事，如果不放置忽略 ERC 测试点，那么系统在编译时就会生成错误信息，并在引脚上放置错误标记。放置忽略 ERC 测试点的步骤如下。

（1）执行主菜单命令 Place→Directives→Greneric NO ERC，或单击绘制电路图工具栏中的图标。

（2）启动放置忽略 ERC 测试点命令后，鼠标指针变成十字形，并且在鼠标指针上悬浮一个红色的"×"，将鼠标指针移动到需要放置忽略 ERC 测试点的节点上，单击鼠标左键完成忽略 ERC 测试点的放置。单击鼠标右键退出放置忽略 ERC 测试点状态。

（3）在放置忽略 ERC 测试点状态下按 Tab 键，弹出"NO ERC"对话框，如图 2-73 所示。"NO REC"对话框主要用于设置忽略 ERC 测试点的颜色和坐标位置,通常保持默认设置即可。一个放置完的忽略 ERC 检测点如图 2-74 所示。

图 2-73 "NO ERC"对话框

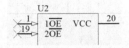

图 2-74 忽略 ERC 测试点

2.6 原理图对象编辑

2.6.1 选取对象

1. 简单、常用的对象选取方法

方法 1:在原理图的合适位置按住鼠标左键不放,鼠标指针变为十字形,移动鼠标指针到合适位置,直接在原理图上拖出一个矩形框,如图 2-75 所示,框内的组件(包括导线等)就全部被选中,在拖动过程中,不可将鼠标松开。在原理图上判断组件是否被选取的标准是被选取的组件周围有绿色的边框,如图 2-76 所示。

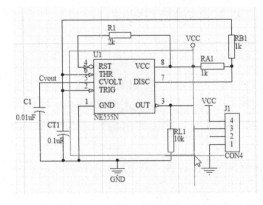

图 2-75 拖选矩形框

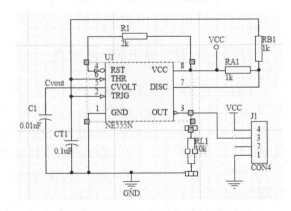

图 2-76 被选取的组件周围有绿色边框

方法 2:按住 Shift 键不放,单击想要选取的组件,选取完毕,释放 Shift 键,如图 2-77 所示。

2. 主工具栏中的选取工具

在主工具栏中的选取工具分别为区域选取工具、移动被选取组件工具和取消选取工具，如图 2-78 所示。

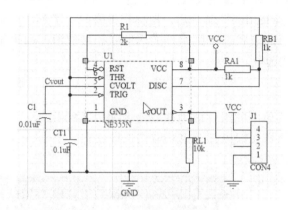

图 2-77 按住 Shift 键选取组件

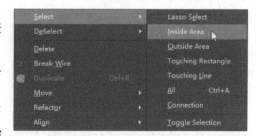

图 2-78 主工具栏选取工具

区域选取工具■：其功能是选中区域里的组件。单击区域选取工具图标后，鼠标指针变成十字形，在图样的合适位置单击鼠标左键，确认区域的起点，移动鼠标指针到合适位置单击鼠标左键，形成矩形框。采用区域选取工具与拖动鼠标的方法唯一不同的是不需要一直按住鼠标不放。

移动被选取组件工具■：其功能是移动图样上被选取的组件。单击移动被选取组件工具图标后，鼠标指针变成十字形，单击被选中的区域，原理图上被移动区域的所有组件都随鼠标指针一起移动。

取消选取工具■：其功能是取消图样上被选取的组件。单击取消选取工具图标后，原理图上所有被选取的组件取消被选取状态，组件周围的绿色边框消失。

3. 菜单中的组件选取命令

执行主菜单命令 Edit→Select，菜单中的组件选取命令如图 2-79 所示。
"Select"选项下的各项含义分别如下。

- Lasso Select：套索选择，即以任意形状进行圈选。
- Inside Area：与主工具栏里的区域选取工具功能相同。
- Outside Area：选取区域外的组件，功能与区域选取工具功能相反。执行"Outside Area"命令后，鼠标指针变成十字形，移动鼠标指针在原理图上形成一个矩形框，则框外的组件被选中。

图 2-79 菜单中的组件选取命令

- Touching Rectangle：鼠标指针绘制的矩形区域所接触的对象被选中。
- Touching Line：鼠标指针绘制的线段所接触的对象被选中。

- All：选取当前打开的原理图的所有组件。
- Connection：选定某条导线，则原理图上所有与该导线相连的导线都被选中。具体方法是执行"Connection"命令后，鼠标指针变成十字形，在某条导线上单击鼠标，则与该导线相连的所有导线被选中，选中的导线周围有绿色的边框。
- Toggle Selection：执行"Toggle Selection"命令后，鼠标指针变成十字形，在某个组件上单击鼠标，如果组件已处于选取状态，则组件的选取状态被取消；如果组件未被选取，则执行该命令后组件被选取。

4．菜单中的组件取消选取命令

执行主菜单命令 Edit→Deselect，菜单中的组件取消选取命令如图 2-80 所示。
- Lasso DeSelect：取消区域套索选择，即以任意形状取消选取状态。
- Inside Area：取消区域内组件的选取状态。
- Outside Area：取消区域外组件的选取状态。
- Touching Rectangle：鼠标指针绘制的矩形区域所接触的对象取消选取状态。
- Touching Line：鼠标指针绘制的线段所接触的对象取消选取状态。
- All On Current Document：取消当前文件中所选取的所有组件。

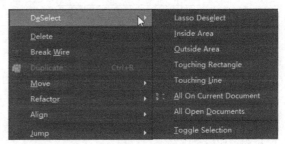

图 2-80　菜单中的组件取消选取命令

- All Open Documents：取消当前项目打开的文档中所选取的所有组件。
- Toggle Selection：与组件选取命令中的"Toggle Selection"命令功能相同。

2.6.2　移动对象

Altium Designer 18 提供了两种移动方式：一是不带连接关系的移动，即移动元器件时，元器件之间的连接导线就断开了；二是带连接关系的移动，即移动元器件的同时，与元器件相关的连接导线也一起移动。

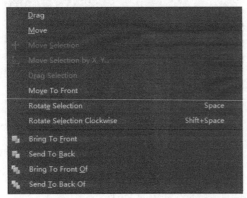

图 2-81　菜单中的移动命令

1．移动对象

对象的移动有以下两种实现形式。

（1）通过拖曳鼠标实现，首先用前面介绍过的选取对象的方法选择单个或多个元器件，然后把鼠标指针指向已选中的一个元器件上，按下鼠标左键不动，拖曳至理想位置后松开鼠标，即可完成移动元器件操作。

（2）使用菜单命令实现，执行菜单 Edit→Move，出现如图 2-81 所示的移动命令，可对元器件进行多种移动。
- Drag：若元器件连接有线路，则在执行该命令后，鼠标指针变成十字形。在需要拖动的元器件上单击鼠标右键，元器件就会跟着鼠标指针一起移动，元器件上的所有连线也会跟着移动，在执行该命令前，不需要选取元器件。
- Move：用于移动元器件。但该命令只移动元器件，不移动连接导线。
- Move Selection：与"Move"命令相似，通过该命令移动的是已选定的元器件。另外，这个命令适用于多个元器件同时移动的情况。
- Drag Selection：与"Drag"命令相似，通过该命令移动的是已选定的元器件。另外，这个命令适用于多个元器件同时移动的情况。
- Move To Front：该命令是平移和层移的混合命令。它的功能是移动元器件，并且放在重叠元器件的最上层，操作方法与"Drag"命令相同。
- Bring To Front：将元器件移动到重叠元器件的最上层。在执行该命令后，鼠标指针变成十字形，单击需要层移的元器件，该元器件立即被移到重叠元器件的最上层。单击鼠标右键，结束该命令。
- Send To Back：将元器件移动到重叠元器件的最下层。在执行该命令后，鼠标指针变成十字形，单击要层移的元器件，该元器件立即被移到重叠元器件的最下层。单击鼠标右键，结束该命令。
- Bring To Front Of：将元器件移动到某元器件的上层。在执行该命令后，鼠标指针变成十字形。单击需要层移的元器件，该元器件暂时消失，鼠标指针还是十字形，选择参考元器件，单击鼠标右键，原先暂时消失的元器件重新出现，并且被置于参考元器件的上层。
- Send to Back Of：将元器件移动到某元器件的下层，操作方法与"Bring To Front Of"命令相同。

2. 旋转元器件

元器件的旋转实际上就是改变元器件的放置方向。Altium Designer 18 提供了很方便的旋转操作，具体操作方法如下。

（1）在元器件所在位置单击鼠标左键选中元器件，并按住鼠标左键不放。

（2）按 Space 键，就可以让元器件以 90°旋转，设计者还可以使用快捷菜单命令"Properties"来实现，首先让鼠标指针指向需要旋转的元器件，单击鼠标右键，然后从弹出的快捷菜单中选择"Properties"命令，系统弹出"Component Properties"对话框，在如图 2-82 所示的"Rotation"选项框中可以设定旋转角度。

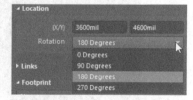

图 2-82 "Rotation"选项框

2.6.3 对象的复制、剪切、粘贴和删除

Altium Designer 18 提供的复制、剪切、粘贴和删除功能与 Windows 系统中相应功能的操作方法十分相似，所以比较容易掌握，下面就这 4 项功能做简要介绍。

（1）复制。在选中目标对象后，执行菜单命令 Edit→Copy，将会把选中的对象复制到剪贴板中。该命令等价于工具栏快捷工具 的功能。

（2）剪切。在选中目标对象后，执行菜单命令 Edit→Cut，会把选中的对象移入剪贴板中。该命令等价于工具栏快捷工具 的功能。

（3）粘贴。执行菜单命令 Edit→Copy，把鼠标指针移到原理图中，可以看见粘贴对象呈浮动状态随鼠标指针一起移动，然后在图样中的适当位置单击鼠标左键，就可把剪贴板中的内容粘贴到原理图中。该命令等价于工具栏快捷工具 的功能。

（4）删除。对象的删除方法有以下两种：
- 通过按 Delete 键实现。首先选取要删除的对象，按 Delete 键即可删除选取的对象。
- 在 Edit 菜单中选择"Delete"命令。执行菜单命令后，鼠标指针变成十字形，将鼠标指针移动到所要删除的对象上，单击鼠标右键即可删除对象。

2.6.4 元器件的阵列粘贴

在原理图绘制中，多个相同的元器件或多个具有相同功能的电路具有相同的属性设置，此时，若逐个放置和设置其属性，工作量太大，为提高绘图效率，Altium Designer 18 提供了阵列粘贴功能。下面以绘制多个电阻介绍阵列粘贴的具体操作步骤。

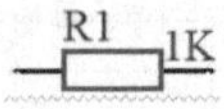

（1）复制或剪切阻值为 1kΩ 的电阻 R1，如图 2-83 所示，使粘贴对象进入剪贴板。

图 2-83 复制或剪切电阻 R1

（2）执行菜单命令 Edit→Smart Paste，弹出"Smart Paste"对话框，如图 2-84 所示。

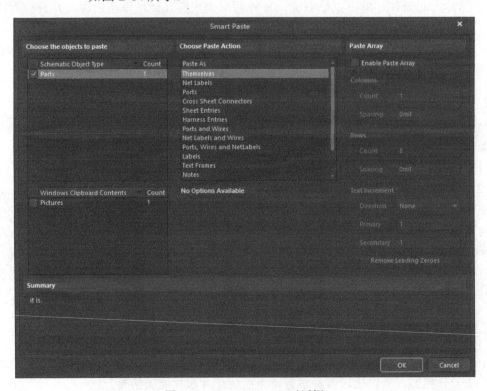

图 2-84 "Smart Paste"对话框

（3）"Paste Array"选项框的设置如图 2-85 所示。
- Columns：用于设置列信息，在"Count"中设置需要粘贴对象的列数；在"Spacing"

中设置需要粘贴对象的列间隔。
- Rows：用于设置行信息，在"Count"中设置需要粘贴对象的行数；在"Spacing"中设置需要粘贴对象的行间隔。
- Text Increment：用于设置阵列粘贴文本序号增量，如图 2-86 所示，可以选择序号增量方向，"None"表示无序号增量；"Vertical First"表示垂直方向序号自增优先；"Horizontal First"表示水平方向序号自增优先。

（4）按照如图 2-85 设置，重复放置组件的序号依次为 R1、R2、R3、R4，如图 2-87 所示。

 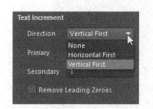

图 2-85 "Paste Array"选项框（一）　　图 2-86 "Text Increment"选项框　　图 2-87 电阻阵列粘贴（一）

（5）按照如图 2-88 设置，重复放置的组件的序号均为 R1，如图 2-89 所示。

（6）按照如图 2-90 设置，重复放置的组件为两列四行，序号按垂直方向优先，如图 2-91 所示。

　　　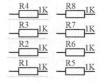

图 2-88 "Paste Array"　　图 2-89 电阻阵列　　图 2-90 "Paste Array"　　图 2-91 电阻阵列
　　选项框（二）　　　　　　粘贴（二）　　　　　　选项框（三）　　　　　　粘贴（三）

2.6.5 元器件的对齐

元器件的对齐对于原理图的美观、元器件的布局和导线连接均有帮助。因此,在绘制原理图的时候,设计者往往遇到需要重新排列元器件的情况,如果是手动操作,则既费时又不准确,而系统提供的精确排列元器件命令恰好可以帮助设计者解决这个问题。

通常遇到的对齐主要分为两类:一类是水平方向的排列/对齐;另一类是垂直方向的排列/对齐。下面分别进行介绍。

1. 单次命令对齐

执行菜单命令 Edit→Align,打开元器件排列对齐对话框,其中列出了具体的排列/对齐操作命令,如图 2-92 所示。这些命令也可以通过工具栏中的 图标打开,如图 2-93 所示。

图 2-92 排列/对齐操作命令

图 2-93 元器件排列/对齐快捷工具

(1) 水平方向的排列/对齐命令。
- Align Left:通过该命令可使所选取的元器件向左对齐,参照物是所选取的最左端的元器件。
- Align Right:通过该命令可使所选取的元器件向右对齐,参照物是所选取的最右端的元器件。
- Align Horizontal Centers:通过该命令可使所选取的元器件向中间对齐,基准线是选取的最左端和最右端元器件的中线。
- Distribute Horizontally:通过该命令可使所选取的元器件水平平铺。

(2) 垂直方向的排列/对齐命令。
- Align Top:该命令使所选取的元器件顶端对齐。
- Align Bottom:该命令使所选取的元器件底端对齐。
- Align Vertical Centers:该命令使所选取的元器件按水平中心线对齐。对齐后,元器件的中心处于同一条直线上。
- Distribute Vertically:该命令使所选取的元器件垂直均匀分布。

此外,还有一项命令"Align To Grid",使用该命令可使所选元器件定位到离其最近的网格上。假设元器件初始分布如图 2-94 所示,分别执行命令"Align Left"和"Align Vertical Centers",对齐效果如图 2-95 所示。执行"Align To Grid"命令后的效果如图 2-96 所示。

图 2-94 元器件初始分布

图 2-95 元器件对齐效果

图 2-96 执行"Align To Grid"命令后的效果

2．一次性对齐

上面介绍的这些命令，一次只能进行一种操作。如果要同时进行两种不同的排列/对齐操作，则可以执行菜单命令 Edit→Align→Align…"。在执行该命令后，系统将弹出如图 2-97 所示的"Align Objects"对话框。该对话框分为两部分，分别为水平排列（Horizontal Alignment）命令和垂直排列（Vertical Alignment）命令。

（1）水平排列（Horizontal Alignment）命令。
- No Change：不改变位置。
- Left：全部靠左边对齐。
- Centre：全部靠中间对齐。
- Right：全部靠右边对齐。
- Distribute equally：平均分布。

（2）垂直排列（Vertical Alignment）命令。
- No change：不改变位置。
- Top：全部靠顶端对齐。
- Center：全部靠中间对齐。
- Bottom：全部靠底端对齐。
- Distribute equally：平均分布。

其操作方法与执行菜单命令一样，这里不再举例说明。

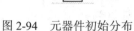
图 2-97 "Align Objects"对话框

2.6.6 对象属性整体编辑

Altium Designer 18 不仅支持单个对象属性编辑，而且可以对当前文档或所有打开的原理图文档中的多个对象同时进行属性编辑。

1．"Find Similar Objects"对话框

进行整体编辑，需要设置"Find Similar Objects"对话框，下面以电阻元器件为例，说明设置"Find Similar Objects"对话框的操作步骤。

（1）打开进行整体编辑的原理图，执行菜单命令 Edit→Find Similar Objects，鼠标指针变成十字形，单击某一对象，打开"Find Similar Objects"对话框；或将鼠标指针指向某一对象，单击鼠标右键，在弹出的菜单中选择执行"Find Similar Objects"命令，即可打开"Find Similar Objects"对话框，如图 2-98 所示。

（2）在对话框中可设置查找相似对象的条件，一旦确定，则所有符合条件的对象将以放大的选中模式显示在原理图编辑窗口内。随后即可对所查到的多个对象执行整体编辑。

图 2-98 "Find Similar Objects"对话框

下面简单介绍对话框中各项的含义。

- Kind：显示当前对象的类别（是元器件、导线还是其他对象），设计者可以单击右边的选择列表，选择所要搜索的对象类别与当前对象的关系，是"Same"（相同）、"Different"（不同），还是"Any"（任意）类型。
- Graphica：在此处可设定对象的图形参数，如位置 X1、Y1，是否镜像（Mirrored），角度（Orientation），显示模式（Display Mode），是否显示被隐含的引脚（Show Hidden Pins），是否显示元器件标识（Show Designator）等。这些选项都可以当作搜索的条件，可以设定按图形参数 "Same"、"Different"或"Any"的方式来查找对象。
- Object Specific：在此处可设定对象的详细参数，如对象描述（Description）、是否锁定元器件标识（Lock Designator）、是否锁定引脚（Pins Locked）、文件名（File Name）、元器件所在库文件（Library）、库文件内的元器件名（Library Reference）、元器件标识（Component Designator）、当前组件（Current Part）、组件注释（Part Comment）、当前封装形式（Current Footprint）和元器件类型（Component Type）等。这些参数也可以当作搜索的条件，可以设定按图形详细参数是"Same""Different"或"Any"的方式来查找对象。
- Zoom Matching：设定是否将与条件相匹配的对象以最大显示模式，居中显示在原理图编辑窗口内。
- Clear Existing：设定是否清除已存在的过滤条件。系统默认为自动清除。
- Mask Matching：设定是否在显示与条件相匹配对象的同时，屏蔽掉其他对象。
- Select Matching：设定是否将符合匹配条件的对象选中。
- Create Expression：设定是否自动创建一个表达式，以便以后再次使用。系统默认为不创建。

2．执行整体编辑

（1）以任意一个电阻作为参考，执行菜单命令"Find Similar Objects"，打开如图 2-98 所示的"Find Similar Objects"对话框。

（2）将当前封装（Current Footprint）作为搜索的条件，并设定为"Same"，以搜索相同封装的元器件。选择"Zoom Matching"、"Clear Existing"、"Mask Matching"和"Select Matching"，其他选项采用系统默认值。

（3）单击"OK"按钮，原理图编辑窗口以最大模式显示出所有符合条件的对象，如图 2-99 所示。同时，系统打开"Properties"对话框，如图 2-100 所示。

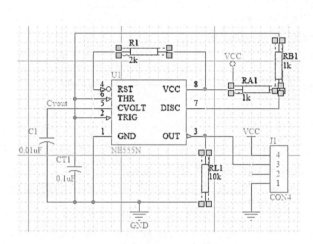

图 2-99 原理图编辑窗口以最大模式显示出所有符合条件的对象

图 2-100 "Properties" 对话框

（4）在原理图空白处单击鼠标右键，选择"Clear Filter"项，清除所有元器件的选中状态。

2.7 原理图绘图工具的使用

2.7.1 绘图工具栏

在原理图中，利用一般绘图工具栏上的多种绘图工具进行绘图是十分方便的，可以在"Utilities"工具栏的绘图工具栏中进行选择，如图 2-101 所示。另外，执行菜单命令 Place→Drawing Tools 也可以找到绘图工具栏上各按钮对应的命令，如图 2-102 所示。绘图工具栏部分按钮的功能见表 2-1。

图 2-101 绘图工具栏

图 2-102 绘图命令菜单

表 2-1　绘图工具栏部分按钮的功能

按　　钮	功　　能
/	绘制直线（Line）
A	放置文字（Text）
	放置文本框（Text Frame）
■	绘制实心矩形（Rectangle）
▢	绘制圆角矩形（Round Rectangle）
⬭	绘制椭圆（Ellipse）
	放置图片（Graphic）

2.7.2　绘制直线

直线（Line）在功能上完全不同于元器件间的导线（Wire）。导线具有电气意义，通常用来表现元器件间的物理连通性，而直线并不具备任何电气意义。

绘制直线可通过执行菜单命令 Place→Drawing Tools→Lines，或单击工具栏上的 / 图标，将编辑模式切换到绘制直线模式，此时鼠标指针除了原先的空心箭头外，还多出了一个十字符号。在绘制直线模式下，将十字符号移动到直线的起点，单击鼠标左键，移动鼠标指针，屏幕上会出现一条随鼠标指针移动的预拉线。单击鼠标右键或按下 Esc 键，则返回到绘制直线模式，但并没有退出。如果还处于绘制直线模式下，则可以继续绘制下一条直线，直到双击鼠标右键或按两次 Esc 键退出绘制状态。在绘制直线的过程中按下 Tab 键，或在已绘制好的直线上双击鼠标左键，即可打开"PolyLine"对话框，如图 2-103 所示。在该对话框中可以设置直线的一些属性，包括线宽（Line）、线型（Line Style）的设置项和颜色的设置图标■。

单击已绘制好的直线，可进入选中状态，此时直线的两端会各自出现一个方形的小点，即所谓的控制点，如图 2-104 所示。可以通过拖动控制点来调整这条直线的起点与终点位置。此外，还可以直接拖动直线本身来改变其位置。

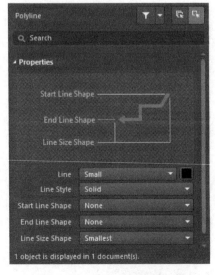

图 2-103　"Polyline"对话框

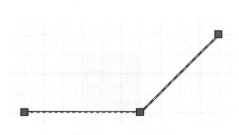

图 2-104　绘制直线

2.7.3 绘制多边形和圆弧

1. 绘制多边形

（1）绘制多边形可通过执行菜单命令 Place→DrawingTools→Polygon，或单击工具栏上的图标，将编辑状态切换到绘制多边形模式。

（2）进入绘制多边形状态后，鼠标指针旁会多出一个十字符号。首先在待绘制图形的一个角单击鼠标左键，然后移动鼠标指针到该图形的第二个角，单击鼠标左键，形成一条直线，然后再移动鼠标指针，这时会出现一个随鼠标指针移动的预拉封闭区域，依次移动鼠标指针到待绘制图形的其他角单击鼠标左键。如果单击鼠标右键，则会结束当前多边形绘制，绘制的多边形如图 2-105 所示。

（3）在绘制多边形的过程中按下 Tab 键，或是在已绘制好的多边形上双击鼠标左键，就会打开如图 2-106 所示的"Region"对话框，在该对话框中可设置多边形的一些属性，如边框宽度（BorderWidth）、边框颜色（Border Color）、填充颜色（Fill Color）、设置为实心多边形（Draw Solid）和透明（Transparent，选中该选项后，双击多边形内部不会有响应，而只在边框上有效）。

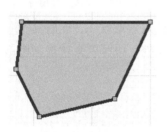

图 2-105 绘制的多边形

图 2-106 "Region"对话框

（4）如果直接用鼠标左键单击已绘制好的多边形，即可使其进入选取状态，此时多边形的各个角都会出现控制点，可以通过拖动这些控制点来调整该多边形的形状。此外，还可以直接拖动多边形本身来调整其位置。

2. 绘制圆弧和椭圆弧

（1）绘制圆弧可通过执行菜单命令 Place→Drawing Tools→Arc，将编辑模式切换到绘制圆弧模式。绘制椭圆弧可使用菜单命令 PIace→Drawing Tools→Elliptic Arc 或单击工具栏上的图标。

（2）绘制圆弧和椭圆弧的操作方式类似。首先在待绘制图形的圆弧中心处单击鼠标左键，然后移动鼠标指针，出现圆弧预拉线。紧接着调整好圆弧半径，单击鼠标左键，鼠标指针会自动移动到圆弧缺口的一端，调整好其位置后再单击鼠标左键，鼠标指针会自动移动到圆弧缺口的另一端，调整好其位置后再次单击鼠标左键，圆弧绘制结束（如图 2-107 所示）并进入下一个圆弧的绘制过程，下一个圆弧的默认半径为刚才绘制的圆弧半径，开口也一致。

（3）在绘制圆弧操作结束后，单击鼠标右键或按下 Esc 键，即可切换回等待命令模式。

（4）如果在绘制圆弧的过程中按下 Tab 键，或者单击已绘制好的圆弧或椭圆弧，可打开"Arc"对话框，如图 2-108 所示，"Arc"对话框中的参数有半径（Radius）、中心点坐标（Location X/Y）、线宽（Width）、缺口起始角度（Start Angle）、缺口结束角度（End Angle）、线条颜色（Color）和切换选取状态（Selection）。

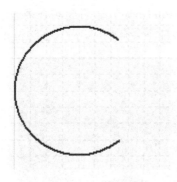

图 2-107　绘制圆弧

图 2-108　"Arc"对话框

（7）如果用鼠标左键单击已绘制好的圆弧，可使其进入选取状态，此时其半径和缺口端点会出现控制点，拖动这些控制点可调整圆弧的形状。此外，还可以直接拖动圆弧调整圆弧的位置。

2.7.4　绘制直角矩形和圆角矩形

矩形分为直角矩形（Rectangle）与圆角矩形（Round Rectangle），它们之间的差别在于矩形的四个边角是否为椭圆弧。除此之外，这二者的绘制方式与属性均十分相似。

（1）绘制直角矩形可通过菜单命令 Place→Drawing Tools→Rectangle 或单击工具栏上的 ■图标；绘制圆角矩形可通过菜单命令 Place→Drawing Tools→Round Rectangle 或单击工具栏上的 ■图标。

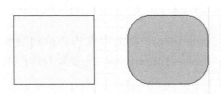

图 2-109　绘制完成的直角矩形和圆角矩形

（2）执行绘制矩形命令后，鼠标指针旁会多出一个十字符号，然后在待绘制矩形的一个边角上单击鼠标左键，接着移动鼠标指针到矩形的对角，再单击鼠标左键，即可完成当前矩形的绘制过程，同时进入下一个矩形的绘制过程。

（3）若要切换回等待命令模式，可在此时单击鼠标右键或按下 Esc 键。绘制完成的直角矩形和圆角矩形如图 2-109 所示。

（4）在绘制矩形的过程中按下 Tab 键，或者直接用鼠标左键双击已绘制好的矩形，就会打开如图 2-110 所示的直角矩形（Rectangle）对话框或如图 2-111 所示的圆角矩形（Round Rectangle）对话框。

图 2-110　直角矩形（Rectangle）对话框

图 2-111　圆角矩形（Round Rectangle）对话框

其中圆角矩形比直角矩形多两个属性：Corner X Radius 和 Corner Y Radius，它们是圆角矩形 4 个椭圆角的 X 轴与 Y 轴半径。除此之外，直角矩形与圆角矩形共有的属性包括：矩形坐标（Location(X/Y)），边框宽度（Width），边框高度（Height），边框大小（Border）和填充颜色（Fill Color）。

如果直接用鼠标左键单击已绘制好的矩形，可使其进入选中状态，在此状态下可以通过移动矩形本身来调整其放置的位置。在选中状态下，直角矩形的 4 个边角和各边的中点都会出现控制点，可以通过拖动这些控制点来调整直角矩形的形状。

2.7.5　放置文本和文本框

1. 放置文本

（1）执行菜单命令 Place→Text String 或单击工具栏中的 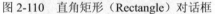 图标，将编辑模式切换到放置文本模式。

（2）执行放置文本命令后，鼠标指针旁会多出一个十字符号和一个虚线框，在放置文本的位置单击鼠标左键，绘图页面中就会出现一个名为"Text"的字符串（如图 2-112 所示）并进入下一个操作过程。

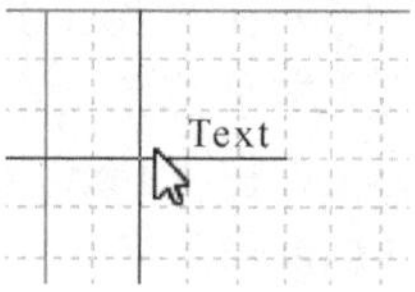

图 2-112　放置文本

（3）如果在完成放置动作之前按下 Tab 键，或者直接在"Text"字符串上双击鼠标左键，即可打开文本属性对话框，如图 2-113 所示。

（4）文本属性对话框中最重要的选项是"Text"栏，它负责保存显示在绘图页中的文本字符串（只能是一行），并且可以修改。文本属性对话框中还有其他几项属性：文本的坐标（Location (X/Y)），字符串的放置角度（Rotation），字体、字号和字符串的颜色（Font）。

2. 放置文本框

（1）执行菜单命令 Place→Text Frame 或单击工具栏上的 图标，将编辑状态切换到放置文本框模式。

（2）前面所介绍的文本仅限于一行的范围，如果需要多行注释文字，就必需使用文本框（Text Frame）。

（3）执行放置文本框命令后，鼠标指针旁会多出一个十字符号，在需要放置文本框的两个边角处单击鼠标左键，然后移动鼠标指针就可以在屏幕上看到一个虚线显示的预拉框，用鼠标左键单击该预拉框的对角位置，就结束了当前文本框的放置过程，并自动进入下一个文本框放置过程。

（4）在完成放置文本框的动作之前按下 Tab 键，或者直接用鼠标左键双击文本框，就会打开"Text Frame"对话框，如图 2-114 所示。

图 2-113　文本属性对话框

图 2-114　"Text Frame"对话框

（5）在"Text Frame"对话框中最重要的选项是"Text"栏，它负责保存显示在绘图页中的文本字符串（在此处并不局限于一行）。

（6）在"Text Frame"对话框中还有其他一些选项，包括边框大小（Border），填充颜色（Fill Color），字体（Font），设置字回绕（Word Wrap）和当文字长度超出文本框宽度时，自动截去超出部分（Clip To Area）。

（7）如果直接用鼠标左键单击文本框，可使其进入选中状态，同时出现一个环绕整个文本框的虚线边框，此时可直接拖动文本框改变其放置位置。

2.7.6　绘制圆和椭圆

（1）执行菜单命令 Place→Drawing Tools→Ellipse 或单击工具栏上的图标，将编辑状态切换到绘制椭圆模式。由于圆就是 X 轴与 Y 轴半径一样大的椭圆，所以利用绘制椭圆的工具即可以绘制出标准的圆。

（2）执行绘制椭圆命令后，鼠标指针旁会多出一个十字符号，在待绘制图形的中心点处单击鼠标左键，移动鼠标指针出现预拉椭圆形线，分别在适当的 X 轴半径处与 Y 轴半径处单击鼠标左键，即完成该椭圆的绘制，同时进入下一次绘制过程。

（3）如果设置的 X 轴与 Y 轴的半径相等，则可以绘制圆。此时如果希望切换回等待命令模式，可单击鼠标右键或按下的 Esc 键。绘制完成的圆和椭圆如图 2-115 所示。

（4）如果在绘制椭圆的过程中按下 Tab 键，或是直接用鼠标左键双击已绘制好的椭圆，即可打开如图 2-116 所示的"Ellipse"对话框，可以在此对话框中设置该椭圆的一些属性，如椭圆形的中心点坐标（Location(X/Y)）、椭圆的 X 轴与 Y 轴半径（X Radius、Y Radius）、边框大小（Border）和填充颜色（Fill Color）。如果想将一个椭圆改变为标准圆，可以修改 X Radius 和 Y Radius 中的数值，使之相等即可。

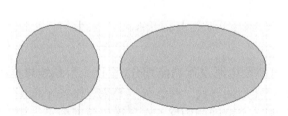

图 2-115 绘制完成的圆和椭圆

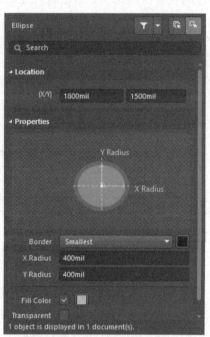

图 2-116 "Ellipse"对话框

第 3 章 原理图设计进阶

简单的电路图可以在一张原理图中绘制,但对于复杂的电路图,在一张原理图中绘制将导致原理图的图样尺寸变得很大,不便于浏览电路图的整体,更重要的是很难把握整个电路的结构和层次。此时,常采用层次化电路的方法来进行设计。原理图的编辑与处理是原理图设计的重要组成部分,熟练地掌握原理图编辑与处理能够大大提高原理图编辑的速度和生成原理图的质量。

【本章要点】
- 层次化原理图设计。
- 元器件编号和元器件的过滤。
- 原理图电气检测与编译。
- 封装管理器的使用。
- 原理图的报表生成与打印输出。

3.1 层次化原理图设计

3.1.1 层次化原理图介绍

对于比较复杂的电路,工程上通常首先对整个电路进行功能划分,设计一个系统总框图,在系统总框图中用若干框图来表示功能单元,然后用导线、网络标签等来连接各个框图,表明它们之间的电气连接关系,最后再分别绘制各个框图的电路。在层次化原理图设计中,把这个系统总框图称为母图,组成系统总框图的若干框图称为子图符号,单独绘制的各个框图电路称为子图。通过这样的定义,读者在顶层电路中看到的是一个一个的功能模块,可以很容易从宏观上把握整个电路的结构,如果想进一步了解某个框图的具体实现电路,可以直接单击该框图,深入到底层电路,从微观上进行了解。这样就使很复杂的电路变成相对较简单的几个模块,便于检查和修改。

为了使多个子原理图联合起来描述同一个工程,必须为这些子原理图建立某种关系。层次化原理图母图正是表达了子原理图之间关系的一种原理图,如图3-1所示。从图中可以看出层次化原理图母图是由方块电路图、方块电路端口和连线组成的。一个方块电路图代表一张子原理图;方块电路上的端口代表子原理图中与其他子原理图连接的接口;方块电路图之间通过导线相连,从而构成一个完整的电路图。

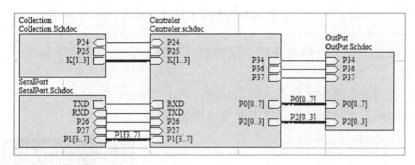

图 3-1　层次化原理图母图

下面介绍层次化原理图中经常用到的概念。
- 子原理图：描述各个功能模块的部分原理图，用于封装功能电路模块。
- 原理图母图：描述各个子原理图之间电气连接关系的原理图。
- 方块电路图：描述子原理图的符号，位于层次化原理图母图中，每个方块电路图都与特定的子原理图相对应。
- 方块电路端口：方块电路所代表的下层子原理图与其他电路连接的端口。在通常情况下，方块电路端口与和它同名的下层子原理图的 I/O 端口相连。
- I/O 端口：描述不同层次电路图之间的电气连接关系，一般位于子原理图中。I/O 端口和网络标号的作用类似。

3.1.2　自上而下的层次化原理图设计

自上而下的层次化原理图设计，也就是首先设计原理图母图，确定各个方块电路图，然后从方块电路图生成子原理图，最后完善子原理图中的电路。采用这种设计方法，要根据整个电路的结构，将其按照功能分解成不同的子模块。设计者在层次化原理图的母图中确定子模块方块电路图的输入输出端口和方块电路图之间的电气连接关系，再将层次化原理图母图中各个方块电路图对应的子原理图分别画出。这样一层一层向下细化，最终完成整个原理图的设计。下面介绍具体的操作步骤。

1. 创建项目数据库

所有的层次化电路都必须在项目数据库中组织并管理，因此要设计一个层次化电路，首要任务是创建一个项目数据库，其具体操作步骤如下。

（1）执行菜单命令 File→New→PCB Project，新建项目文件，另存为"UpToDown.PrjPCB"。

（2）执行菜单命令 File→New→Schematic，在新建的项目文件中创建一个原理图文件，将原理图文件另存为"UpToDown.Sch"，对原理图图样参数进行设置。

（3）以上创建的便是自上而下设计的层次化原理图母图。原理图母图是层次化电路的主图，所有子图都以子图符号的形式出现在母图中。

2. 放置方块电路图

在 Altium Designer 18 中放置方块电路图，可以采用下面的方法完成。

（1）执行菜单命令 Place→Sheet Symbol 或在布线工具栏中，单击放置方块电路图的图标。

（2）执行放置方块电路图命令后，鼠标指针变成十字形，并且浮动着一个方块电路，如图 3-2 所示。

（3）在放置方块电路图状态下，按 Tab 键，弹出"Sheet Symbol"对话框，如图 3-3 所示。"Sheet Symbol"对话框用于设置方块电路图的属性。

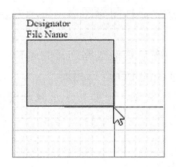

图 3-2　执行放置方块电路图命令　　　　　图 3-3　"Sheet Symbol"对话框

（4）在"Sheet Symbol"对话框中的"File Name"编辑框中设置文件名为"Controler.schdoc"，表明该电路代表了"Controler"模块。在"Designator"编辑框中设置方块图的名称为"U_Controler"。

（5）设置完属性后，确定方块电路的大小和位置。将鼠标指针移动到适当的位置后单击鼠标右键，确定方块电路的左上角位置。拖动鼠标指针，移动到适当的位置后单击鼠标右键，确定方块电路的右下角位置。这样我们就定义了方块电路的大小和位置，绘制出了一个名为"Controler"的方块电路，如图 3-4 所示。

（6）更改方块电路名或其代表的文件名，只需用鼠标单击文字标注，就会弹出的如图 3-5 所示的"Parameter"对话框，在对话框中可以修改方块电路文字属性。

（7）放置完一个方块电路图后，系统仍处于放置方块电路图的命令状态下，设计者可用同样的方法放置另一个方块电路图，并设置相应的方块电路图文字。

3．放置方块电路端口

（1）执行菜单命令 Place→Add Sheet Entry 或在布线工具栏中，单击放置方块电路端口的图标。

（2）执行放置方块电路端口命令后，鼠标指针变成十字形。

（3）单击需要放置端口的方块电路图，鼠标指针处出现一个方块电路端口的符号，如图 3-6 所示。

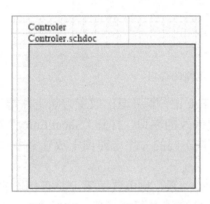

图 3-4 "Controler"方块电路　　　　图 3-5 "Parameter"对话框

（4）在放置方块电路端口的状态下，按 Tab 键，弹出"Sheet Entry"对话框，如图 3-7 所示。"Sheet Entry"对话框用于设置方块电路端口的属性。

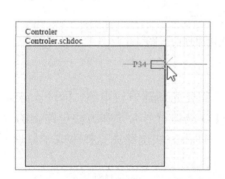

图 3-6　放置方块电路端口的符号　　　　图 3-7 "Sheet Entry"对话框

（5）在"Sheet Entry"对话框中的"Name"编辑框中设置端口名为"P34"，即将端口名设为读选通信号；"I/O Type"选项有不指定（Unspecified）、输出（Output）、输入（1nput）和双向（Bidirectional）4 种选择，此处设置为"Output"，即将端口设置为输出；端口种类（Kind）选项有矩形和三角形（Block & Triangle）、三角形（Triangle）和箭头（Arrow）3 种，此处设置为"Block & Triangle"，其他选项可自定义。

（6）设置完属性后，将鼠标指针移动到适当的位置，单击鼠标左键将其定位。同样，根据实际方块电路的安排放置全部端口，如图 3-8 所示。

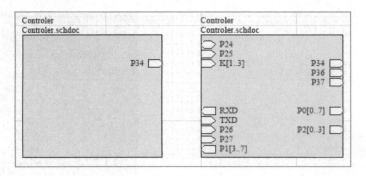

图 3-8　绘制全部方块电路的端口

（7）放置完毕后，用鼠标右键单击工作区或按 Esc 键，即可退出放置方块电路端口状态。如需修改已放置的方块电路端口，则可以双击需要修改的端口，打开"Sheet Entry"对话框。

只有相同名称的端口才能相互连接，所以往往在不同的方块电路图上放置多个具有相同名称的端口，但端口属性可能不同。

（8）放置其他方块电路图及端口，确定电气连接关系，将电气关系上具有相连关系的端口用导线或总线连接在一起，这样就完成了层次化原理图母图的设计，如图 3-9 所示。

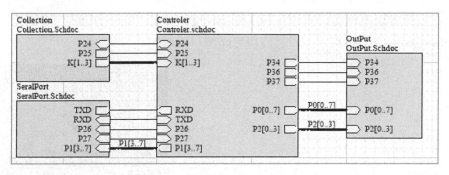

图 3-9　绘制好的层次化原理图母图

4．由方块电路图生成子原理图的 I/O 端口

在采用自上而下的方式设计层次化原理图时，需要先新建方块电路，再设计该方块电路对应的原理图文件。而在设计下层原理图时，其 I/O 端口符号必须和方块电路上的 I/O 端口符号相对应。Altium Designer 18 提供了一条捷径，即由方块电路图直接生成子原理图的 I/O 端口，具体操作步骤如下。

（1）执行菜单命令 Design→Create Sheet From Symbol。

（2）执行该命令后，鼠标指针变成了十字形，移动鼠标指针到某一方块电路上，单击鼠标左键，生成的 I/O 端口的电气特性与原来的方块电路中的相同，即输出仍为输出。

（3）系统自动生成一个文件名为"Controler.SchDoc"的子原理图文件，并布置好 I/O 端口，如图 3-10 所示。

（4）按照同样的方法生成其他子原理图的 I/O 端口。

5．子原理图模块具体化

生成的子原理图，已经有了 I/O 端口，在确认了子原理图上的 I/O 端口符号与对应的方块电路上的 I/O 端口符号完全一致后，设计者就可以按照该模块组成放置元器件和连线，绘制出子原理图具体的电路原理图，如图 3-11 所示。

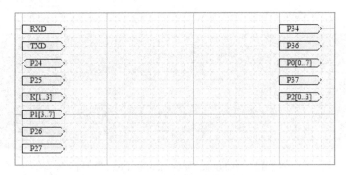

图 3-10　由方块电路图生成子原理图的 I/O 端口

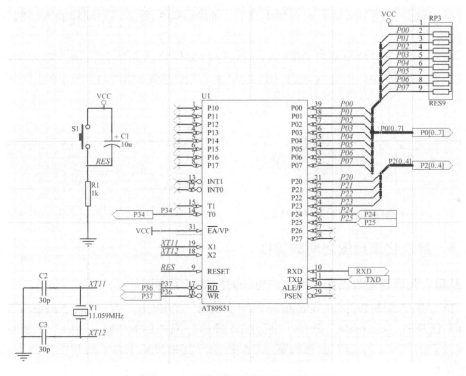

图 3-11　子原理图具体的电路原理图

3.1.3　自下而上的层次化原理图设计

在层次化原理图设计中，对于不同模块的不同组合，会有不同功能的电路系统，本节采用自下而上的层次化原理图设计。设计者根据功能电路模块绘制好子原理图，再由子原理图生成方块电路图，具体操作步骤如下。

(1) 新建项目文件。在新建项目文件中绘制好电路中的各个子原理图，并且将各子原理图之间的连接用 I/O 端口绘制出来。

(2) 在新建项目中创建一个名为"DownToUp.SchDoc"的原理图文件。

（3）在"DownToUp.SchDoc"工作界面执行菜单命令 Design→Create Sheet Symbol From Sheet or HDL 命令，弹出"Choose Document to Place"对话框，用于生成方块电路图，如图3-12 所示。

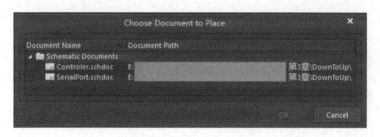

图 3-12　"Choose Document to Place"对话框

（4）选中该对话框中的任一子原理图，单击"OK"按钮，系统将在"DownToUp.SchDoc"原理图中生成该子原理图所对应的方块电路图，如图 3-13 所示。用同样的方法放置其他电路模块。

（5）分别对各个方块电路符号和 I/O 端口进行属性修改和位置调制，将方块电路之间具有电气连接关系的端口用导线或总线连接起来，从而得到如图 3-14 所示的层次化原理图母图。

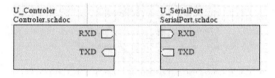

图 3-13　子原理图对应的方块电路图　　　图 3-14　绘制完成的层次化原理图母图

3.1.4　层次化原理图之间的切换

1. 从层次化原理图母图切换到方块电路对应的子原理图

（1）执行菜单命令 Project→Compile PCB Project *.PrjPCB，或打开"Navigator"面板，单击鼠标右键选择"Compile"命令，执行编译操作。编译后的"Messages"面板如图 3-15 所示。编译后的"Navigator"面板如图 3-16 所示，其中显示了各子原理图的信息和层次化原理图的结构。

（2）执行菜单命令 Tools→Up/Down Hierarchy 或在"Navigator"面板中双击要进入的原理图母图或者子原理图的文件名，则可以快速切换到对应的层次化原理图。

（3）执行菜单命令 Tools→Up/Down Hierarchy 后，鼠标指针变成十字形。将鼠标指针移至原理图母图中的方块电路上，单击鼠标就可以完成切换。

2. 从子原理图切换到原理图母图

（1）执行菜单命令 Tools→Up/Down Hierarchy，或在"Navigator"面板中选择相应的原理图母图文件，执行从子原理图切换到原理图母图的命令。

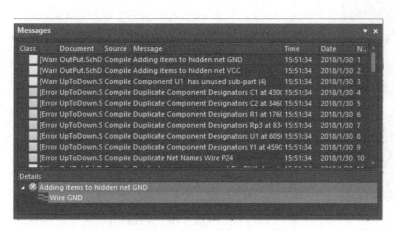

图 3-15 编译后的"Messages"面板

图 3-16 编译后的"Navigator"面板

（2）执行菜单命令 Tools→Up/Down Hierarchy 后，鼠标指针变成十字形，移动鼠标指针到子原理图中任一元器件上，单击鼠标完成切换。

3.2 原理图的后期处理

3.2.1 文本的查找与替换

Altium Designer 18 也包含文本的查找与替换功能。这项功能和 Word 等通用文字处理软件相同，能够对原理图中所有的文本和网络标号进行查找和替换操作。

1. 查找文本

执行菜单命令 Edit→Find Text，弹出"Find Text"对话框，如图 3-17 所示。在该对话框中设置好查找内容、查找范围和查找方式后，即可进行查找。

"Find Text"对话框中的主要参数如下。

- Text To Find：输入要查找的文本信息，可以使用通配符"*"和"？"。
- Sheet Scope：设置需要查找的原理图范围。
- Selection：设置在选定的原理图中需要查找的范围。
- Identifiers：设置查找的标号范围。
- Case sensitive：设置查找时是否区分大小写，选择该项表示区分。
- Whole Words Only：设置是否完全匹配。
- Jump to Results：设置是否跳转到查找结果。

设置好查找选项后，单击"OK"按钮，即可返回原理图编辑环境，并使找到的文本信息呈高亮显示状态，如图 3-18 所示，查找到 3 个结果，当前处于第一个查找结果处，按下快捷键 F3 便能继续查找下一处结果。

图 3-17　"Find Text" 对话框

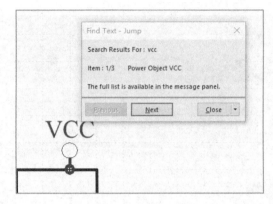

图 3-18　查找到的文本

单击"Close"按钮，打开"Messages"对话框，双击图 3-19 中条目可在查找结果中跳转。

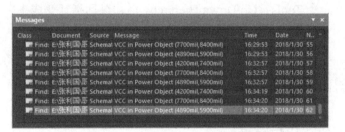

图 3-19　"Messages"对话框

2．替换文本

执行菜单命令 Edit→Replace Text，弹出"Find and Replace Text"对话框，如图 3-20 所示。该对话框中部分参数的含义如下。

- Text To Find：输入被替换的文本信息。
- Replace With：输入替换的文本信息。
- Prompt On Replace：用于设置是否在替换前给出提示信息。选择该项后，会在每次替换前出现是否替换的提示信息。

单击"OK"按钮，弹出文本替换确认信息，如图 3-21 所示，单击"OK"按钮，完成文本替换。

3.2.2　元器件编号管理

除了手动对元器件进行编号之外，Altium Designer 18 为用户提供了元器件自动编号的功能。当电路比较复杂、元器件数目较多时，该功能可以大大提高编号的效率，避免出现重复编号等错误。自动编号的操作步骤如下。

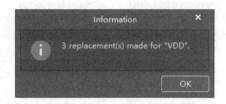

图 3-20 "Find and Replace Text" 对话框　　　图 3-21 文本替换确认信息

执行菜单命令 Tools→Annotate Schematic…，打开 "Annotate" 对话框，如图 3-23 所示。

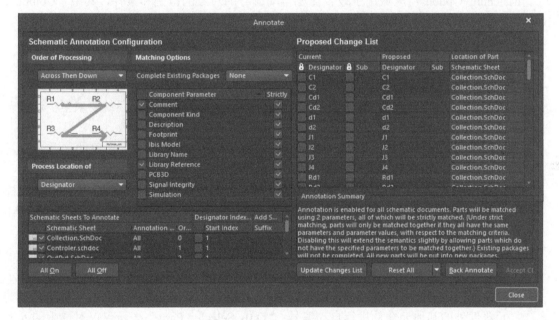

图 3-22 "Annotate" 对话框

在 "Annotate" 对话框中可以设置元器件自动编号的规则和编号的范围等参数，"Annotate" 对话框左侧是 "Schematic Annotation Configuration" 区域，用于设置元器件编号的顺序和匹配条件。对话框右侧的 "Proposed Change List" 列表用于显示新旧元器件编号的对照关系。"Order of Processing" 区域用于设置自动编号的顺序，该区域内包含一个下拉列表和一个显示编号顺序的示意图，下拉列表中共有 4 个选项，分别介绍如下。

- Up Then Across：表示根据元器件在原理图上的位置，先按由下至上、再按由左至右的顺序自动递增编号。
- Down Then Across：表示根据元器件在原理图上的位置，先按由上至下、再按由左至右的顺序自动递增编号。
- Across Then Up：表示根据元器件在原理图上的位置，先按由左至右、再按由下至上的顺序自动递增编号。
- Across Then Down：表示根据元器件在原理图上的位置，先按由左至右、再按由上至下的顺序自动递增编号。系统默认选择此项。

4种编号顺序示意图如图3-23所示。

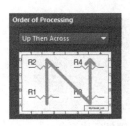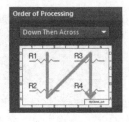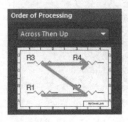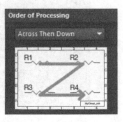

图3-23　4种编号顺序示意图

"Matching Options"区域用于设置需要自动编号的对象的范围和条件，其中"Complete Existing Packages"下拉列表用来设置需要自动编号的范围，该列表包括以下3个选项。
- None：表示无设定范围。
- Per sheet：表示范围是单张图样文件。
- Whole Project：表示范围是整个项目。

在下拉列表下方是一个表格，用于选择自动编号对象的匹配参数。系统要求至少选择一个参数，默认值为"Comment"。

"Schematic Sheets To Annotate"区域用来设置需要进行自动编号的对象的一些参数，包括执行自动编号操作的图样、自动编号的起始下标和后缀字符等。
- Schematic Sheet：列出所有待选的图样文件，选择"Schematic Sheet"栏中对应图样名称前的复选框，即可选择该图样。单击"All On"按钮表示选择所有文档。单击"All Off"按钮表示不选择任何文档。系统要求至少要选择一个文件。
- Annotation Scope：用于设置每个文件中参与自动编号的元器件范围。该栏共有3个选项，分别是"All"、"Ignore Selected Parts"和"Only Selected Parts"。"All"表示对原理图中的所有元器件都进行自动编号；"Ignore Selected Parts"表示对除选中的元器件外的其他元器件进行自动编号；"Only Selected Parts"表示仅仅对选中的元器件进行自动编号。
- Designator Index Control：用来设置编号索引。当选择该项时，可以在"Start Index"下面的输入栏内输入编号的起始下标。
- Add Suffix：用于设定元器件编号的后缀。在该项中输入的字符将作为编号后缀添加到编号后面，在对多通道电路进行设计时，可以用后缀区别各个通道对应的元器件。

按钮区域。各个按钮的功能如下。
- Reset All：用来复位编号列表中的所有自动编号。单击"Reset All"按钮，弹出"Information"对话框，如图3-24所示。单击"OK"按钮，即可使"Proposed Change List"列表中"Proposed"列中的元器件编号都以"？"结束，如图3-25所示。

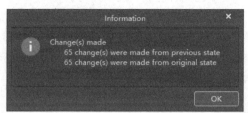 

图 3-24 "Information"对话框   图 3-25 复位后的"Proposed Change List"列表

- Update Changes List：用于按照设置的自动编号参数更新自动编号列表。当自动编号的设置改变后，需要单击该按钮，对自动编号列表进行更新。
- Back Annotate：用于导入 PCB 中已有的编号文件，使原理图的自动编号与对应的 PCB 图同步。当单击该按钮后，会打开"Choose WAS-IS File for Back-Annotation from PCB"对话框，如图 3-26 所示。在对话框中选择对应的 ECO 或 WAS-IS 文件，单击"OK"按钮，即可将该文件中的编号信息导入自动编号列表。

图 3-26 "Choose WAS-IS File for Back-Annotation from PCB"对话框

- Accept Changes（Create ECO）：单击按钮可打开"Engineering Change Order"对话框，如图 3-27 所示。

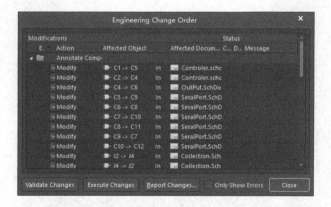

图 3-27 "Engineering Change Order"对话框

"Engineering Change Order"对话框中列出了所有的更改操作列表，设计者可以根据需要决定执行哪些更改，如果不需要执行某一项更改，只要取消选中该项即可。

单击对话框中的"Validate Changes"按钮，检查所有的改变是否生效，当检查通过后，在每一项更改后的"Check"栏将出现一个绿色的"√"标记，当所有的改变经验证为正确后，单击"Execute Changes"按钮，执行所有改变。执行完成后，每一项更改后的"Done"栏将出现一个绿色的"√"标记，表示该项更改已经完成，如图3-28所示。

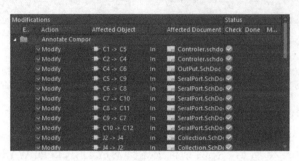

图3-28　执行更改完成后的"Engineering Change Order"对话框

单击"Report Changes"按钮，打开"Report Preview"对话框，如图3-29所示。

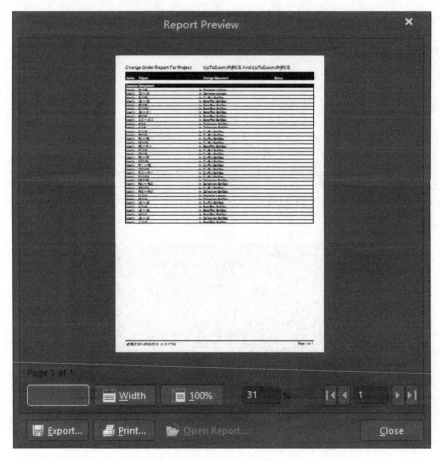

图3-29　"Report Preview"对话框

单击"Export"按钮,打开"Export From Project…"对话框,设置报告的文件名,在保存类型中选择"Adobe PDF"并单击"保存"按钮,将更新报告保存为 PDF 文件。

单击"Close"按钮,关闭"Report Preview"窗口,单击"Engineering Change Order"对话框中的"Close"按钮关闭该对话框,返回到"Annotate"对话框。

最后在"Annotate"对话框内单击"Close"按钮,即可完成元器件编号的自动更改。

3.2.3 原理图电气检查与编译

Altium Designer 18 提供的电气规则检查(DRC),可对原理图的电气连接特性进行自动检查,检查后的错误信息可在"Messages"面板中列出,同时也在原理图中标注出来。设计者可设置检查规则,根据检查结果修改原理图中的错误。但是,Altium Designer 18 的电气规则检查只针对原理图中的连接进行检查,而原理图中的设计问题要由设计者本人把握,因此,电气规则检查只能作为辅助工具使用。

执行菜单命令 Project→Project Options,打开工程设置面板(Options for PCB Project UpToDown.PrjPCB),如图 3-31 所示。其上方的标签页分别有:错误报告(Error Reporting)、连接阵图(Connection Matrix)、创建层级(Class Generation)、对照描述(Comparator)和创建类型(ECO Generation)等。本节只对错误报告和连接阵图进行介绍。

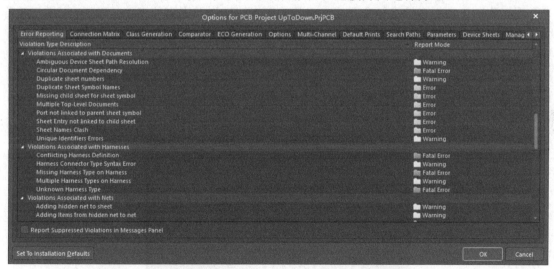

图 3-30 工程设置面板(Options for PCB Project UpToDown.PrjPCB)

1. 错误报告

错误报告用于对设计图进行检查并显示。报告模式分别用不同颜色的标志表示错误级别。
- 绿色:不报告或关闭。
- 浅黄:警告(Warning)。
- 橘黄:错误。
- 红色:致命错误。

编译中出现警告可忽略不管,但若出现后两种错误,必须纠正才能通过编译。对每种检查的通行级别可通过表单命令设置检查标志，如图 3-31 所示。

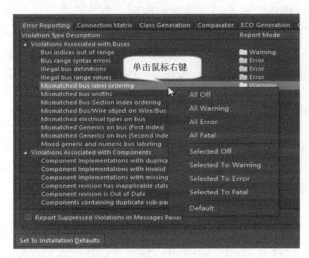

图 3-31　设置检查标志

2．连接阵图

连接阵图主要用来检查每个元器件引脚的电气特性以及引脚的连接是否正确。用连接阵图表明错误报告中是否允许相应的电气连接，连续单击色块可循环设置绿色、浅黄、橘黄色、红色 4 种错误类型。例如在连接阵图中先找出"IO Pin"，在其所在行中找到"Open Collector Pin"列，行列相交的小方块呈绿色，表示在编译工程时，这两种类型引脚相连时不报告，若将其设置为橘黄色，则当两种类型引脚相连接时会出现错误指示，表示编译时这两种类型引脚的连接是不被允许的，如图 3-32 所示。

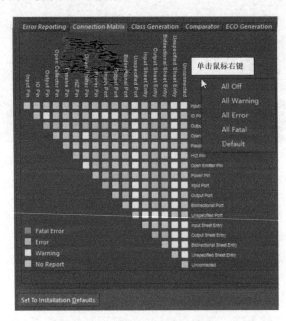

图 3-32　设置是否允许连接

在面板上单击鼠标，在弹出的快捷菜单中可选择关闭所有（All Off）、所有警告（All Warning）、所有错误（All Error）或所有致命错误（All Fatal）。若不知道如何设定，则可选择默认（Defaults）命令或按左下方的设置成默认安装（Set To Installation Defaults）按钮，弹出"Confirm"对话框，如图 3-33 所示，单击"Yes"按钮就能恢复默认值。

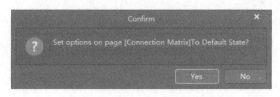

图 3-33 "Confirm" 对话框

设置完原理图电气检查后，设计者便可对原理图进行编译操作，进入原理图调试阶段。编译可以检查设计文件中的电气规则错误并指出错误所在位置，帮助设计者排除错误。编译过程还可生成网络表文件，网络表在不同的设计工具中能够传递电路的连接信息，用于 PCB 自动形成电气连接。编译可对某个文档进行，也可对整个工程进行。

（1）对原理图文档进行编译。

执行菜单命令 Project→Compile Document *.SchDoc，开始编译当前文档，或在"Project"面板中用鼠标右键单击需要编译的原理图文档，并在弹出的快捷菜单中选择"Compile Document *.SchDoc"进行编译。

编译后如果有错误或警告，会在弹出的"Messages"面板中显示，如图 3-34 所示，如果仅仅是警告（Warning），可不必理睬。若有致命错误，需要在"Class"栏单击相应的错误，在"Compile Error"面板中指出电路原理图上的错误所在，并高亮显示出错误位置，电路其他部分被遮蔽淡化。将错误处修改后重新编译，编译通过后，"Messages"面板中将无任何显示内容。

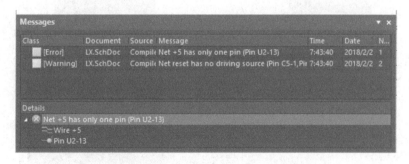

图 3-34 "Messages"面板中显示编译错误

（2）对工程进行编译。

执行菜单命令 Project→Compile Document *.PrjPCB，开始编译。查看错误和修改错误的方法与原理图文档编译相似。编译通过后，便可以开始创建 PCB 文档了。

3.2.4　元器件的过滤

在进行原理图或 PCB 设计时，设计者经常希望能够查看并且编辑某些对象，但是在复制的电路中,尤其是在设计 PCB 时,要将某个对象区分出来十分困难。因此,Altium Designer 18 提供了一个十分个性化的过滤功能。通过过滤,被选定的对象将清晰地显示在工作窗口中,而其他未被选定的对象则呈半透明状。同时,未被选定的对象将变为不可操作状态。

1."Navigator"面板

在"Navigator"面板进行元器件过滤的步骤如下。

(1)打开*.prjPCB 项目并编译,在操作页面的右侧底部面板可以看到如图 3-35 所示的菜单栏。

(2)在弹出的菜单中选择"Navigator",出现如图 3-36 所示的"Navigator"面板,单击元器件或网络,则系统会自动跳转到相应的位置。如果选择其中的 U1,则 U1 被过滤,如图 3-37 所示。

图 3-35　底部菜单栏　　　　图 3-36　"Navigator"面板

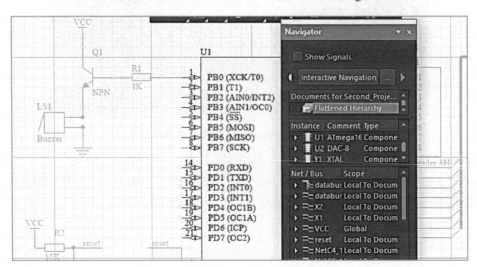

图 3-37　U1 被过滤

2. 使用过滤器批量选择目标

Altium Designer 18 通过新的数据编辑系统得到定位、选择和编辑对象的要求。通过这个系统，可以方便地过滤设计数据以便定位对象、选择对象和编辑对象。下面将讲解如何在工作中定位、选择和编辑多个对象。

（1）单击底部菜单栏中的"SCH Filter"按钮，弹出"SCH Filter"对话框，如图 3-38 所示。在"SCH Filter"对话框中单击"Helper"按钮，打开"Query Helper"对话框，如图 3-39 所示。

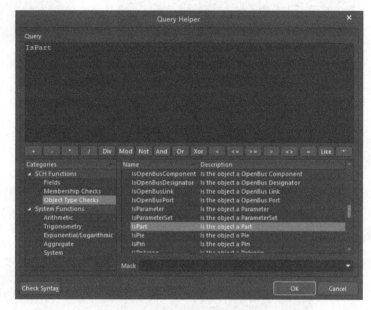

图 3-38　"SCH Filter"对话框　　　　　图 3-39　"Query Helper"对话框

（2）执行菜单命令 SCH Function→Object Type Checks，在右侧窗口出现一列条件语句，选择语句，例如"IsPart"，则在"Query"框中出现该语句。"+"、"-"、"Div"、"Mod"和"And"等符号可以用来组合成复杂的条件语句。单击"OK"按钮，返回"SCH Filter"对话框。选择"Select"项并单击"Apply"按钮，就可以选择全部的元器件。

3. "SCH List"面板

选中一个对象或多个对象，单击底部菜单栏中的"SCH List"按钮，打开"SCH List"对话框，如图 3-40 所示。在"SCH List"对话框中，可以在顶部面板执行菜单命令 View→Edit，在下拉菜单中选择"Edit"命令来改变对象的属性。

在"SCH List"对话框中的"Object Kind"内双击对象可以显示它的属性对话框。

4. 过滤的调节和清除

单击原理图工作窗口右下角的"Mask Level"标签，即可对过滤的透明度进行调节，如图 3-43 所示。

单击原理图工作窗口右下角的"Clear"标签，或单击原理图标准工具栏的 图标，即可清除过滤显示。

图 3-40 "SCH List"对话框　　　　图 3-41 调节过滤的透明度

3.2.5 封装管理器的使用

封装管理器可用来检查整个工程中每个元器件所用的封装，支持多选功能，方便进行多个元器件的指定、封装连接和修改元器件当前封装等操作。

在原理图编辑器执行菜单命令 Tools→Footprim Manager，打开封装管理器（Footprint Manager）对话框，如图 3-42 所示。在其中可以选择多项，进行添加、移除、编辑和拷贝等操作，并可根据需要更新原理图和 PCB，但需在执行封装管理器右下角的"Accept Changes [Creat ECO]"命令后，修改才能生效。

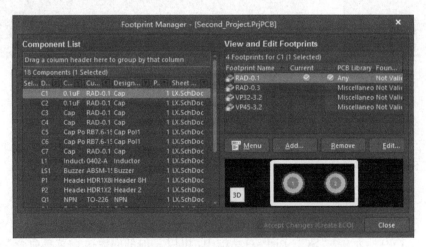

图 3-42 封装管理器（Footprint Manager）对话框

1. 元器件的过滤

封装管理器提供了丰富的元器件过滤操作方式，设计者可以根据需要对某一个元器件、某一类元器件或全部元器件进行操作，在"Component List"列表框中有一个元器件过滤方式条，如图 3-43 所示。

在图 3-43 中的所有过滤方式选项中，默认选择均为"[All]"，此时，元器件列表中显示当前项目中所有原理图的所有元器件。过滤方式包括"Designator"、"Comment"、"Current Footprint"、"Design Item ID"和"Sheet Name"等几项。

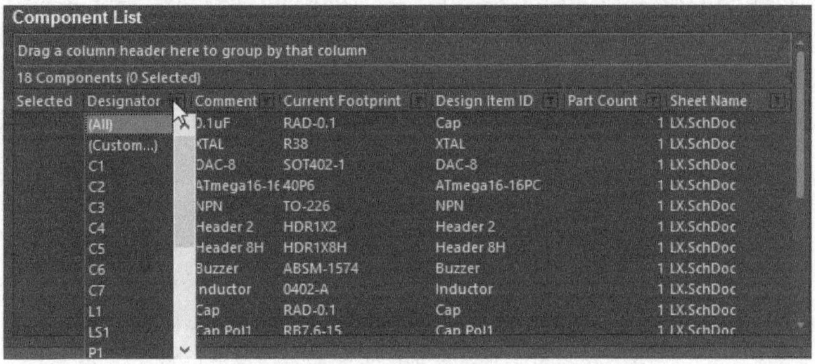

图 3-43　元器件过滤方式条

图 3-43 中箭头处的"Designator"项可用于按照当前项目下的所有元器件编号进行过滤，适用于对某个元器件的信息进行操作。若在"Designator"中选择"C1"，在其他过滤方式中选择"[All]"，则此时将显示元器件"C1"的信息，如图 3-44 所示。

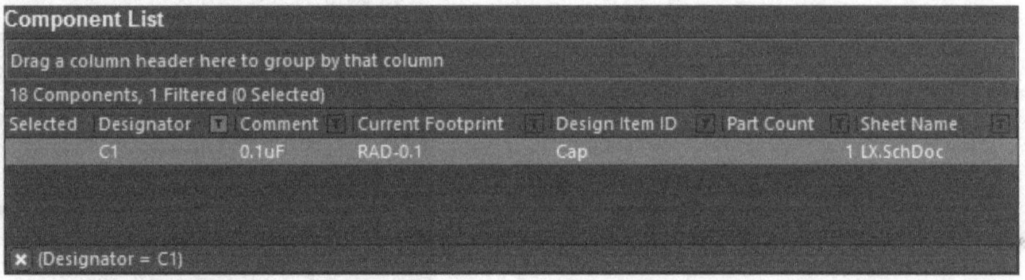

图 3-44　显示元器件"C1"的信息

"Comment"、"Current Footprint"和"Design Item ID"几项可用于显示某类元器件信息列表。例如选择"Current Footprint"下的"AXIAL-0.4"，在其他过滤方式中选择"[All]"，则此时将显示元器件封装为"AXIAL-0.4"的元器件信息，如图 3-45 所示。

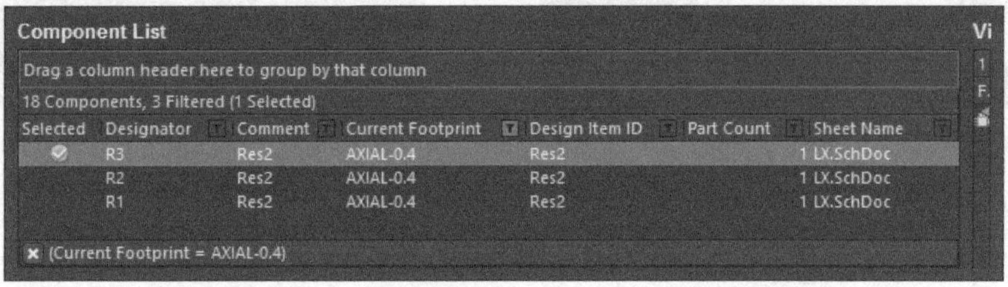

图 3-45　显示元器件封装为"AXIAL-0.4"的元器件信息

"Sheet Name"项可用于按照当前项目下的某个原理图进行过滤。例如选择"LX.SchDoc"，则将显示此原理图下的所有元器件信息，如图 3-46 所示。

设计者可以根据需要合理使用过滤功能，从而达到过滤某个元器件或某类元器件信息的目的。

2. 元器件封装的添加与设定

在图 3-45 中可以看到，显示的所有电阻元器件的封装均为 AXIAL-0.4，选择 R1 信息条，在封装管理器右侧"View and Edit Footprints"选项框中可显示和编辑元器件封装，如图 3-47 所示。

图 3-46 显示某个原理图下的所有元器件信息

（1）添加封装。

在"View and Edit Footprints"选项框中，单击"Add…"按钮，弹出"PCB Model"对话框，如图 3-48 所示，单击"Browse…"按钮，弹出"Browse Libraries"对话框，选择封装，如图 3-49 所示。单击"OK"按钮完成元器件封装添加。

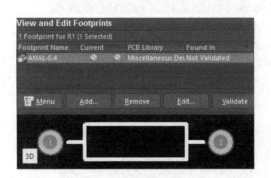
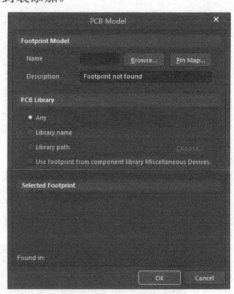

图 3-47 "View and Edit Footprints"选项框　　　图 3-48 "PCB Model"对话框

（2）设置封装。

在图 3-50 中，显示 图标的为当前元器件的封装，若想更换封装，可在封装列表中选择元器件封装，单击鼠标右键，在弹出的菜单中选择"Set As Current"完成封装的设置，如图 3-50 所示。

（3）验证封装更改。

由图 3-51 可见，在封装列表中的"Found In"项显示的元器件搜寻状态为"Not Validated"，表示元器件封装没有与元器件库链接，即此时的封装还未生效。将元器件封装链接到元器件库的步骤如下：单击"Validate"按钮进行链接，使封装生效，结果如图 3-52 所示，生效的封装显示了其所在的封装库。

单击封装管理器右下角的"Accept Change[Creat ECO]"按钮，完成对封装更改的验证，弹出"Engineering Change Order"对话框，如图3-53所示。单击"Validate Changes"按钮，可使更改生效，在"Check"项将显示✓图标，表示更改已经生效；单击"Execute Changes"按钮，可使更改执行，在"Done"项将显示✓图标，表示更改已经执行；同时，可单击"Report Changes…"按钮，生成更改报告。如果更改都通过，可单击"Close"按钮完成验证。

图3-49 "Browse Libraries"对话框　　　　图3-50 设置封装

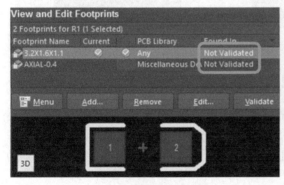
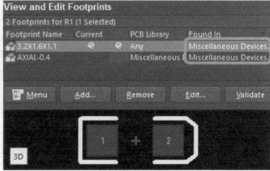

图3-51 封装未生效　　　　图3-52 封装已生效

图3-53 "Engineering Change Order"对话框

3.2.6 自动生成元器件库

Altium Designer 18 提供了由原理图自动生成元器件库的功能，也就是将已经设计完成的原理图文件中的所有元器件生成元器件库，具体步骤如下。

（1）打开已绘制完成的原理图并进入编辑状态，执行菜单命令 Design→Make Schematic Library，生成元器件库并弹出确认信息，如图 3-54 所示。

（2）确认后生成一个与原理图同名的元器件库文件，打开元器件库管理器，可在"SCH Library"对话框中对生成的元器件进行操作，如图 3-55 所示。

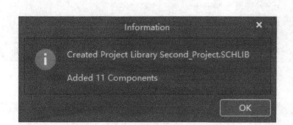
图 3-54 生成元器件库的确认信息

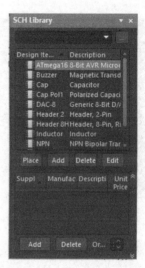
图 3-55 "SCH Library" 对话框

3.2.7 在原理图中添加 PCB 设计规则

Altium Designer 18 提供了在原理图中添加 PCB 设计规则的功能。PCB 设计规则可以在 PCB 编辑器中进行定义。在 PCB 编辑器中定义的设计规则的作用范围是在规则中，而原理图编辑器定义的设计规则的作用范围是在添加规则所处的位置。因此，原理图中设计规则的定义是为 PCB 设计做准备的。

1．在对象属性中添加设计规则

执行菜单命令 Place→Directives→Parameter Set 或在原理图快捷工具条中单击"Place Parameter Set"，按下 Tab 键，弹出"Parameter Set"对话框，如图 3-56 所示。

单击"Parameter Set"对话框中的"Add"按钮，弹出"Choose Design Rule Type"对话框，如图 3-57 所示。在该对话框中可以选择要添加的设计规则。

2．在原理图中放置"PCB Layout"标志

对于原理图中的网络，需要放置"PCB Layout"标志来设置 PCB 设计规则。假设需要在图 3-58 中电路的 VCC 网络和 GND 网络中添加一条设计规则，设置两个网络的布线宽度为 20 mil，具体操作步骤如下。

（1）执行菜单命令 Place→Directives→Parameter Set，鼠标指针变成十字形，并出现

"Parameter Set"标志，如图 3-58 所示。

图 3-56 "Parameter Set"对话框

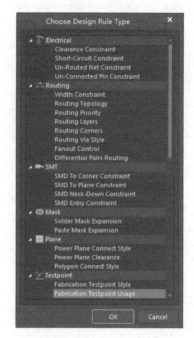

图 3-57 "Choose Design Rule Type"对话框

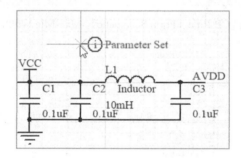

图 3-58 在示例电路中放置"PCB Layout"标志

（2）按下 Tab 键，弹出"Parameters Set"对话框。

（3）单击"Add"按钮，弹出"Choose Design Rule Type"对话框，在该对话框中可以选择需要添加的设计规则。

（4）双击"Choose Design Rule Type"对话框中的"Width Constraint"选项，弹出"Edit PCB Rule（From Schematic）-Max-Min Width Rule"对话框，如图 3-59 所示。

对话框中的部分参数含义如下。

- Min Width：最小线宽。
- Preferred Width：首选线宽。
- Max Width：最大线宽。

（5）将"Preferred Width"项设置为 20 mil，其他两项设置成将首选宽度包含的宽度即可。

（6）将设置完成的"PCB Layout"标志放置到相应的网络中，如图 3-60 所示。

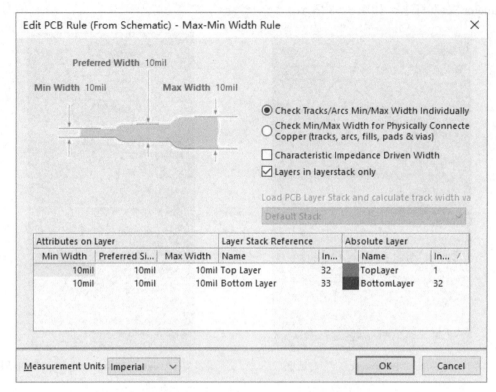

图 3-59 "Edit PCB Rule(Form Schematic)-Max-Min Width Rule"对话框

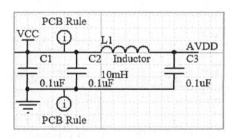

图 3-60 放置"PCB Layout"标志完成

3.2.8 由覆盖区指示器创建网络类

Altium Designer 18 允许在原理图的环境下,采用在相应的连线、总线或线束上添加网络类指示器的网络类定义的方法,来创建用户自定义的网络类。当由这些原理图源文件导入到 PCB 之后,这些网络类指示器所对应的信息将用于在 PCB 中创建相应的网络类。使用这种方法来为需要的类分配网络成员是非常费时而容易出错的,并且容易造成原理图源文件在视图上的混乱。采用覆盖区指示器创建网络类的方法可以使网络类的定义省时省力且在视觉上直观整洁。

由覆盖区指示器创建网络类的步骤如下。

(1)执行菜单命令 Place→Directives→Blanket,打开覆盖区指示器。只需要简单地用覆盖区指示器框住需要的网络(想要归为同一个网络类并导入到 PCB 中去的网络),如

图 3-61 所示。

（2）按下 Tab 键或绘制完成后双击覆盖区指示器进入属性设置窗口，如图 3-62 所示。

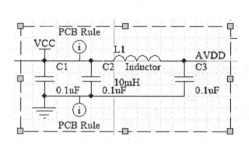

图 3-61 覆盖区指示器

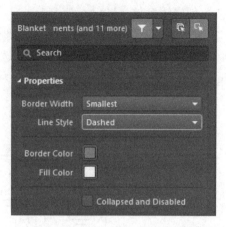

图 3-62 覆盖区指示器属性设置窗口

网络类指示器将适用于所有被覆盖区框住的网络。执行菜单命令 Place→Directives→Parameter Set 或单击图标，放置网络类指示器，如图 3-63 所示，可按下 Tab 键或绘制完成后双击覆盖区指示器进入属性设置窗口，设置标签名称、网络类名称和网络类的规则，如图 3-64 所示。

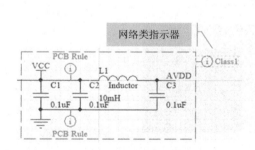

图 3-63 放置网络类指示器

图 3-64 网络类指示器属性设置窗口

3.2.9 创建组合体（Union）和通用电路片段

1. 创建组合体（Union）

在原理图设计过程中，当涉及到电路编辑时，需要对某些元器件或某块电路进行整体的移动操作，必须将需要移动的对象全部选中后才能进行整体移动，如图 3-65 所示。Altium Designer 18 提供了创建组合体的功能，为整体移动操作提供了方便。

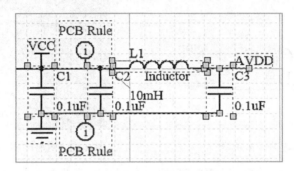

图 3-65 选中全部对象进行整体移动

创建组合体的具体步骤如下。

（1）在图 3-65 选中的电路上单击鼠标右键，选择"Unions"选项，如图 3-66 所示。

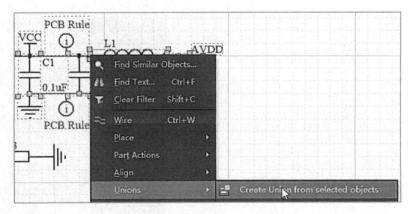

图 3-66 选择"Unions"选项

（2）在弹出的菜单中选择"Create Union from selected objects"，将选中的对象设置成组合体，弹出"Information"对话框，如图 3-67 所示。

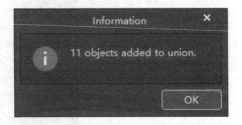

图 3-67 "Information"对话框

（3）单击"OK"按钮，此时产生的组合体可整体移动。

（4）若要取消组合体或是将组合体中某个对象取消组合，可在组合上单击鼠标右键，选择"Unions"选项，如图3-68所示，选择"Break objects from Union"，弹出"Confirm Break Objects Union"对话框，如图3-69所示。

（5）在对话框中可设置要取消组合的对象，设置完成后单击"OK"按钮。

图3-68　选择"Break objects from Union"

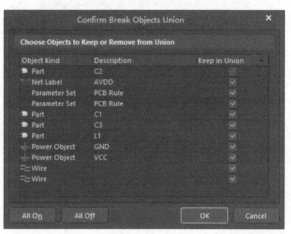

图3-69　"Confirm Break Objects Union"对话框

2．创建通用电路片段

对于专业的PCB设计者，在长期的原理图设计过程中常常会遇到相同电路的重复绘制，例如单片机的晶振电路，如图3-70所示。在Altium Designer 18中可通过创建电路通用片段的方式来积累常用电路，提高原理图的设计效率。

以晶振电路为例，创建通用电路片段的具体操作步骤如下。

（1）选中晶振电路，在选中的电路上单击鼠标右键，在弹出的菜单中选择"Snippets"，如图3-71所示，选择"Create Snippet from selected objects"。

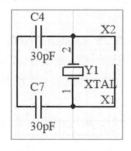

图3-70　晶振电路

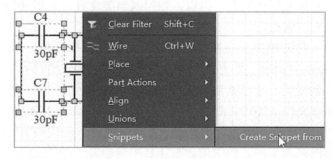

图3-71　选择"Creat Snippet from selected objects"

（2）弹出"Add New Snippet"对话框，如图3-72所示。可在"Name"后的文本框中设置通用电路片段的名称，单击"OK"按钮保存片段。

（3）在原理图编辑环境页面的右下菜单条单击"Panets"按钮，在弹出的菜单中选择"Snippets"，弹出如图3-73所示的"Snippets"面板，可对生成的通用电路片段进行应用。

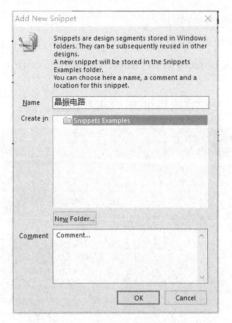

图 3-72 "Add New Snippet"对话框

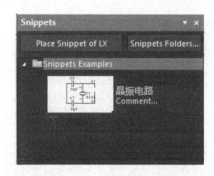

图 3-73 "Snippets"面板

3.2.10 生成原理图报表

Altium Designer 18 具有丰富的报表功能，能方便地生成各种不同类型的报表，通过这些报表，可以掌握整个项目中的各种主要信息，以便及时对设计进行校对和修改。常用的报表有网络表和材料清单报表等。

1. 生成网络表

对于电路设计而言，网络表的地位不亚于电路原理图。网络表是自动布线的基础，也是电路原理图与 PCB 设计之间的接口。网络表文件用文本的形式表示原理图文件中所有网络连接信息和元器件的电气信息，使用网络表文件，可以快速创建 PCB 文件。生成网络表的具体操作步骤如下。

（1）打开电路原理图文档，进入原理图编辑环境。执行菜单命令 Design→Netlist For Document→Protel，系统会生成当前原理图的网络表文件，系统默认的网络表文件名与原理图文件名相同，并存在当前项目"Generated\Netlist Files"目录下，在"Projects"面板中双击网络表文件，即可看到网络表文件的内容，如图 3-74 所示。

（2）由于在实际设计电路时，需要在项目下创建多个原理图文件，所以还可以为项目文件创建网络表文件，其中包含了项目中全部原理图的文件信息。

（3）打开需要创建网络表文件的项目文件，并打开其中任意一个原理图文件，执行菜单命令 Design→Netlist For Document→Protel，即可自动创建一个基于项目的网络表文件。

（4）网络表文件中定义了元器件的电气信息和网络连接信息，它们分别用不同的语句来描述。

- 元器件电气信息描述语句：如图 3-75 所示，这些语句定义了元器件封装、元器件标号和元器件注释等信息，元器件定义语句以"[]"作为分隔符。图中的语句具体描述了一个元器件标识为 C1 的电容,其元器件封装为 RAD-0.1,电容值为 0.1μF。
- 网络连接信息描述语句:如图 3-76 所示,这些语句以"()"作为分隔符,其中定义了网络的开始元器件、结束元器件和网络名称。

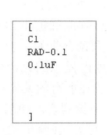

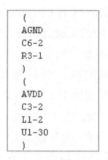

图 3-74　网络表文件　　　　　图 3-75　元器件电气　　　　图 3-76　网络连接
　　　　　　　　　　　　　　　　　信息描述语句　　　　　　　信息描述语句

2. 生成材料清单报表

材料清单报表包括两部分:整个项目总的材料清单报表和项目中各原理图的材料清单报表。下面将介绍生成项目总的材料清单报表的具体操作步骤。

(1)打开需要生成材料清单报表的项目文件,执行菜单命令 Report→Bill of Materials,打开"Bill of Materials For Project[Second_Project.PrjPCB](No PCB Document Selected)"对话框,如图 3-77 所示。

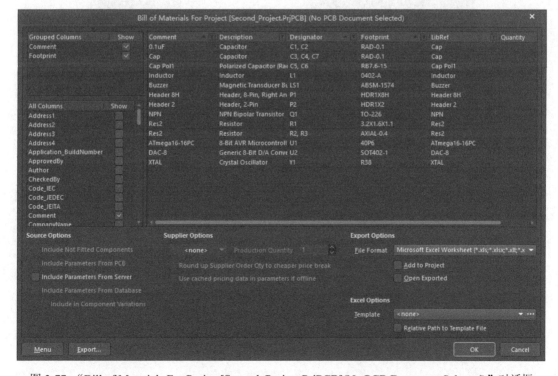

图 3-77　"Bill of Materials For Project[Second_Project.PrjPCB](No PCB Document Selected)"对话框

（2）在生成材料清单报表的时候，可以利用"Bill of Materials For Project[Second_Project.PrjPCB](No PCB Document Selected)"对话框来帮助设计者设置报表的格式。在该对话框中可以显示、隐藏或移动元器件所在的列，然后在打印报表之前过滤列中的数据。具体操作步骤如下。

① 对元器件所在的列进行操作。在"Bill of Materials For Project[Second_Project.PrjPCB](No PCB Document Selected)"对话框的左半部分包括群列（Grouped Columns）和所有列（All Columns）两部分，所有列部分包含了当前激活的工程中的所有元器件。如果需要将哪一列显示，只需在该列后面的框内打勾即可。如果需要规划哪一列，只需要单击相应的列，然后拖曳到群列部分即可。如果将"LibRef"和"Comment"这两列也加入到群列部分，就可以对群列内显示的元器件设置挑选的顺序，如图 3-78 所示。

② 对数据进行过滤。设计者在所有的元器件中将需要显示的个别的数据挑选出来。单击"LibRef"或其他选项部分的下拉列表，如图 3-79 所示（通过哪个选项对数据进行过滤，单击哪个选项后面的下拉列表即可）。在弹出的列表中进行选择，例如，想要将原理图中电阻的数据列出，则单击"Res2"选项即可，过滤好的数据如图 3-80 所示。

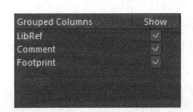

图 3-78　将"LibRef 和 Comment"加入到群列中　　图 3-79　通过"LibRef"选项过滤数据

图 3-80　列出原理图中电阻的数据

（3）输出材料清单报表的操作步骤如下。

① 设置报表格式，软件共提供了 5 种格式，我们可根据要求选择所需要的格式。如图 3-81 所示，在本例中选择"Excel"格式。

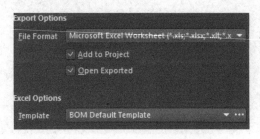

图 3-81　设置生成的报表的格式

② 如果需要应用相关的软件，例如 Microsoft Excel 软件来打开保存的报表，则选择"Open Exported"；如果需要将生成的报表加入到所设计的工程中，则选择"Add to Project"。

③ 在"Template"选项的下拉菜单中选择报表的模板，此处选择"BOM Default Template"。

④ 设置好所有相关的选项后，单击"Export"按钮，保存后自动打开生成的报表，如图 3-82 所示。

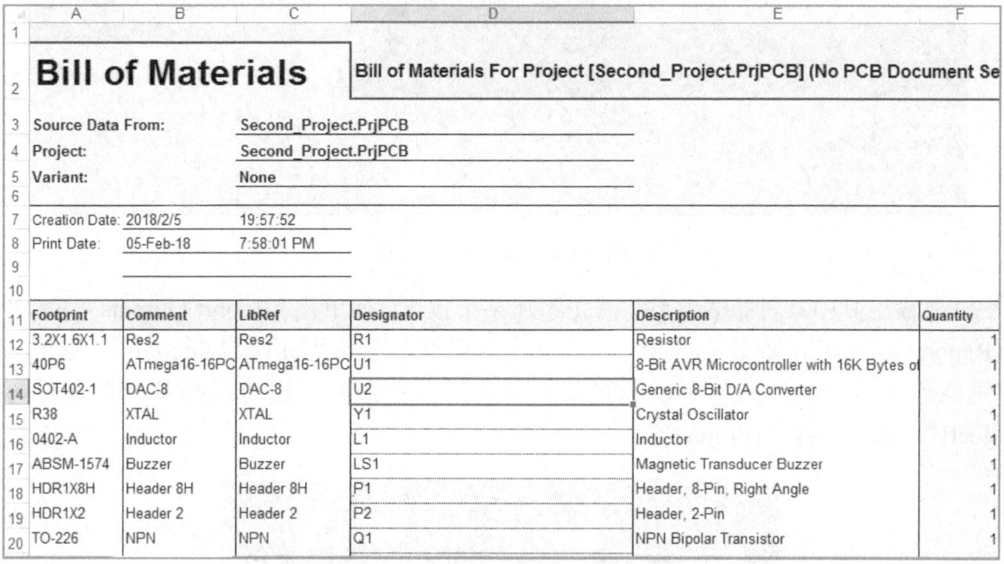

图 3-82　生成 Excel 格式的元器件报表

⑤ 打开"Projects"面板，生成的报表已经加到项目文件中，如图 3-83 所示。生成项目中各原理图中的材料清单报表的步骤与生成项目的总材料清单报表一样。

3．批处理报表输出

原理图报表文件的种类繁多，如果使用"Report"菜单中的命令去生成，效率很低。为此，Altium Designer 18 提供了批处理输出报表的功能，可以一次性生成各种报表文件。下面举例说明使用批处理功能生成报表文件的方法。

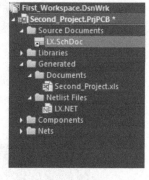

图 3-83　在"Projects"面板中查看生成的报表

（1）打开需要采用批处理方法输出各种报表的项目文件。

（2）执行菜单命令 File→New→Out job file，弹出"Out Job"（输出工作）环境，如图 3-84 所示。其中列出了所有可以输出的报表选项和文件内容的简要描述。

"Netlist Outputs"表示报表文件栏输出网络表文件；"Documentation Outputs"表示报表文件栏输出原理图文档和 PCB 设计文档文件；"Assembly Outputs"表示报表文件栏输出 PCB 汇编数据文件；"Fabrication Outputs"表示报表文件栏输出电路板加工文件；"Report Outputs"表示报表文件栏输出报表文件输出项；"Validation Outputs"表示报表文件输出电气检查报告。每个文件提供了名称、支持的工作环境、数据源和批处理等选项。

图 3-84 "Out Job"环境

(3) 要输出其中某种报表文件,需先添加某个报表,如单击"Report Outputs"下的"[Add New Report Output]",如图 3-85 所示,在弹出的菜单中选择"Bill of Materials",这里一个项目中可能包含多个原理图,可以选择某个原理图材料报表,也可选择整个项目材料报表"[Project]",此处选择"[Project]"。

图 3-85 添加报表

(4) 按上面的方法添加要生成的报表文件,添加完成后根据报表的性质可生成 PDF 文件、文本文件或打印输出报表。选择文本和要完成的操作,它们之间将产生链接关系,如图 3-86~图 3-88 所示。

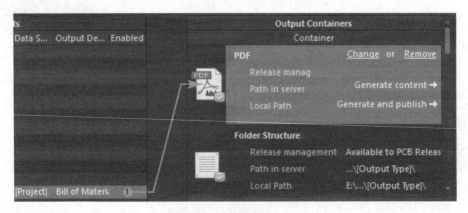

图 3-86 生成 PDF 文件

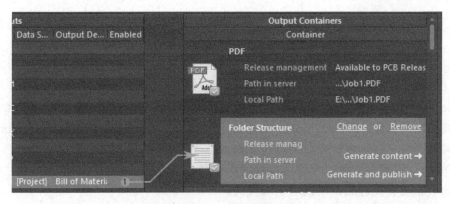

图 3-87　生成文本文件

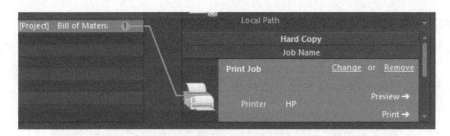

图 3-88　打印输出报表

3.2.11　打印输出原理图

在原理图绘制结束后，往往要通过打印机或绘图仪输出，以供设计人员参考和存档。通过打印机打印输出原理图，首先要对页面进行设置，然后设置打印机，包括打印机的类型、纸张大小和原理图图样的设定等内容。

1．页面设置

（1）打开需要输出的原理图，执行菜单命令 File→Page Setup，弹出页面设置对话框，如图 3-89 所示。

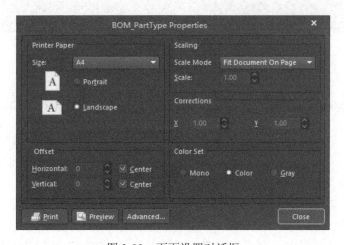

图 3-89　页面设置对话框

（2）设置各项参数。在页面设置对话框中需要设置打印机类型、目标图形文件类型和颜色等。

- Size：选择打印纸的大小，并设置打印纸的方向，可选择纵向（Portrait）或横向（Landscape）。
- Scale Mode：设置缩放比例模式，可以选择文档适应整个页面（Fit Document On Page）或按比例打印（Scaled Print）。当选择了"Scaled Print"时，"Scale"和"Corrections"编辑框将生效，设计人员可以在此输入打印比例。
- Offset：设置页边距，分别可以设置水平和垂直方向的页边距，如果选择"Center"，则不能设置页边距，默认为中心模式。
- Color Set：设置输出颜色，可以选择输出单色（Mono）、彩色（Color）或灰色（Gray）。

2．打印机设置

单击页面设置对话框中的"Print"按钮或直接执行菜单命令 File→Print，打开打印机设置对话框，如图 3-90 所示。此时可以设置打印机的属性，包括打印的页码和份数等，设置完毕后单击"OK"按钮即可实现图样的打印。

图 3-90　打印机设置对话框

3．打印预览

单击页面设置对话框中的"Preview"按钮，可以对打印的图样进行预览，如图 3-91 所示。

4．打印

要执行打印操作，可选用以下 3 种方法。

方法 1：执行菜单命令 File→Print，进入打印机设置对话框。当设置完毕后单击"OK"按钮执行打印操作。

方法 2：页面设置完成，在页面设置对话框中单击"Print"按钮执行打印操作。

方法 3：在任何时候都可以单击标准工具栏中的 图标执行打印操作。

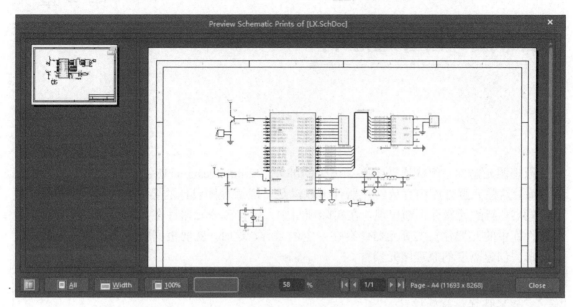

图 3-91 打印预览

第 4 章

绘制原理图元器件

原理图元器件是组成原理图必不可少的部分，Altium Designer18 提供了丰富的原理图元器件库，这些元器件库中存放的元器件可以满足一般原理图设计的要求。但是，随着电子技术的发展，新的元器件不断出现，在实际项目中，仍有部分元器件在元器件库中没有收录或元器件库中的元器件与实际元器件存在一定的差异。这时，就要根据实际元器件的电气特性和外形去创建需要的原理图元器件。

【本章要点】
- 元器件库编辑管理器。
- 元器件符号模型的添加。
- 绘制含有多个部件的元器件。
- 原理图元器件的同步更新。

4.1 原理图元器件库

4.1.1 启动元器件库编辑器

启动元器件库编辑器的步骤如下。

（1）执行菜单命令 File→New→Project→PCB Project，创建一个 PCB 项目文档，命名为 Mylib.PrjPCB。

（2）执行菜单命令 File→New→Library→Schematic Library，创建一个原理图元器件库文档，另存为"Myuse.SchLib"，进入原理图元器件库编辑器界面，如图 4-1 所示。

4.1.2 元器件库编辑管理器

单击"SCH Library"选项卡，就可以看到元器件库编辑管理器，如图 4-2 所示。

"SCH Library"的第一行为空白编辑框，用于筛选元器件。当在该编辑框中输入元器件名的起始字符时，在元器件列表中将会只显示以这些字符开头的元器件，例如图 4-2 中的"NE"。

元器件（Components）区域的主要功能是查找、选择和取用元器件。当打开一个元器件库时，元器件列表会列出本元器件库内所有元器件的名称。要取用元器件，只需将鼠标指针移动到该元器件上，单击"Place"按钮即可。如果直接双击某个元器件，也可以取用该元器件。

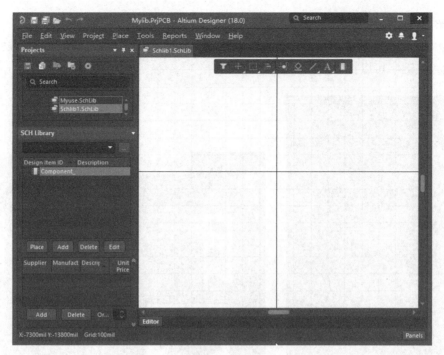

图 4-1 原理图元器件库编辑器界面

1．第一行按钮功能

"Place"按钮：将所选元器件放置到原理图中。单击该按钮后，系统自动切换到原理图设计界面，同时原理图元器件库编辑器退到后台运行。

"Add"按钮：将指定的元器件添加到该元器件库中。单击该按钮后，会出现如图 4-3 所示的对话框。输入指定的元器件名称，单击"OK"按钮即可将指定元器件添加进元器件库。

图 4-2 元器件库编辑管理器

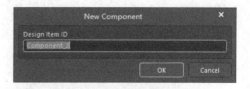

图 4-3 添加元器件对话框

"Delete"按钮：用于删除选定的元器件。

"Edit"按钮：单击该按钮打开元器件属性对话框，如图 4-4 所示，在该对话框中可以设置元器件的相关属性。

2. 第二行按钮功能

"Add"按钮：添加一个供应商链接，单击此按钮弹出添加供应商链接对话框，如图4-5所示。输入关键字可以搜索供应商链接。

图 4-4　元器件属性对话框

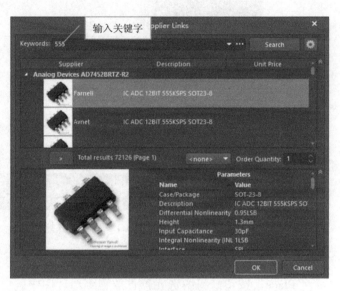

图 4-5　添加供应商链接对话框

添加供应商链接元器件库编辑管理器，如图4-6所示。

"Delete"按钮：用于删除选定的供应商链接。

3. 元器件属性设置

元器件属性对话框包括5部分："Properties"、"Links"、"Footprint"、"Models"和"Graphical"。

"Properties"区域主要包括元器件编号（Designator）和元器件名称（Comment），如图4-4所示。"Footprint"区域、"Models"区域和"Graphical"区域如图4-7所示。

"Footprint"区域可添加元器件封装，单击"Add"按钮进行添加，如图4-8所示。同样可添加元器件相应的模型（Models）。在"Graphical"区域可设置元器件的图形颜色。

图 4-6　添加供应商链接元器件库编辑管理器

注：所添加的"Footprint"或"Models"必在"Project libraries"文件或"Installed libraries"文件中包含，例如"R-8_L"包含在库"D:\Program Files (x86)\Altium\AD18\Library\Analog Devices\AD Amplifier Buffer.IntLib"中。

图 4-7 "Footprint"、"Models" 和 "Graphical" 区域

图 4-8 为元器件添加封装

4.1.3 元器件库编辑器工具

1. 绘图工具

执行菜单命令 View→Toolbars→Utilities，弹出 "Utilities" 工具栏，单击 "Utilities" 工具栏中的 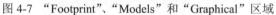 图标，弹出如图 4-9 所示绘图工具栏。绘图工具栏上各图标的功能见表 4-1，也可以从 "Place" 下拉菜单中直接选取绘图命令。

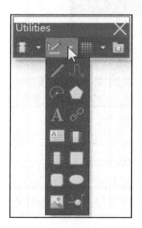
图 4-9 绘图工具栏

表 4-1 绘图工具图标和功能

图标	功能	图标	功能
	绘制直线（Line）		绘制曲线（Beziers）
	绘制椭圆弧（Elliptical Arc）		绘制多边形（Polygon）
	放置文字（Text）		放置超链接（Hyperlink）
	放置文本框（Text Frame）		创建元器件（Component）
	创建元器件的一个部分（Part）		绘制实心矩形（Rectangle）
	绘制圆角矩形（Round Rectangle）		绘制椭圆（Ellipse）
	放置图片（Graphic）		放置引脚（Pin）

2. "IEEE"工具栏

单击"Utilities"工具栏中的 图标，弹出"IEEE"工具栏，如图 4-10 所示。"IEEE"工具栏的打开与关闭是通过执行菜单命令 View→Toolbars→Sch Lib IEEE 来实现的。"IEEE"工具栏中的命令也对应"Place"菜单中"IEEE Symbols"子菜单上的各命令，因此也可以从 Place→IEEE Symbols 下拉菜单中直接选取命令。

图 4-10 "IEEE"工具栏

4.2 绘制简单元器件

4.2.1 新建一个元器件符号

在实际应用中，若遇到所需要的元器件在自带的库中找不到的情形，这时就需要自己绘制新元器件。设计者可在一个已打开的库中执行菜单命令 Tools→New Component，添加一个新元器件。由于新建的库文件中通常已包含一个空的元器件图样，因此一般只需要将"Component_1"重命名就可以开始对新元器件进行设计，下面以 NE555N 为例详细介绍新建一个元器件符号的操作方法，如图 4-11 所示。

1. 元器件命名

在元器件属性对话框的"Designator Item ID"输入框中，输入一个新的、可唯一标识该元器件的名称，如图 4-12 所示。

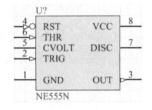

图 4-11 NE555N

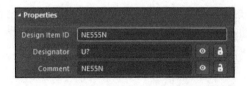

图 4-12 元器件命名

如有必要，执行菜单命令 Edit→Jump→Origin，将设计图样的原点定位到设计窗口的中心位置。检查窗口左下角的状态栏，确认鼠标指针已移动到原点位置。新的元器件将在原点周围生成，此时可看到在图样中心有一个十字线。设计者应该在原点附近创建新的元器件，因为在之后放置该元器件时，系统会根据原点附近的电气热点定位该元器件。

单击右下角面板按钮 Panels→Properties，打开文档选项对话框，如图 4-13 所示。可以在这个对话框中设置图样参数，包括单位、捕获网格和可视网格参数等。

如果关闭对话框后看不到原理图元器件库编辑器的网格，可按"PageUp"键进行放大，直到栅格可见。注意缩小和放大均围绕鼠标指针所在位置进行，在缩放时需保持鼠标指针在原点位置。

2. 绘制标识图

对于集成电路，由于其内部结构较复杂，不可能用详细的标识图表达清楚，因此一般是画一个矩形方框来代表。执行菜单命令 Place→Rectangle 或单击绘图工具栏中的▢图标，此时鼠标指针旁会多出一个十字符号，将十字符号的中心移动到坐标轴原点处，单击鼠标左键，把它定为直角矩形的左上角，移动鼠标指针到矩形的右下角，再单击鼠标左键，即可完成矩形的绘制。

注：所绘制的元器件符号图形一定要位于坐标系的第四象限内，如图 4-14 所示。

图 4-13　文档选项对话框

图 4-14　绘制的元器件符号图形位于坐标系的第四象限内

3．放置引脚

元器件引脚必须真实地反映该元器件的电气特性，它是该元器件的固有属性，不可随意设置或更改。放置引脚的具体步骤如下。

（1）执行菜单命令 Place→Pin 或单击工具栏中的图标，鼠标指针处浮现引脚，带电气属性，其放置位置必须远离元器件主体，可视为电气节点。

（2）在放置引脚之前，按 Tab 键打开"Properties"对话框，如图 4-15 所示。如果设计者在放置引脚之前预先设置好各项参数，则在放置引脚时，这些参数成为默认参数，在连续放置引脚时，引脚的编号和引脚名称中的数字会自动增加。

在"Properties"对话框的"Name"文本框中输入引脚的名字"GND"，在"Designator"文本框中输入唯一（不重复）的引脚编号"1"。此外，如果设计者想在放置元器件时，将引脚名称和标识符设置为可见，则需选中图标。

（4）设置引脚电气类型（Electrical Type）。该参数可用于在原理图设计中编译项目或分析原理图文档的电气连接是否正确。在本例"NE555N"中，引脚 1 的"Electrical Type"设置成"Power"。

（5）设置引脚长度（所有引脚长度设置为 200 mil），并单击"OK"按钮。

（6）当引脚浮现在鼠标指针上时，设计者可按 Space 键以 90°间隔逐级增加来旋转引脚。

引脚只有其末端（Hot End）具有电气属性，只能使用末端来放置引脚。不具有电气属性的另一末端放置该引脚的名称字符。

（7）继续添加元器件剩余引脚，确保引脚名称、编号、符号和电气属性是正确的，如图 4-16 所示。在"Symbols"选项区中可以分别设置引脚的输入、输出符号，"Inside" 用来设置引脚在元器件内部的表示符号；"Inside Edge"用来设置引脚在元器件内部的边框上的表示符号；"Outside"用来设置引脚在元器件外部的表示符号；"Outside Edge"用来设置引脚在元器件外部的边框上的表示符号。这些符号是标准的 IEEE 符号。此处将"Outside Edge"设置为"Active Low Output"。

图 4-15　"Properties"对话框　　　　　图 4-16　引脚的设置

（8）若设计者设置了引脚的名称和编号可见，也可一次改变引脚显示状态，具体操作为，按住 Shift 键，依次选定每个引脚，再按 Fll 键显示"Inspector"面板，取消选择"Show Name"和"Show Designator"。

（9）完成引脚的放置，保存文件。

4．添加引脚注意事项

放置元器件引脚后，若想改变或设置其属性，可双击该引脚或在"SCH Library"面板的"Pins"列表中双击引脚，打开"Properties"对话框。

在字母后使用"\"符号表示在引脚名中该字母带有上画线，如"T\R\I\G\"将显示为如图 4-17 所示形式。

若希望隐藏引脚名和引脚号，在"Properties"对话框中，单击对应引脚名和引脚号后图标，则对应项隐藏，如图 4-18 所示。

执行菜单命令 View→Show Hidden Pins，可查看隐藏引脚或隐藏引脚的名称和编号。

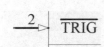

图 4-17 字母带有上划线　　　　图 4-18 引脚隐藏设置

在如图 4-19 所示的"SCH Library"对话框中，单击"Edit"按钮，进入"Properties"对话框界面，切换至"Pins"标签页，如图 4-20 所示。可对多个引脚编号和引脚名称的可视状态进行设置。在"Pins"标签页选择任意引脚，单击 图标打开"Component Pin Editor"对话框，如图 4-21 所示。设计者可在"Component Pin Editor"对话框中批量编辑若干引脚的属性，而无须通过"Properties"对话框逐个编辑引脚属性。

图 4-19 "SCH Library"对话框　　　　图 4-20 "Pins"标签页设置

对于多部件的元器件，被选中部件的引脚在"Component Pin Editor"对话框中将以白色背景的方式加以突出，其他部件的引脚为灰色。但设计者仍可以直接选中那些当前未被选中的部件的引脚，单击"Edit"按钮可打开"Properties"对话框进行编辑。

5. 设置原理图元器件属性

每个元器件的参数都跟默认的标识符、PCB 封装、模型和其他所定义的元器件参数相关。设置元器件参数的具体步骤如下。

（1）在"SCH Library"对话框的列表中选择元器件，单击"Edit"按钮或双击元器件名，打开"Properties"对话框，单击"General"标签页，如图 4-22 所示。

图 4-21 "Component Pin Editor"对话框

(2) 将"Designator"设置为"U?",如果在放置元器件之前就已经定义好了其标识符(按 Tab 键进行编辑),则标识符中的"?"将使标识符数字在连续放置元器件时自动递增,例如 "U1, U2, U3, …"。

(3) 为元器件输入注释内容,如"NE555N",该注释会在元器件放置到原理图设计图样 上时显示。该功能需要选中"Designator"和"Comment"后的 图标。若"Comment"栏 是空白的,则在放置时系统使用默认的"Symbol Reference"。

(4) 在"Description"项输入描述字符串,例如对于 NE555N,可输入"timer",该字符 串在库搜索时会显示在"Libraries"面板上。

(5) 根据需要设置其他参数。

4.2.2 添加元器件符号模型

在 Altium Designer18 中,可以为一个原理图元器件添加任意数目的 PCB 封装模型、仿真模型和信号完整性分析模型。如果一个元器件包含多个模型,例如多个 PCB 封装,设计者可在放置元器件到原理图时通过元器件属性对话框选择适合的模型。

模型的来源可以是设计者自己建立的模型,也可以使用 Altium Designer18 中现有的模型,或从芯片提供商网站下载的模型文件。

Altium Designer18 所提供的 PCB 封装模型包含在 C:\Program Files\AltiumDesigner\Library\Pcb\目录下的各类 PCB 库中(.PcbLib 文件)。一个 PCB 库可以包含任意数目的 PCB 封装。

一般用于电路仿真的 SPICE 模型(.ckt 和.mdl 文件)包含在 Altium Designer18 安装目录"Library"文件夹下的各类集成库中。如果设计者自己建立新元器件,一般需要通过该元器件供应商获得 SPICE 模型,设计者也可以执行菜单命令 Tools→XSpice Model Wizard,使用"XSpice Model Wizard"功能为元器件添加某些 SPICE 模型。

原理图库编辑器提供的模型管理对话框允许设计者预览和设置元器件模型，例如可以为多个被选中的元器件添加同一模型，执行菜单命令 Tools→Model Manager 可以打开模型管理对话框。

设计者可以在"Properties"对话框"Footprint"项中单击"Add"按钮，为当前元器件添加封装模型，如图 4-23 所示；也可以在原理图元器件库编辑器工作区的模型显示区域，单击右下方的 图标（模型显示开关）来显示模型，如图 4-24 所示。

图 4-22 "General"标签页设置

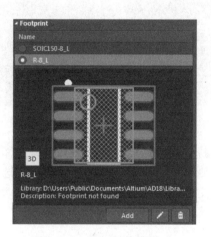

图 4-23 添加封装模型

1. 向原理图元器件添加 PCB 封装模型

在原理图库编辑器中，当将一个 PCB 封装模型关联到一个原理图元器件中时，这个模型必须存在于一个 PCB 库中，而不是一个集成库中。向原理图元器件添加 PCB 封装模型的具体步骤如下：

（1）单击图 4-23 中的"Add"按钮，弹出 PCB 模型（PCB Model）对话框，如图 4-25 所示。在对话框中查找已存在的 PCB 模型（或者简单地写入 PCB 模型的名字，稍后在 PCB 库编辑器中创建这个 PCB 模型）。

（2）单击图 4-25 中的"Browse..."按钮，弹出"Browse Libraries"对话框，如图 4-26 所示，在该对话框中，单击"Find..."按钮，弹出"Libraries Search"对话框，如图 4-27 所示。

（3）单击路径栏旁的 图标，定位至 Altium\AD18\Library 路径下，确定搜索库对话框中的"Include Subdirectories"选项被选中。在搜索封装名称栏中输入"SOIC150-8_L"，单击"Search"按钮。

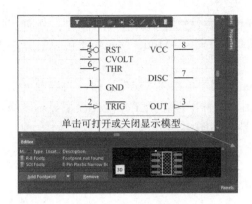

图 4-24　模型显示开关　　　　　图 4-25　PCB 模型（PCB Model）对话框

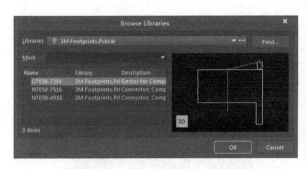
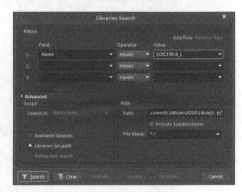

图 4-26　"Browse Libraries"对话框　　　图 4-27　"Libraries Search"对话框

（4）找到对应这个封装的所有类似的库文件，搜索结果如图 4-28 所示。如果确定找到了文件，则单击"Stop"按钮停止搜索。选择找到的封装文件后单击"OK"按钮关闭对话框。将库文件加载到 PCB 模型对话框中，如图 4-29 所示。

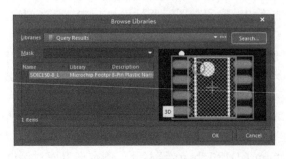
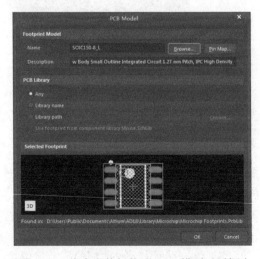

图 4-28　搜索结果　　　　　图 4-29　将库文件加载到 PCB 模型对话框中

（5）单击"OK"按钮，向元器件库中加入这个模型。模型的名称列在元器件属性对话框的模型列表中，如图 4-30 所示。

图 4-30 模型列表

2. 添加电路仿真模型

SPICE 模型用于电路仿真(文件格式为.ckt 和.Mdl),一般可以从元器件供应商网站获得。Altium Designer18 为设计者提供了常用的一些元器件,这些元器件已包含了 SPICE 模型。接下来以三极管为例说明 SPICE 模型的应用方法。

(1)设计者可以在图 4-30 左下角的"Add Ibis Model"下拉列表中,或在"Properties"对话框"Models"项的"Add…"中选择添加模型的类型,如图 4-31 所示,选择"Simulation"项。

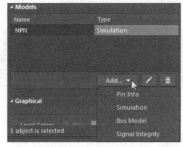

图 4-31 选择添加模型的类型

(2)打开"Sim Model-General/Generic Editor"对话框,如图 4-32 所示。

(3)NPN 是一种三极管,因此从"Model Kind"下拉列表中选择"Transistor"项,原对话框变为"Sim Model-Transistor/BJT"对话框,如图 4-33 所示。

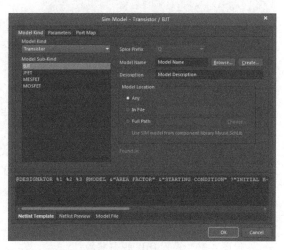

图 4-32 "Sim Model-General/Generic Editor"对话框　　图 4-33 "Sim Model-Transistor/BJT"对话框

(4)确定已将"Model Sub-Kind"选为"BJT"。

（5）在"Model Name"文本框中输入有效模型文件名称，此处输入"NPN"（对应 NPN.mdl 文件），系统会立即检测该模型，如果能正常检测到，则在"Found In"栏会显示该模型的路径和文件名，如图 4-34 所示。

（6）为模型输入适当的描述内容，如"Generic NPN"。如果没有现成的模型文件，可以单击"Create…"按钮，启动"Spice Model Wizard"，为元器件创建一个仿真模型。

（7）将 NPN 模型成功添加到模型列表中后，单击"OK"按钮，返回到添加元器件仿真模型页面，如图 4-35 所示。

图 4-34 "Found In"栏显示该模型的路径和文件名

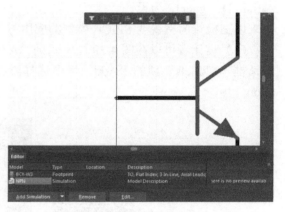

图 4-35 添加元器件仿真模型

3．添加信号完整性模型

信号完整性模拟器（Signal Integrity Simulator）使用引脚模型而不是元器件模型。为一个元器件配置信号完整性模拟器，需要同时设置"Type"和"Technology"两个选项，通过元器件内置的引脚模型来实现。也可以通过导入 IBIS 模型，其本质也是设置引脚模型。

（1）添加信号完整性模型的步骤与添加封装模型类似，不同的是在添加模型类型中选择"Signal Integrity"，打开"Signal Integrity Model"对话框。

（2）如果使用导入 IBIS 模型的方法，需要在"Signal Integrity Model"对话框中设置 IBIS 模型参数。单击"Import IBIS"按钮添加 IBIS 文件。此处使用内置默认引脚模型的方法，设置"Type"为"BJT"，输入适当的模型名称和描述内容（如 NPN），如图 4-36 所示。

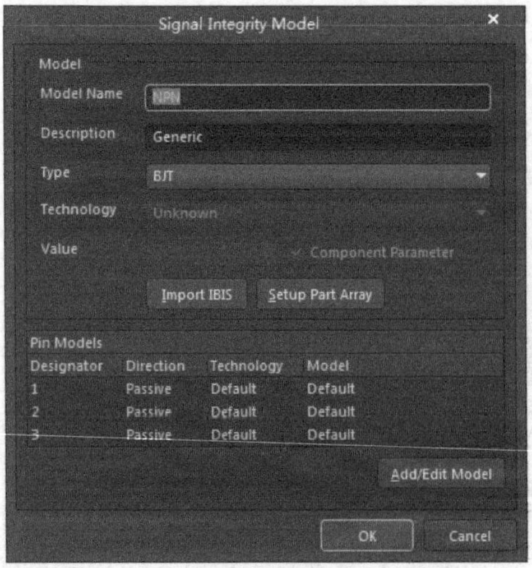

（3）单击"OK"按钮，返回到添加元器件模型页面，在"Model"列表中可以看到添加的元器件模型"Signal Integrity"，如图 4-37 所示。

图 4-36 设置 IBIS 模型参数

图 4-37 添加元器件模型"Signal Integrity"

4.2.3 添加元器件参数

元器件参数是指元器件的附加信息,包括 BOM 表数据、制造商数据、器件数据手册、设计规则和 PCB 分配等设计指导信息,所有对元器件有用的信息均可以当作参数。Altium Designer18 中提供供应商链接(Supplier Links)功能,供应商对自身生产的元器件的相关参数描述较为完整。

1. 供应商链接的添加方法

(1)双击"SCH Library"对话框元器件列表中的元器件名,此处以"NPN"为例,如图 4-38 所示,单击"Add"按钮,进行供应商链接添加,打开"Add Supplier Links"对话框,如图 4-39 所示。

(2)在"Add Supplier Links"对话框的"Keywords"中输入"NPN",并单击"Search"按钮,进行供应商链接的搜索,搜索结果如图 4-40 所示。

(3)选择一个供应商链接并单击"OK"按钮,添加供应商链接结果如图 4-41 所示。可根据搜索结果添加多个供应商链接。

(4)在"Proterties"对话框的"Parameters"标签页可看到添加参数的显示信息,如图 4-42 所示。

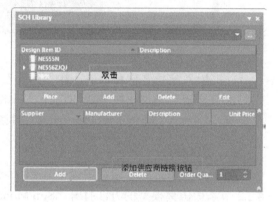

图 4-38 添加供应商链接

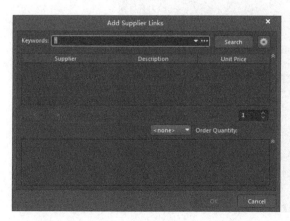

图 4-39 "Add Supplier Links"对话框

图 4-40 供应商链接搜索结果

图 4-41 添加供应商链接结果

图 4-42 "Parameters"标签页

（5）输入参数名称和数值，在"Type"处选择"STRING"选项，如果想要在放置元器件时能够显示参数值，则一定要选择"Visible"选项。单击"OK"按钮，所配置的参数将添加到"Library Component Properties"对话框的"Parameters"列表中。

2．仿真参数

如上文所述，间接字符串功能可用于将参数映射到元器件的"Comment"部分。按照 4.2.2 节添加仿真模型的方法打开"Sim Model-Transistor/BJT"对话框，假设设计者对一个三极管仿真模型进行编辑，切换到"Parameters"标签页，将看到 BJT 模型支持 5 个仿真参数，如图 4-43 所示。

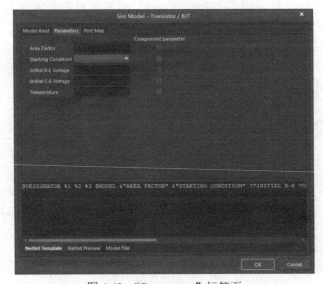
图 4-43 "Parameters"标签页

如果设计者想简化仿真参数的使用，或者想在原理图上显示这些参数，又或者需要在输出的设计文档中包含这些参数，则可使用图 4-43 中的"Component parameter"功能，将这些参数逐个变为元器件参数。

4.3 绘制含有多个部件的元器件

4.3.1 分部分绘制元器件

在 4.2 节中介绍的绘制简单元器件的方法，是以单一模型代表了元器件制造商所提供的全部物理意义上的信息（如封装）。但有时候，一个物理意义上的元器件只代表某一部件，其效果会更好。例如定时器芯片 NE556，该芯片包括 2 个定时器，这 2 个定时器可以独立地被随意放置在原理图上的任意位置，此时将该芯片描述成 2 个独立的定时器部件，比将其描述成单一模型更为方便实用。

多部件元器件就是将元器件按照独立的功能块分部分绘制。以创建 NE556ZJQJ 定时器为例，具体步骤如下。

（1）在"Schematic Library"编辑器中执行菜单命令 Tools→New Component，弹出"New Component"对话框，如图 4-44 所示。

图 4-44 "New Component"对话框

（2）输入新元器件名称，如"NE556ZJQJ"，单击"OK"按钮，在"SCH Library"对话框中将显示新文件名，同时显示一张中心位置有一个巨大十字准线的空元器件图样以供编辑。

4.3.2 绘制元器件的一个部件

绘制元器件标识图，即新建元器件轮廓的具体操作步骤如下，执行菜单命令 Edit→Jump→Origin，使元器件原点在编辑页的中心位置，同时要确保网格清晰可见。

1. 绘制标识图

对于集成电路，由于其内部结构较为复杂，此处采用矩形方框来代表。执行菜单命令 Place→Rectangle 或单击绘图工具栏上的 图标，此时鼠标指针旁边会多出一个十字符号，将十字符号中心移动到坐标轴原点处，单击鼠标左键，把它定为直角矩形的左上角，移动鼠标指针到矩形的右下角，再单击鼠标左键，即可完成矩形的绘制。

注：所绘制的元器件符号图形一定要位于坐标系的第四象限内，如图 4-45 所示。

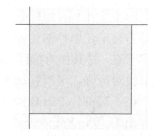

图 4-45 绘制的元器件符号图形位于坐标系的第四象限

2. 放置引脚

设计者可采用 4.2.1 节介绍的方法为元器件第一部件放置引脚，如图 4-46 所示。引脚 2、3、4、6 在电气上为输入引脚，引脚 5 为输出引脚，引脚 1 为集电极开路引脚，所有引脚的长度均为 20 mil。

为元器件放置 VCC（Pin14）和 GND（Pin7）引脚，将其"Part Number"属性设置为"0"，"Electrical Type"设置为"Power"，"Name"分别设置为"VCC"和"GND"。放置完 VCC 和 GND 引脚后的元器件部件如图 4-47 所示，注意检查电源引脚是否在每一个部件中都有。

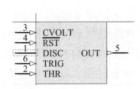

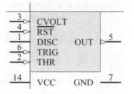

图 4-46　放置引脚　　　　　图 4-47　放置完 VCC 和 GND 引脚后的元器件部件

4.3.3　新建元器件的第二个部件

第二个部件与第一个部件类似，可以利用第一个部件来新建第二个部件，需要对引脚号进行修改，具体操作步骤如下。

（1）执行菜单命令 Edit→Select→All，选择目标元器件。

（2）执行菜单命令 Edit→Copy，将前面所建立的第一部件复制到剪贴板。

（3）执行菜单命令 Tools→New Part，显示空白元器件页面，此时若在"SCH Library"对话框的"Components"列表中单击元器件名左侧的"◢"图标，将看到"SCH Library"对话框的元器件部件计数被更新，包括"Part A"和"Part B"两个部件，如图 4-48 所示

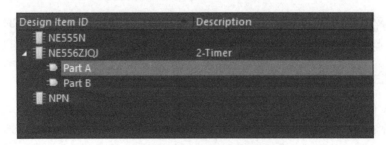

图 4-48　部件 Part B 被添加

（4）进入 Part B 页面，执行菜单命令 Edit→Paste，鼠标指针处将显示元器件部件轮廓，以原点（黑色十字准线为原点）为参考点，将其作为部件 Part B 放置在页面的对应位置，如果位置没对应好，可以移动部件调整位置。

（5）对部件 Part B 的引脚编号逐个进行修改。双击引脚，在弹出的"Pin Properties"对话框中修改引脚编号和名称，绘制完成的部件 Part B 如图 4-49 所示。

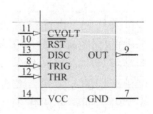

图 4-49　绘制完成的部件 Part B

4.3.4 元器件属性设置

通过元器件属性可以了解元器件的基本信息，因此在绘制元器件时设置元器件属性是让使用者了解元器件特性的主要途径，下面介绍 NE556ZJQJ 的属性设置方法。

(1) 在"SCH Library"对话框的元器件列表中选中目标器件后，单击"Edit"按钮进入"Properties"对话框，如图 4-50 所示。设置"Designator"为"U?"，设置"Description"为"2-Timer"。

(2) 添加封装模型"PDIP300-14"，此模型在"Microchip Footprints.PcbLib"封装库中。

(3) 执行菜单命令 File→Save，保存该元器件。

4.3.5 原理图的同步更新

在原理图绘制的使用过程中，可能涉及到原理图已使用的自制元器件的修改。在自制元器件修改完成后，要进行原理图元器件的更新，若将原理图中的旧元器件删除，工作量较大。此时，可利用系统提供的原理图元器件库和原理图之间的同步更新操作来实现替换。具体操作步骤如下。

(1) 打开之前创建的原理图元器件库，将 NE556ZJQJ 放置在原理图中，如图 4-51 所示。

(2) 进入 NE556ZJQJ 元器件编辑状态，将该元器件的引脚 7 和引脚 14 移动位置，保存元器件到元器件库中。

图 4-50 设置 NE556ZJQJ 的属性

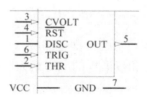

图 4-51 将 NE556ZJQJ 设置在原理图中

(3) 在元器件编辑管理器中，执行菜单命令 Tools→UpdateSchematics，弹出如图 4-52 所示的对话框，提示当前打开的原理图和原理图中修改的该元器件的数量，单击"OK"按钮。更新后，原理图中的 NE556ZJQJ 如图 4-53 所示。

图 4-52 "Information"对话框

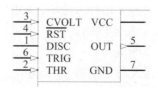

图 4-53 更新后，原理图中的 NE556ZJQJ

第 5 章 印制电路板（PCB）设计环境

Altium Designer 18 最强大的功能体现在印制电路板（Printed Circuit Board，PCB）的设计上。在进行 PCB 绘制前，首先要了解 PCB 的编辑环境，完成 PCB 的环境参数设置和准备工作。了解 PCB 设计的一些基本规则，可以帮助设计者快速理解与掌握 PCB 的绘制。

【本章要点】
- 电路板的规划。
- 设置布线板层。
- 设置 PCB 编辑环境。
- 元器件封装库操作。
- PCB 设计的基本规则。

5.1 PCB 设计基础

5.1.1 PCB 的种类与结构

1. PCB 的种类

PCB 的种类很多，根据布线层可分为单面电路板（简称单面板）、双面电路板（简称双面板）和多层电路板，目前单面板和双面板的应用最为广泛。

（1）单面板

单面板又称单层板（Single Layer PCB），单面板是一种只有一面敷铜、另一面没有敷铜的电路板。元器件一般情况放置在没有敷铜的一面，敷铜的一面用于布线和元器件焊接。

（2）双面板

双面板又称双层板（Double Layer PCB），双面板是一种双面敷铜的电路板。两个敷铜层通常分别被称为顶层（Top Layer）和底层（Bottom Layer），两个敷铜层都可以布线，顶层一般用于放置元器件多面板，底层一般为元器件焊接面。上下两层之间的连接是通过金属化过孔（Via）来实现的。

（3）多面板

多面板又称多层板（Multi-Layer PCB），多面板，顾名思义，就是包括多个工作层面的电路板，除了有顶层（Top Layer）和底层（Bottom Layer）之外还有中间层，多面板的顶层和底层与双面板一样，中间层可以是导线层、信号层、电源层或接地层，层与层之间是相互绝缘的，层与层之间的连接需要通过金属化过孔（Via）来实现，它的结构如图 5-1 所示。

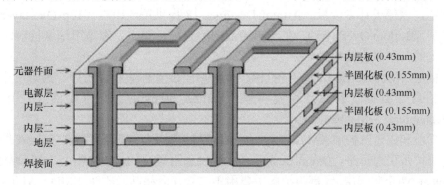

图 5-1　多层板的结构

另外，PCB 按基材的性质不同，又可分为刚性印制电路板和柔性印制电路板两大类。

（1）刚性印制电路板

刚性印制电路板具有一定的机械强度，用它装成的部件具有一定的抗弯能力，在使用时处于平展状态，如图 5-2 所示。在一般电子设备中使用的都是刚性印制电路板。

（2）柔性印制电路板

柔性印制电路板是以软层状塑料或其他软质绝缘材料为基材制成的。用柔性印制电路板所制成的部件可以弯曲和伸缩，如图 5-3 所示。柔性印制电路板一般用于特殊场合，例如，某些数字万用表的显示屏是可以旋转的，其内部往往采用柔性印制电路板。

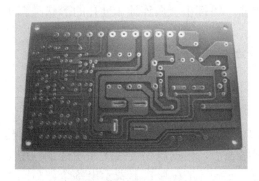

图 5-2　刚性印制电路板

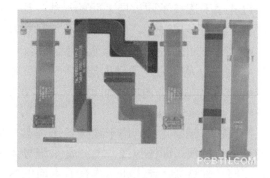

图 5-3　柔性印制电路板

2．PCB 的结构组成

一块完整的 PCB 主要包括绝缘基板、铜箔、孔、阻焊层和文字印刷等部分。下面具体介绍 PCB 的基本组成部分。

（1）层（Layer）。

PCB 上的层不是虚拟的，而是本身实际存在的层。PCB 包含许多类型的工作层，在计算机软件中通过不同的颜色来区分。下面介绍几种常用的工作层。

- 信号层（Signal Layer）：信号层主要用于布铜导线。对于双面板来说就是顶层（Top Layer）和底层（Bottom Layer）。Altium Designer 18 可提供 32 个信号层，包括顶层（Top Layer）、底层（Bottom Layer）和 30 个中间层（Mid Layer），顶层一般用于放置元器件，底层一般用于焊接元器件，中间层主要用于放置信号走线。

- 丝印层（Silkscreen Layer）：丝印层主要用于绘制元器件封装的轮廓线和元器件封装文字，以便设计者读板。Altium Designer 18 提供顶丝印层（Top Overlayer）和底丝印层（Bottom Overlayer），在丝印层上的所有标示和文字都是用绝缘材料印制到电路板上的，不具有导电性。
- 机械层（Mechanical Layer）：机械层主要用于放置标注和说明等，例如尺寸标记、过孔信息、数据资料和装配说明等。Altium Designer 18 可提供 16 个机械层：Mechanical1～Mechanical16。
- 阻焊层和锡膏防护层（Mask Layer）：阻焊层主要用于放置阻焊剂，防止在焊接时由于焊锡扩张引起短路。Altium Designer 18 提供顶阻焊层（Top Solder）和底阻焊层（Bottom Solder）两个阻焊层。锡膏防护层主要用于安装表面粘贴元器件（SMD）。Altium Designer 18 提供顶防护层（Top Paste）和底防护层（Bottom Paste）两个锡膏防护层。

（2）焊盘（Pad）。

焊盘用于将元器件引脚焊接固定在 PCB 上从而完成电气连接。它可以单独放在一层或多层上，对于表面安装的元器件来说，焊盘需要放置在顶层或底层，而对于针插式元器件来说焊盘应处于多层（Multi-Layer）。通常焊盘的形状有以下 4 种：圆形、矩形、正八边形和圆角矩形，如图 5-4 所示。

图 5-4 常见的 4 种焊盘形状

（3）过孔（Via）。

过孔用于连接不同板层之间的导线，其内侧壁一般都由金属连通。过孔的形状类似于圆形焊盘，分为多层过孔、盲孔和埋孔 3 种类型。
- 多层过孔：从顶层直接连通到底层，允许连接所有的内部信号层。
- 盲孔：从表层连通到内层。
- 埋孔：从一个内层连通到另一个内层。

（4）导线（Track）。

导线就是铜膜走线，用于连接各个焊盘，是印制电路板最重要的部分。飞线是与导线有关的另外一种线，即预拉线。飞线是系统导入网络表后，根据电路连接关系生成的，用来指引布线的一种连线。导线和飞线有着本质的区别，飞线只是在形式上表示出各个焊盘间的连接关系，没有电气连接意义；而导线则是根据飞线指示的焊盘间的连接关系而布置的，是具有电气连接意义的线路。

5.1.2 元器件封装概述

在了解元器件封装的具体内容之前，先来认识一下元器件实物、元器件符号和元器件封装这 3 个概念。

1. 元器件实物、元器件符号和元器件封装

（1）元器件实物。

元器件实物是指在组装电路时所用到的实实在在的元器件，例如图 5-5 中的电阻、电容、电解电容、二极管和三极管。

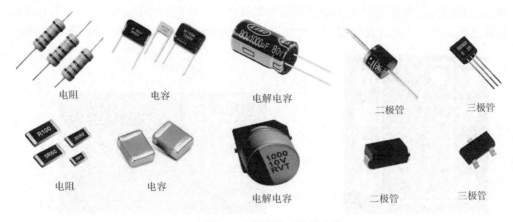

图 5-5 常见的元器件实物

(2) 元器件符号。

元器件符号是指在绘制电路原理图时所用到的元器件表示图形,是在电路图中代表元器件的一种符号,例如图 5-6 中绘制的电阻、电容、二极管和三极管的符号。

(3) 元器件封装。

元器件封装是指将元器件焊接到 PCB

图 5-6 电阻、电容、二极管和三极管的符号

时的焊接位置与占用空间大小,包括了元器件的外形尺寸、空间位置和各引脚之间的间距等。元器件封装是一个空间的概念,对于不同的元器件可以有相同的封装,同样一种元器件也可以使用不同的封装。因此,在制作 PCB 时不仅要知道元器件的名称,同时也要知道该元器件的封装形式。常用的分立元器件的封装有二极管类、晶体管类和可变电阻类等,常用的集成电路器件的封装有 DIP-XX 等。

Altium Designer 18 将常用元器件的封装集成在"Miscellaneous Devices PCB.PcbLib"集成库中。电阻、电容、二极管和三极管的封装如图 5-7 所示。

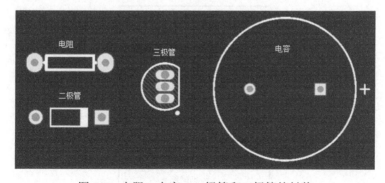

图 5-7 电阻、电容、二极管和三极管的封装

2. 元器件封装的分类

常见的元器件封装有引脚式封装和表面粘着式封装两大类。

引脚式封装的元器件必须把相应的引脚插入焊盘孔中，再进行焊接。因此所选用的焊盘必须有穿透式过孔，在设计时焊盘板层的属性要设置成"Multi-Layer"，如图 5-8 和图 5-9 所示。

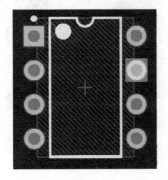

图 5-8　引脚式封装

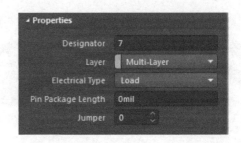

图 5-9　设置焊盘板层属性为"Multi-Layer"

表面粘着式封装，采用这种封装的元器件引脚的焊盘不只用于顶层，也可用于底层，焊盘没有穿孔。焊盘板层的属性必须为单一层面，如图 5-10 和图 5-11 所示。

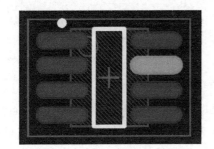

图 5-10　表面粘着式封装

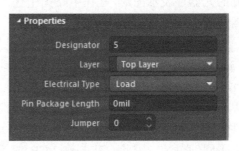

图 5-11　设置焊盘板层属性为单一层面

5.1.3　PCB 设计流程

PCB 设计流程如图 5-12 所示。

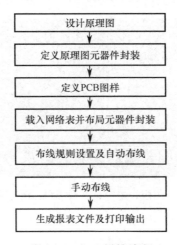

图 5-12　PCB 设计流程

（1）设计原理图。

设计原理图是设计 PCB 的第一步，也就是利用原理图设计工具绘制原理图。对于有多年电子线路设计从业经验的电子工程师，在简单电路情况下，也可以跳过这一步直接进入 PCB 设计步骤，进行手动布线或自动布线。

（2）定义原理图元器件封装。

原理图设计完成后，需要对原理图的各个元器件进行封装。在正确加入网络表后，系统会自动为大多数元器件提供封装，元器件的封装有可能被遗漏或有错误，需要对原理图元器件封装进行检查并修改。对于设计者自己设计的元器件或某些特殊元器件则必须由设计者自己定义或修改元器件的封装。

（3）定义 PCB 图样。

PCB 图样的基本设置主要包括设定 PCB 的结构和尺寸、板层数、通孔类型和网格大小等。既可以用系统提供的 PCB 设计模板进行设计，也可以手动设计。

（4）载入网络表并布局元器件封装。

网络表是电路原理图和 PCB 的接口，只有将网络表导入 PCB 设计界面后，才能进行 PCB 的设计。在导入网络表时必须保证没有任何错误，保证所有元器件封装能够很好地被加载到 PCB 界面中，并形成飞线。

元器件封装必须要进行布局，即将封装在电路板上进行摆放。元器件布局的合理性将影响到布线的质量。在进行单面板设计时，如果元器件布局不合理将无法完成布线操作。在对双面板等进行设计时，如果元器件布局不合理，布线时将会放置很多过孔，使电路板布线变得复杂，进而影响 PCB 的性能。

（5）布线规则设置及自动布线。

完成元器件布局后，在实际布线前，要进行布线规则的设置，这是进行 PCB 设计所必需的一步。在这里需要定义布线的各种规则，例如安全距离和导线宽度等。

Altium Designer 18 提供了强大的自动布线功能，在设置好布线规则之后，可以用系统提供的自动布线功能进行布线。只要设置的布线规则正确、元器件布局合理，一般都可以成功完成自动布线。

（6）手动布线。

复杂电路的 PCB 自动布线会存在相交、缺线等情况，还有些布线是布线规则不能够完成的，因此在自动布线结束后，对于自动布线无法完全解决的问题或产生的布线冲突，需要进行手动布线加以设置或调整。在元器件很少且布线简单的情况下，也可以直接进行手动布线，当然这需要一定的熟练程度和实践经验。

（7）生成报表文件及打印输出。

在完成 PCB 布线后，可以生成相应的各类报表文件，例如元器件清单和 PCB 信息报表等。这些报表可以帮助设计者更好地了解 PCB 和管理元器件。

生成各类报表文件后，可以将各类文件打印输出保存，包括电路图文件、PCB 文件和其他报表文件，以便存档。

5.2 规划 PCB 和设置环境参数

5.2.1 规划 PCB

虽然利用向导可以生成一些标准规格的电路板，但更多时候，需要自己规划电路板。实际设计的 PCB 都有严格的尺寸要求，这就需要认真规划、准确定义电路板的物理尺寸和电气边界。规划电路板的一般步骤如下。

（1）创建新的 PCB 文件，执行菜单命令 File→New→PCB，如图 5-13 所示，启动 PCB 编辑器。新建的 PCB 文件默认名称为"PCB1.PcbDoc"，此时在 PCB 编辑区会出现空白的 PCB 图样，如图 5-14 所示。

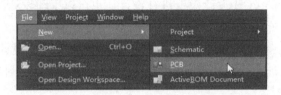

图 5-13　创建新的 PCB 文件

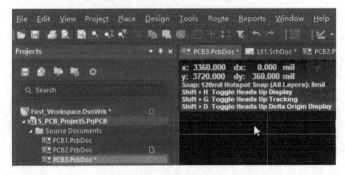

图 5-14　PCB 编辑区出现空白的 PCB 图样

（2）设置 PCB 物理边界，PCB 物理边界就是 PCB 的外形。执行菜单命令 Design→Board Shape，如图 5-15 所示，子菜单中包含以下几个选项。
- Define from selected objects：由选中对象定义 PCB 外形。
- Define from 3D body（Requires 3D mode）：由 3D 图形定义 PCB 外形。
- Create Primitives From Board Shape：由 PCB 外形创建基本类型。
- Define Board Cutout：定义 PCB 切口。

下面绘制 PCB 物理边界，将当前的工作层切换到第一机械层（Mechanical1），执行菜单命令 Design→Board Shape→Define from selected objects。

注：在执行此命令时，需要先设置电路板框，否则将出现提示对话框，如图 5-16 所示。

在机械层绘制 PCB 框，如图 5-17 所示，然后执行菜单命令 Design→Board Shape→Define from selected objects，设置 PCB 物理边界，如图 5-18 所示。

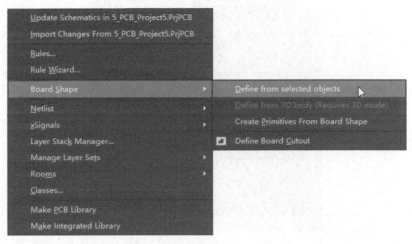

图 5-15 "Board Shape" 菜单

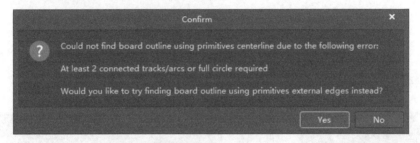

图 5-16 提示对话框

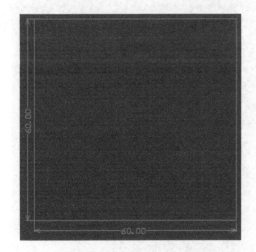 

图 5-17 在机械层绘制 PCB 框　　　　图 5-18 设置 PCB 物理边界

（3）设置 PCB 电气边界，PCB 的电气边界用于设置元器件和布线的放置区域，它必须在禁止布线层（Keep-Out Layer）绘制。

设置 PCB 电气边界的方法与设置物理边界的方法完全相同，只不过是要在禁止布线层（Keep-Out Layer）进行操作。方法是先将 PCB 编辑区的当前工作层切换为"Keep-Out Layer"，执行菜单命令 Place→Keep Out→Track，绘制一个封闭图形即可，如图 5-19 所示。

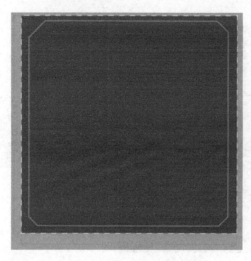

图 5-19　设置 PCB 电气边界

5.2.2　PCB 界面介绍

在创建 PCB 文件后，即启动了 PCB 编辑环境，如图 5-20 所示。PCB 编辑环境与 Windows 资源管理器的风格类似，主要由以下几个部分构成。

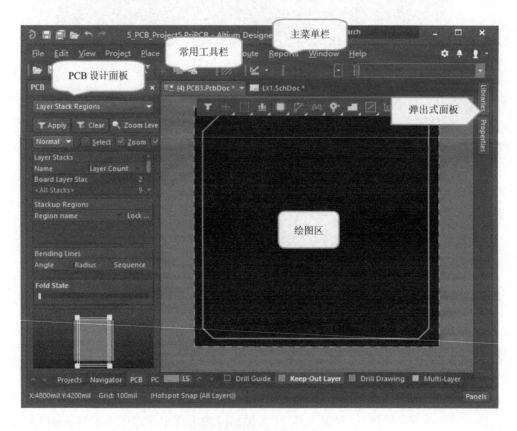

图 5-20　PCB 编辑环境

1. 主菜单栏

PCB 编辑环境的主菜单与 SCH 环境的编辑菜单风格类似，不同的是提供了许多用于 PCB 编辑操作的功能选项。

- 文件（File）：文件菜单提供常见的文件操作，例如新建、打开和保存等。
- 编辑（Edit）：编辑菜单提供 PCB 设计的编辑操作命令，例如选择、复制、粘贴和移动等。
- 视图（View）：视图菜单提供 PCB 文件的缩放查看和面板操作等功能。
- 工程（Project）：工程菜单提供整个工程的管理命令。
- 放置（Place）：放置菜单提供各种电气原理图的放置命令。
- 设计（Design）：设计菜单提供设计规则检查、原理图同步、PCB 层管理和库操作等功能。
- 工具（Tool）：工具菜单提供设计规则检查、敷铜和密度分析等 PCB 设计高级功能。
- 布线（Route）：布线菜单提供自动布线功能设置和布线操作。
- 报告（Reports）：报告菜单提供 PCB 信息输出和 PCB 测量功能。
- 窗口（Window）：窗口菜单提供主界面窗口的管理功能。
- 帮助（Help）：帮助菜单提供系统的帮助功能。

2. 常用工具栏

Altium Designer 18 的 PCB 编辑环境提供标准工具栏（PCB Standard）、布线工具栏（Wiring）、应用工具栏（Utilities）和导航栏（Navigation）等，这些常用工具都可以从主菜单栏中的视图（View）菜单里找到相应的命令。

（1）标准工具栏，如图 5-21 所示，提供软件常用到的操作功能，各按钮的主要功能包括文件操作、打印和预览、视图、对象编辑和对象选择等。

图 5-21　标准工具栏

（2）布线工具栏，如图 5-22 所示，提供各种电气布线功能，其中右下角的三角符号图标表示含有扩展指令选项，例如用鼠标左键长按 图标，则会出现过孔和焊盘两个扩展指令。布线工具栏中的各按钮功能见表 5-1。

图 5-22　布线工具栏

表 5-1 布线工具栏中的各按钮功能

按 钮	功 能	按 钮	功 能
	选定对象布线		圆弧布线
	交互式布线		矩形填充
	灵巧交互式布线		多边形填充
	差分对布线		字符串
	放置焊盘		放置元器件
	放置过孔		

（3）应用工具栏，如图 5-23 所示，与原理图编辑环境中的共用工具栏相似，提供 PCB 设计过程中的编辑、排列等操作命令，每个按钮都对应一组相关命令，各按钮对应功能组见表 5-2。

图 5-23 应用工具栏

表 5-2 应用工具栏中的各按钮对应功能组

按 钮	功 能	按 钮	功 能
	绘图工具组		尺寸标注工具组
	排列工具组		放置工作区工具组
	查找选择工具组		网格工具组

3．PCB 设计面板

Altium Designer 18 的 PCB 编辑环境提供了功能强大的 PCB 设计面板，可通过执行菜单命令 View→Panels→PCB 或直接单击界面右下角的 Panels→PCB，调出 PCB 面板，如图 5-24 所示。PCB 面板可以对 PCB 中所有的网络、元器件和设计规则等进行定位或属性设置，如图 5-25 所示。在面板上部的下拉菜单中可以选择需要查找的项目类别，单击下拉菜单可以看到系统支持的所有项目分类，如图 5-26 所示。

若要对 PCB 中某条导线进行定位，则选择项目下的"Nets"项，在网络类列表框中列出了 PCB 中的所有网络类，选择一个网络类，网络列表中显示网络类的所有网络。选择一个网络，对应列表列出该网络的所有导线和焊盘。

4．PCB 观察器

当鼠标指针在 PCB 编辑器绘图区移动时，绘图区左上角将显示一组数据，这是 Altium Designer 18 提供的 PCB 观察器，在 PCB 观察器中可实时显示鼠标指针所在位置的网络和元器件信息，如图 5-27 所示。

PCB 观察器中的信息如下。

- x，y：当前鼠标指针所在位置。

- dx, dy：当前鼠标指针位置相对于上次单击时鼠标指针位置的位移。

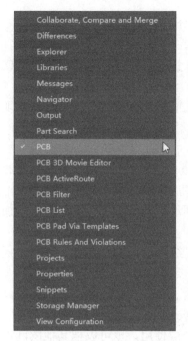

图 5-24 调出 PCB 面板

图 5-25 PCB 面板

图 5-26 系统支持的所有项目分类

- Snap, Hostspot Snap：当前的捕获网络和电气网络数值。
- Shift+H Toggle Heads Up Display：通过快捷键 Shift+H 可以设置是否显示 PCB 观察器所提供的数据，按一次关闭显示，再按一次即可重新打开显示。
- Shift+G Toggle Heads Up Tracking：通过快捷键 Shift+G 可以设置 PCB 观察器所提供的数据是否随鼠标指针移动，或是固定在某一位置。
- Shift+D Toggle Heads Up Delta Origin Display：通过快捷键 Shift+D 可以设置是否显示 dx 和 dy。
- Shift+X Explore Components and Nets：通过快捷键 Shift+X 可以打开 PCB 浏览器，如图 5-28 所示，在该浏览器中可以看到网络和元器件的详细信息。

图 5-27 PCB 观察器

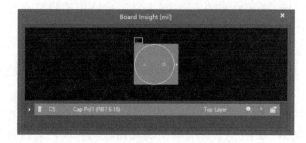

图 5-28 打开 PCB 浏览器

- 其余为鼠标指针所在处网络或元器件的具体信息。

5.2.3 PCB 层介绍

从物理结构上看，PCB 有单面板、双面板和多面板之分。

单面板是最简单的 PCB，它仅在一面进行敷铜布线，在另一面放置元器件，结构简单，成本较低。但受结构的限制，当布线复杂时，布通率较低，因此，单面板适合应用于电路布线相对简单、批量生产和低成本的场合。

双面板可在 PCB 的顶层和底层进行敷铜布线，两层之间的连接通过金属化过孔实现，相比于单面板来说布线更加灵活，相比多层板，其成本又低得多，因此，在当前的电子产品中双面板得到了广泛的应用。

多层板就是包括多个工作层面的 PCB，最简单的多层板是四层板。四层板是在顶层和底层中间加上电源层和地线层，通过这样的处理可以大大提高 PCB 的抗电磁干扰能力。电路复杂、集成度高的精密仪器所采用的电路板为多层板，在四层板的基础上再根据需要增加信号层，例如计算机的主板多采用六层板或八层板。

在 Altium Designer 18 的 PCB 设计中，将 PCB 的物理层结构和 PCB 的信息又进行了板层区分的处理，这样有利于进行 PCB 设计。在 PCB 设计中，要接触到如下几个层。

- 信号层（Signal Layer）：共有 32 层。可以放置走线、文字、多边形（敷铜）等。常用的有两层，顶层（TopLayer）和底层（BottomLayer）。
- 内电层（Internal Plane）：共有 16 层。主要作为电源层使用，也可以把其他的网络定义到该层。内电层可以任意分块，每块都可以设定一个网络。内电层以负片格式显示，有走线的地方表示没有铜皮。
- 机械层（Mechanical Layer）：机械层一般用于进行制版和装配方面的操作。
- 阻焊层（Mask Layer）：阻焊层又分为顶部阻焊层（Top Solder Mask）和底部阻焊层（Bottom Solder Mask），是 Altium Designer 18 对应于电路板文件中的焊盘和过孔数据自动生成的板层，主要用于铺设阻焊漆（阻焊绿膜）。阻焊层采用负片输出，所以板层上显示的焊盘和过孔部分代表电路板上不铺阻焊漆的区域，也就是可以进行焊接的部分，其余部分铺设阻焊漆。顶部锡膏层（Top Paste Mask）和底部锡膏层（Bottom Paste Mask），是在过焊炉时用来对应 SMD 元器件焊盘的，是自动生成的，也采用负片形式输出。
- 禁止布线层（Keep-Out Layer）：禁止布线层主要用来定义 PCB 边界，例如可以放置一个长方形定义边界，则信号走线不会穿越这个边界。
- 钻孔层（Drill Drawing）：钻孔层主要为制造电路板提供钻孔信息，该层数据是自动计算的。
- 多层（Multi-Layer）：多层代表信号层，任何放置在多层上的元器件都会自动添加到所在的信号层上，所以可以通过多层将焊盘或穿透式过孔快速地放置到所有的信号层上。
- 丝印层（Silkscreen Layer）：丝印层分为顶层丝印层（Top Overlay）和底层丝印层（Bottom Overlay）。丝印层主要用来绘制元器件的轮廓，放置元器件的标号（位号）、型号或其他文本等信息，这些信息是自动在丝印层上产生的。

5.2.4 设置板层

Altium Designer 18 提供一个板层管理器对各种板层进行设置和管理，设置板层的步骤如下。

（1）启动板层管理器的方法有两种：一是执行主菜单命令 Design→Layer Stack Manager…；二是在 PCB 原理图编辑区下方的板层切换区，右击，在弹出的菜单中单击"Layer Stack Manager…"选项，如图 5-29 所示。板层管理器界面如图 5-30 所示。

图 5-29　启动板层管理器

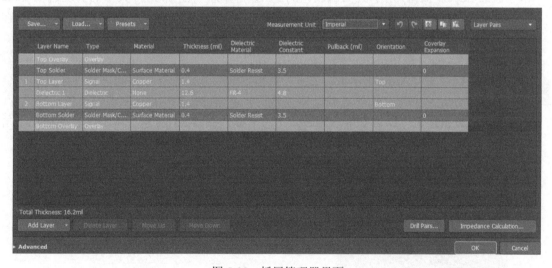

图 5-30　板层管理器界面

（2）在板层管理器中列出了各个板层的相关参数，可以双击修改选中板层的属性，例如可以修改顶层或底层的名字和铜箔的厚度等，如图 5-30 所示。

（3）板层管理器默认为双面板设计，即给出了两层布线层（顶层和底层）。板层管理器的参数设置和按钮功能如下。

- "Save…"按钮：可以将当前的板层设置保存为文件。
- "Load…"按钮：可以载入已有的板层设置文件。
- "Presets"按钮：提供常用的不同层数的电路板层数设置，如图 5-31 所示。

- "Measurement Unit"选项：可以选择测量单位为公制（Metric）或英制（Imperial）。
- 层栈的类型，可在板层管理器界面右上角的"Layer Pairs"下拉菜单中进行选择，如图 5-32 所示。电路板层栈结构不仅包括有电气特性的信号层，还包括无电气特性的绝缘层，两种典型的绝缘层主要是指填充层（Core）和塑料层（Prepreg）。层栈类型主要是指绝缘层在电路板中的排列顺序，默认的 3 种层栈类型包括层组合（Layer Pairs）、内部层组合（Internal Layer Pairs）和组建（Build-up）。改变层栈类型将会改变填充层和塑料层在层栈中的分布，只有在信号完整性分析需要用到盲孔或埋孔的时候才需要进行层栈类型的设置。

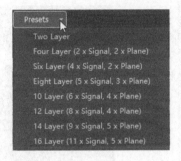

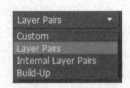

图 5-31 "Presets"按钮选项　　　　图 5-32 层栈类型

- "Add Layer"按钮：用于向当前设计的 PCB 中增加一层中间层。其中的扩展选项"Add Internal Plane"按钮可以向当前设计的 PCB 中增加一层内层。新增加的层将添加在当前层的下面。
- "Delete Layer"按钮：可以删除选定的当前层。
- "Move Up"和"Move Down"按钮：对指定的层分别进行上移和下移操作。
- "Drill Pairs…"按钮：用于在设计多层板时，添加钻孔的层面，主要用于盲孔的设计。单击该按钮弹出"Drill-Pair Manager"对话框，图 5-33 所示。单击该对话框左下角的"Menu"按钮显示对话框中相同的按钮选项，如图 5-34 所示。

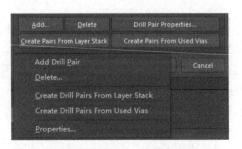

图 5-33 "Drill-Pair Manager"对话框　　　　图 5-34 "Menu"按钮选项

5.2.5 设置 PCB 层显示和颜色属性

为了区别各 PCB 层，Altium Designer 18 使用不同的颜色绘制不同的 PCB 层，设计者可根据喜好调整各层对象的显示颜色。

在主界面右下角执行菜单命令 Panel→View Configuration，或者在板层切换区中单击"Current Layer"选项，即可打开"View Configuration"对话框，如图 5-35 所示。

图 5-35 "View Configuration"对话框

1. "Layers & Colors"选项卡

"Layers & Colors"选项卡共有 2 个选项区："Layers"和"System Colors"。在"Layers"区域中可以设置所选择的 PCB 层的颜色；在"System Colors"区域中可设置包括可见栅格（Visible Grid）、焊盘孔（Pad Holes）和过孔（Via Holes）等系统对象的颜色及其显示属性。

2. "View Options"选项卡

如图 5-36 所示，该选项卡内主要包括显示方面的设置。

（1）"General Settings"选项区，包括在"Configuration"下拉菜单中选择显示配置、3D 模式开关、单层模式开关（Single Layer Mode）和栅格点显示选项（Show Grid）及其颜色选择。

（2）"Object Visibility"选项区，可以设置各对象的可见性和透明度。

（3）"Mask and Dim Settings"选项区，可以通过滑块分别设置调暗（Dimmed Objects）、调亮（Highlighted Objects）和模糊（Masked Objects）的程度。

（4）"Additional Options"选项区，包括以下相关设置，按钮为蓝色时该功能有效。

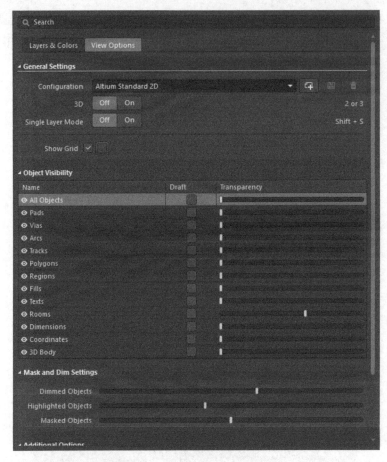

图 5-36 "View Options"选项卡

- Test Points：测试点。
- Status Info：状态信息。
- Pad Nets：显示焊盘网络。
- Pad Numbers：显示焊盘数。
- Via Nets：显示过孔网络。
- All Connections in Single Layer Mode：单层显示模式。
- F5 Net Color Override：修改网络的颜色。
- Use Layer Colors For Connection Drawing：使用层的颜色作为连接点颜色。
- Repeated Net Names on Tracks：线路上显示网络名称。

5.2.6　设置 PCB 栅格

PCB 的使用环境设置和栅格设置可以在栅格编辑器中进行，Altium Designer 18 栅格设置方法如下。

1. 栅格编辑器

使用快捷键 Ctrl+G 打开栅格编辑器，如图 5-37 所示。

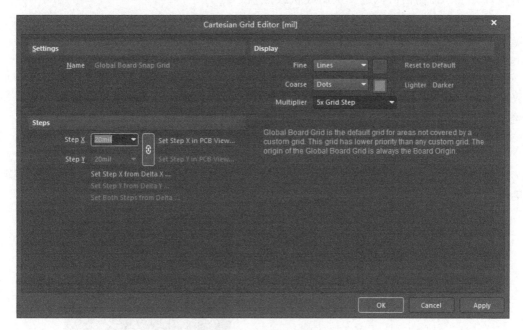

图 5-37　打开栅格编辑器

（1）在"Steps"选项区可设置捕捉步长，同时也是可视栅格的步长，如图 5-38 所示。

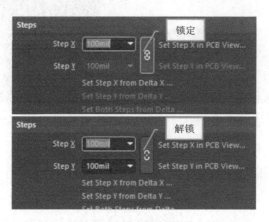

图 5-38　设置捕捉步长

- Step X：栅格水平方向间距=100 mil。
- Step Y：栅格垂直方向间距=100 mil。图 5-37 中，"Step Y"选项为灰色，表示锁定状态下其值不可调节，解锁后可调节。

两者的右侧垂直方向有一个锁的图标，锁定了水平和垂直栅格的比例，垂直栅格随水平栅格同步联动调节。

- Set Step X in PCB View…：在 PCB 环境下通过鼠标指针确定捕捉步长。

（2）栅格编辑器右上角为栅格显示设置区。栅格分为粗栅格（Coarse）和细栅格（Fine），粗栅格是细栅格的 5 倍，即每隔 4 个连续的细栅格，出现一个粗栅格。粗、细栅格的颜色可分别设置。粗、细栅格可以选择采用线状或点状。

2．捕捉栅格设置

使用快捷键 Ctrl+Shift+G，设置当前栅格的尺寸，如图 5-39 所示。

在布局零件时，建议选择栅格尺寸为 100 mil，可以使布局的零件整齐摆放。零件布局摆放完成后，填入数值即可。在布线、调整字符丝印位置时，为了能够精细地微调布线和字符丝印的位置，建议把栅格尺寸改为 10 mil 或 20 mil。

3．栅格编辑快捷菜单

在应用工具栏中单击 图标或先把鼠标指针放在绘图区，按快捷键 G，弹出栅格编辑快捷菜单，如图 5-40 所示。可以在弹出菜单中，选择英制或公制的栅格尺寸。

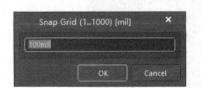

图 5-39　捕捉栅格设置

图 5-40　栅格编辑快捷菜单

5.3　设置 PCB 编辑环境

Altium Designer 18 为用户进行 PCB 编辑提供了大量的辅助功能，以方便用户操作，同时系统允许用户对这些功能进行设置，使其更符合自己的操作习惯，本节将介绍进行这些设置的方法。

启动 Altium Designer 18，在工作区打开新建的 PCB 文件，启动 PCB 设计界面。执行菜单命令 Tools→Preferences…，打开"Preferences"对话框。

在"Preferences"对话框左侧树形列表的"PCB Editor"文件夹内有 12 个子选项，通过这些选项，用户可以对 PCB 设计进行系统的设置，下面介绍常用的选项功能。

5.3.1 设置常规参数

"General"选项页主要用于进行 PCB 设计的常规参数设置，如图 5-41 所示。"General"选项页包含 10 个选项区域，部分功能介绍如下。

图 5-41 "General"选项页

（1）"Editing Options"选项区域。

- Online DRC：表示进行在线规则检查，一旦操作过程中违反设计规则，系统会显示错误警告。建议选中此项。
- Snap To Center：表示在移动焊盘和过孔时，鼠标指针定位于中心；在移动元器件时，鼠标指针定位于参考点；在移动导线时，鼠标指针定位于定点。
- Smart Component Snap：表示在对元器件对象进行操作时，鼠标指针会自动捕获小的元器件对象。当用鼠标指针按住原理图时，鼠标指针将移至离原理图最近的焊盘。
- Remove Duplicates：表示系统会自动移除重复的输出对象，选中该复选框后，数据在准备输出时将检查输出数据，并删除重复数据。
- Confirm Global Edit：表示在进行全局编辑时，例如由原理图更新 PCB 图时，会弹出确认对话框，要求用户确认更改。
- Protect Locked Objects：表示保护已锁定的元器件对象，避免用户对其进行误操作。

编辑被锁定对象时需要确认。
- **Confirm Selection Memory Clear**：表示在清空选择存储器时，会弹出确认对话框，要求用户进行确认。
- **Click Clears Selection**：表示当用户单击其他元器件对象时，之前选择的其他元器件对象将会自动解除选中状态。
- **Shift Click To Select**：表示只有当用户按住 Shift 键后，再单击元器件对象才能将其选中。选中该项后，用户可单击"Primitives…"按钮，打开"Shift Click To Select"对话框，在该对话框中设置需要按住 Shift 键的同时再单击才能选中的对象种类。
- **Smart Track Ends**：表示在交互布线时，系统会智能寻找铜箔导线结束端，并显示鼠标指针所在位置与导线结束端的虚线，虚线在布线的过程中会自动调整。
- **Display popup selection dialog**：设置显示弹出式选择对话框。

（2）"Other"选项区域。
- **Rotation Step**：用于设置放置元器件时按空格键，元器件默认旋转的角度。
- **Cursor Type**：用于设置鼠标指针类型，可以设置为"Large 90"，表示跨越整个编辑区的大十字形指针；"Small 90"表示小十字形指针；"Small 45"表示小的"×"形指针。
- **Comp Drag**：用于设定元器件移动的方式，选择"none"，则当元器件移动时，连接的导线不跟随移动，导致断线；选择"Connected Tracks"，则导线随着元器件一起移动，相当于原理图编辑环境中的拖曳。

（3）"Autopan Options"选项区域。

用于设定当鼠标指针移至编辑区的边缘时，原理图移动的样式和速度。"Style"下拉列表中提供了 6 种移动的样式。
- **Re-Center**：每次移动半个编辑区的距离。
- **Fixed Size Jump**：规定长度移动。
- **Shift Accelerate**：移动的同时按住 Shift 键使移动加速。
- **Shift Decelerate**：移动的同时按住 Shift 键使移动减速。
- **Ballistic**：变速移动，鼠标指针越靠近编辑区边缘，移动速度越快。
- **Adaptive**：自适应移动，选择此项后还需设置移动的速度。

（4）"Space Navigator Options"选项区域。

选择"Disable Roll"将禁止导航滚动。

（5）"Polygon Rebuild"选项区域。

用于设置多边形敷铜区域被修改后的重新敷铜选项。选择"Repour Polygons After Modification"可以实现修改后重新敷铜；选择"Repour all dependent polygons after editing"可以实现编辑后重新敷铜所有关联的多边形。

5.3.2 设置显示参数

"Display"选项页用于设置所有关于工作区显示的方式，如图 5-42 所示。部分功能介绍如下。

图 5-42 "Display"选项页

（1）"Display Options"选项区域，选择"Antialiasing On/Off"可打开图形保真功能。

（2）"Highlighting Options"选项区域，用于在工作区设置高亮显示元器件对象，其中的选项介绍如下。

- Highlight In Full：表示选择的对象会全部高亮显示。若未选择该项，则所选择的元器件仅高亮显示轮廓。
- Use Transparent Mode When Masking：表示元器件对象在被蒙板遮住时，使用透明模式。
- Show All Primitives In Highlighted Nets：表示显示网络所有高亮状态下的元器件对象。
- Apply Mask During Interactive Editing：表示在进行交互编辑操作时，使用蒙板标记。
- Apply Highlight During Interactive Editing：表示在进行交互编辑操作时，使用高亮标记。

（3）"Layer Drawing Order"选项区域。

层绘制顺序设置按钮，用于设置重新显示 PCB 时各层显示的顺序。该选项区域包含如图 5-42 所示的层绘制顺序选择框，可在框中选择需要改变绘制顺序的层进行设置。

5.3.3 设置板观察器参数

复杂的多层 PCB 设计使得 PCB 的具体信息很难在工作空间表现出来。Altium Designer 18 提供了板观察器（Board Insight）进行 PCB 的观察，板观察器具有透镜、堆叠鼠标指针信息、浮动图形浏览和简化的网络显示等功能。下面介绍几类板观察器参数的设置。

1. 设置"Board Insight Display"参数

"Board Insight Display"选项页主要用于设置板观察器的显示参数，如图 5-43 所示。

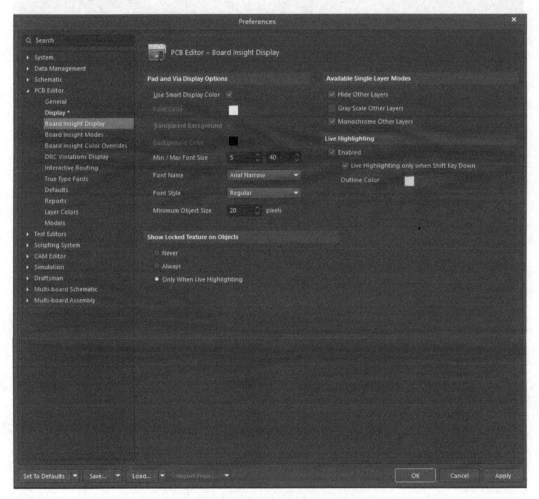

图 5-43 "Board Insight Display"选项页

（1）"Pad and Via Display Options"选项区域。

- Use Smart Display Color：使用智能颜色显示，选择该项后，焊盘和过孔上显示网络名和焊盘号的颜色由系统自动设置，若不选择该项则还需自行设定下面的几项参数。
- Font Color：焊盘和过孔上显示网络名和焊盘号的字体颜色，单击该项后的颜色块进行设置。
- Transparent Backgroud：使用透明的背景，主要用于焊盘和过孔上字符串的背景。选择该项后不用设置下一项（背景颜色）。
- Background Color：焊盘和过孔上显示网络名和焊盘号的背景颜色。
- Min/Max Font Size：最大/最小字体尺寸，主要用于设置焊盘和过孔上的字符串。
- Font Name：字体名称选择，在后面的下拉菜单中进行选择。
- Font Style：字体风格选择，可以选择正常字体（Regular）、粗体（Bold）、粗斜体（Bold Italic）和斜体（Italic）。
- Minimum Object Size：用于设置字符串的最小尺寸。字符串的尺寸大于设定值时能正常显示，否则不能正常显示。

（2）"Available Single Layer Modes"选项区域。
- Hide Other Layers：非当前工作板层不显示。
- Gray Scale Other Layers：非工作板层以灰度的模式显示。
- Monochrome Other Layers：非工作板层以单色的模式显示。

（3）"Live Highlighting"选项区域。

PCB实时高亮显示设置区域，用于对实时高亮相关参数进行设置。

2. 设置"Board Insight Modes"参数

"Board Insight Modes"选项页用于自定义工作区的浮动状态框显示选项，如图5-44所示。所谓浮动状态框，是Altium Designer 18的PCB编辑器新增的一项功能，浮动状态框呈半透明状，悬浮于工作区上方，如图5-45所示。

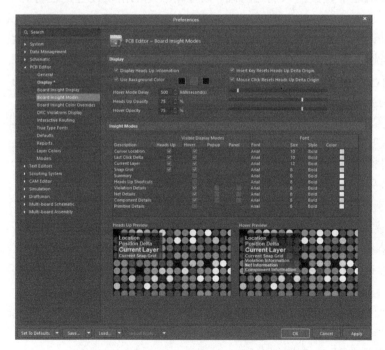

图5-44 "Board Insight Modes"选项页　　　　图5-45 浮动状态框

通过该浮动状态框，可以方便地获取当前鼠标指针的位置坐标和相对移动坐标等信息。为了避免浮动状态框影响正常操作，Altium Designer 18为浮动状态框设计了两种模式，一种是 Hover 模式，当鼠标指针处于移动状态时，浮动状态框处于 Hover 模式，此时，为避免影响鼠标指针移动，浮动状态框中显示较少的信息；另一种是 Heads Up 模式，当鼠标指针处于静止状态时，浮动状态栏处于 Heads Up 模式，此时浮动状态框中可以显示较多信息。为了充分发挥浮动状态框的作用，用户可在"Board Insight Modes"选项页内对其进行设置，以满足自己的操作习惯，"Board Insight Modes"选项页内的各选项功能介绍如下。

（1）"Display"选项区域。

用于设置浮动状态框的显示属性，包含如下 7 个选项。

- Display Heads up Information：表示显示浮动状态框，选择该项后，浮动状态框将被显示在工作区中。在工作过程中用户也可以通过快捷键 Shift+H 来切换浮动状态框的显示状态。
- Use Background Color：用于设置浮动状态框的背景颜色，单击该色块将打开"Choose Color"对话框，用户可以选择任意颜色作为浮动状态框的背景色彩。
- Insert Key Resets Heads Up Delta Origin：表示使用键盘上的 Insert 键，设置浮动状态框中显示的鼠标指针相对位置坐标零点。
- Mouse Click Resets Heads Up Delta Origin：表示使用鼠标左键，设置浮动状态框中显示的鼠标指针相对位置坐标零点。
- Hover Mode Delay：用于设置浮动状态框从 Hover 模式切换到 Heads Up 模式的时间延迟，即当鼠标指针静止的时间大于该延迟时，浮动状态框从 Hover 模式切换到 Heads Up 模式。用户可以在编辑框中直接输入延迟时间，或拖动右侧的滑块设置延迟时间，时间的单位为 ms。
- Heads Up Opacity：用于设置浮动状态框处于 Heads Up 模式下的不透明度，不透明度数值越大，浮动状态框越不透明，用户可以在编辑框中直接输入数值，或拖动右侧的滑块设置透明度数值，在调整的过程中，用户可通过选项页左下方的"Heads Up Preview"窗口预览透明度显示效果。
- Hover Opacity：用于设置浮动状态框处于 Hover 模式下的不透明度，不透明度数值越大，浮动状态框越不透明，用户可以在编辑框中直接输入数值，或拖动右侧的滑块设置透明度数值，在调整的过程中，用户可通过选项页右下方的"Hover Preview"窗口预览透明度显示效果。

（2）浮动状态框显示内容列表（Insight Modes）。

用于设置相关操作信息在浮动状态框中的显示属性，该列表分两栏，"Visible Display Modes"栏，用于选择浮动状态框在各种模式下显示的操作信息内容，用户只需选择对应内容项即可。而"Font"栏，用于设置对应内容显示时的字体样式信息。Altium Designer 18 共提供了 10 种信息供用户选择在浮动状态框中显示，分别介绍如下。

- Cursor Location：表示当前鼠标指针的绝对坐标信息。
- Last Click Delta：表示当前鼠标指针相对上一次单击点的相对坐标信息。
- Current Layer：表示当前所在的 PCB 图层名称。
- Snap Grid：表示当前的对齐栅格参数信息。
- Summary：表示当前鼠标指针所在位置的元器件对象信息。

- Heads Up Shortcuts：表示鼠标指针静止时与浮动状态框操作的快捷键及其功能。
- Violation Details：表示鼠标指针所在位置的 PCB 图中违反规则的错误的详细信息。
- Net Details：表示鼠标指针所在位置的 PCB 图中网络的详细信息。
- Component Details：表示元器件的详细信息。
- Primitive Details：表示鼠标指针所在位置的 PCB 图中基本元器件的详细信息。

（3）"Heads Up Preview"和"Hover Preview"预览区。

便于用户对设置的浮动状态框的两种模式的显示效果进行预览。

5.3.4 设置交互式布线参数

"Interactive Routing"选项页用于定义交互式布线的属性，如图 5-46 所示。其中各选项的功能和意义如下。

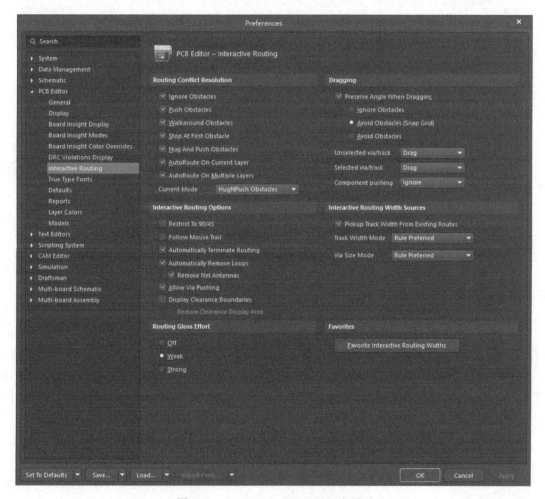

图 5-46 "Interactive Routing"选项页

（1）"Routing Conflict Resolution"选项区域，用于设置交互式布线过程中出现布线冲突时的解决方式，包括如下 7 个选择。

- **Ignore Obstacles**：表示忽视障碍物，继续进行布线。
- **Push Obstacles**：表示推开障碍物，继续进行布线。
- **Walkaround Obstacles**：表示绕开障碍物，继续进行布线。
- **Stop At First Obstacles**：表示遇到障碍物时停止布线。
- **Hug And Push Obstacles**：表示紧靠和推开障碍物。
- **AutoRoute On Current Layer**：表示在当前图层自动布线。
- **AutoRoute On Multiple Layers**：表示在多个图层自动布线。

（2）"Interactive Routing Options"选项区域，用于设置交互式布线属性，包括如下6个选项。

- **Restrict To 90/45**：表示设置布线角度为90°或45°。
- **Follow Mouse Trail**：表示跟随鼠标指针轨迹（推压方式）。
- **Automatically Terminate Routing**：表示自动判断布线终止时机。
- **Automatically Remove Loops**：表示自动移除布线过程中出现的回路。
- **Allow Via Pushing**：表示允许过孔推开布线。
- **Display Clearance Boundaries**：表示显示边界布线间隙。

（3）"Routing Gloss Effort"选项区域，用于设置布线优化强度，包括以下3种情况。

- **Off**：表示关闭布线优化设置。
- **Weak**：表示弱优化强度。
- **Strong**：表示强优化强度。

（4）"Dragging"选项区域，只有在选择"Preserve Angle When Dragging"（拖移时保持任意角度）的情况下，才可以选择下列选项。

- **Ignore Obstacles**：表示忽略障碍物。
- **Avoid Obstacles（Snap Grid）**：表示避开障碍物，布线捕获网格。
- **Avoid Obstacles**：表示避开障碍物，布线不捕获网格。

（5）"Interactive Routing Width Sources"选项区域，用于设置在交互式布线中的铜膜导线宽度和过孔尺寸。

- **Pickup Track Width From Existing Routes**：表示"拾取"现有布线的宽度，选择该项后，当在现有布线的基础上继续布线时，系统直接采用现有布线宽度。
- **Track Width Mode**：用于设置交互布线时的铜膜导线宽度，"User Choice"表示用户选择导线宽度（默认选择）；"Rule Minimum"表示使用布线规则中的最小宽度；"Rule Preferred"表示使用布线规则中的首选宽度；"Rule Maximum"表示使用布线规则中的最大宽度。
- **Via Size Mode**：用于设置交互布线时过孔的尺寸。"User Choice"表示用户选择过孔尺寸；"Rule Minimum"表示使用布线规则中的最小过孔尺寸；"Rule Preferred"表示使用布线规则中的首选过孔尺寸；"Rule Maximum"表示使用布线规则中的最大过孔尺寸。

（6）"Favorities"选项区域的"Favorite Interactive Routing Widths"按钮，用于设置喜欢的交互式布线的宽度。

5.3.5 设置字体参数

"True Type Fonts"选项页如图 5-47 所示。其中，选择"Embed TrueType fonts Inside PCB documents"表示设定在 PCB 文件中嵌入"TrueType"字体，不用担心目标计算机系统不支持字体。"Substitution font"下拉列表用于设定替换字体。

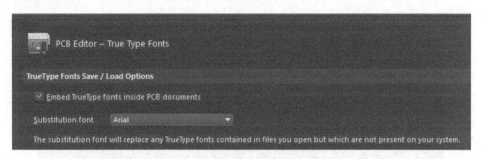

图 5-47 "True Type Fonts"选项页

5.3.6 设置默认参数

"Defaults"选项页用于设置 PCB 编辑器中各种元器件对象的默认值，如图 5-48 所示。

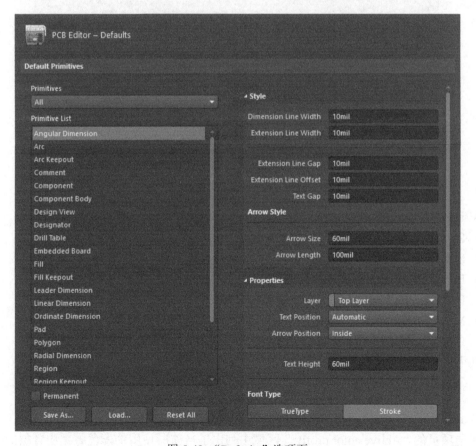

图 5-48 "Defaults"选项页

5.3.7 设置报告参数与层颜色

1．"Reports"选项页

"Reports"选项页用于设置 PCB 输出文件类型，如图 5-49 所示。用户在该选项页中设置需要输出的文件类型、输出路径和文件名称。这样在完成 PCB 设计后，系统会自动显示和生成输出文件。

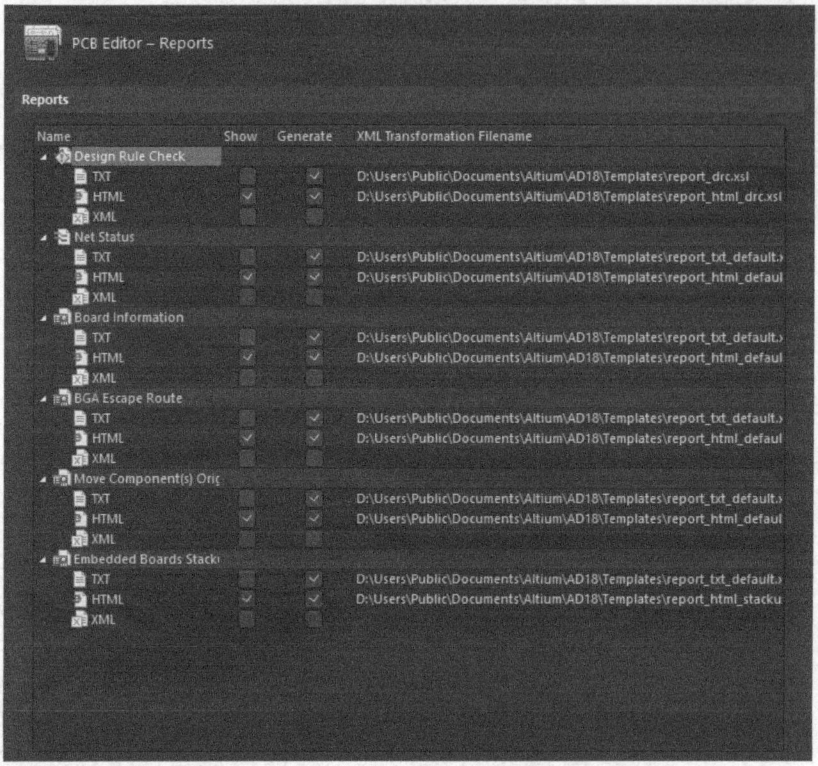

图 5-49 "Reports"选项页

Altium Designer 18 支持如下 6 种报表。
- Design Rule Check：设计规则检查报表。
- Net Status：网络状态报表。
- Board Information：PCB 信息报表。
- BGA Escape Route：逃逸布线报表。
- Move Component（s）Origin To Grid：移动原点到网格报表。
- Embedded Boards Stackup Compatibility：嵌入式 PCB 堆栈兼容性报表。

其中每种报表又提供了 3 种文件格式：TXT、HTML 和 XML。

2．"Layer Colors"选项页

"Layer Colors"选项页用于设置 PCB 各层的颜色，如图 5-50 所示。

在选项页的"Active color profile"区域中列出了当前所使用的配色方案中各层的颜色设

置，若需要改变某层的颜色只需选择该层，在右侧的颜色设置框中选择所需的颜色。此外，也可以在选项页左侧的"Saved Color Profiles"栏中选择现有的配色方案。

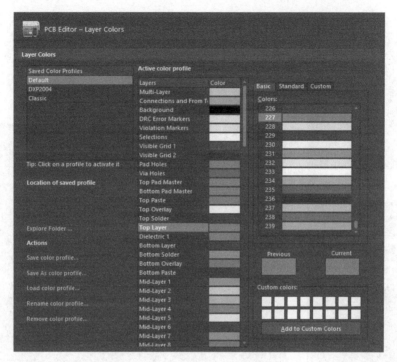

图 5-50 "Layer Colors"选项页

5.4 元器件封装库操作

电路板规划完成后，接下来的任务就是装入网络和元器件封装。在装入网络和元器件封装之前，必须加载所需的元器件封装库。如果没有装入元器件封装库，在装入网络和元器件的过程中系统将会提示用户装入过程失败。

5.4.1 加载元器件封装库

根据设计的需要，装入所要使用的元器件库，基本步骤如下。

（1）执行主界面右下角面板指令 Panel→Libraries，即可打开元器件库选项卡，如图 5-51 所示。

（2）单击"Libraries…"按钮，系统弹出可用元器件库对话框，如图 5-52 所示。在该对话框中，可以看到有 3 个选项卡。

- "Project"选项卡：显示当前项目的 PCB 元器件库，在该选项卡中单击"Add Library"按钮即可向当前项目添加元器件库。
- "Installed"选项卡：显示已经安装的 PCB 元器件库，在一般情况下，如果要装载外部的元器件库，则在该选项卡中单击"Install…"下拉菜单即可实现。

- "Search Path"选项卡：显示搜索的路径，即如果在当前安装的元器件库中没有需要的元器件封装，则可以按照搜索的路径进行搜索。

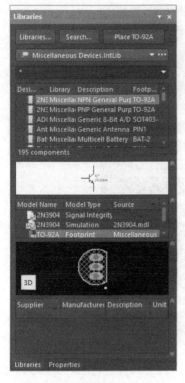

图 5-51 元器件库选项卡

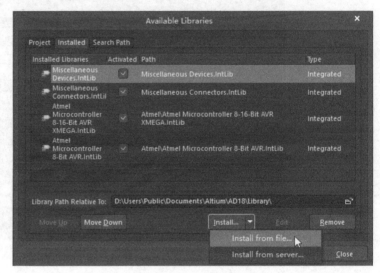

图 5-52 可用元器件库对话框

（3）单击可用元器件对话框中的"Install…"下拉菜单，选择"Install from file..."，弹出添加元器件库对话框，如图 5-53 所示。该对话框列出了 Altium Designer 18 安装目录下 Library 文件夹中的所有元器件库。Altium Designer 18 中的元器件库以公司名分类，因此在对一个特定元器件进行封装时，需要知道它的提供商。

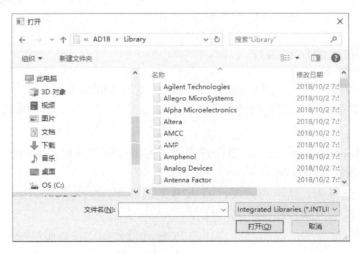

图 5-53 添加元器件库对话框

对于常用的元器件,如电阻、电容等,Altium Designer 18 提供常用杂件库:Miscellaneous Devices.IntLib。对于常用的接插件和连接器件,Altium Designer 18 提供常用接插件库:Miscellaneous Connectors.IntLib。

(4) 在添加元器件对话框中找出原理图中的所有元器件所对应的封装库。选中这些库,单击"打开(O)"按钮,即可添加这些元器件库。用户可以选择一些自己设计所需的封装库。

5.4.2 元器件封装的搜索和放置

在元器件库选项卡中,单击"Search…"按钮,弹出元器件库搜索对话框,如图 5-54 所示,此时可以进行搜索操作。

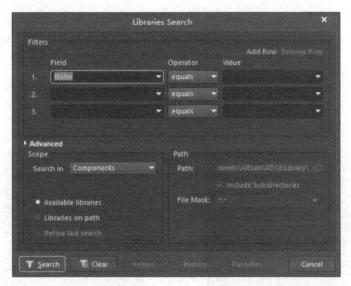

图 5-54 元器件库搜索对话框

1. 查找元器件封装

在元器件库搜索对话框中,可以设定查找对象和查找范围。

(1) "Filters"选项区,用于设置查找的元器件封装的名称,在筛选器编辑框中可以输入需要查找的元器件或封装的名称。

(2) "Advanced"选项区,包括"Scope"选项和"Path"选项。

- "Scope"选项用来设置查找的范围。当选择"Available libraries"时,则在已经装载的元器件库中进行查找;当选择"Libraries on path"时,则在指定的目录中进行查找。
- "Path"选项用来设置查找的对象的路径,该操作框的设置只有在选择"Libraries on path"时才生效。"Path"编辑框用于设置查找的目录,选择"Include Subdirectories"则对指定目录中的子目录也进行搜索。若单击"Path"编辑框右侧的图标,则系统弹出浏览文件夹,用于设置搜索路径。"File Mask"下拉列表用于设置查找对象的文件匹配域,"*"表示匹配任何字符串。

单击"Search"按钮，Altium Designer 18 就会在指定的目录中进行搜索。同时元器件库搜索对话框会暂时隐藏，重新回到元器件库选项卡。如果需要停止搜索，则可以单击"Stop"按钮。

2. 找到元器件封装

当找到元器件封装后，系统会在浏览元器件库对话框中显示结果，如图 5-55 所示。在信息框中显示该元器件封装名，如本例的"DIODE"，查找出具有"DIODE"字符串的所有元器件封装，并显示其所在的元器件库，同时在 3D 预览框中显示元器件封装形状。查找到需要的元器件后，可以将该元器件所在的元器件库直接放置到 PCB 文档中，进行设计。

在查找到所需元器件封装后，需要将封装放置到 PCB 绘图区，封装的放置有如下两种。

① 在元器件库管理器中选中某个封装，单击"Place"按钮，即可在 PCB 设计原理图上放置封装。

② 在元器件封装搜索结果对话框中选中某个封装，双击封装名称，即可在 PCB 设计原理图上进行封装的放置。在放置封装时按下 Tab 键，系统将弹出"Component"对话框，显示放置的元器件信息，如图 5-56 所示。

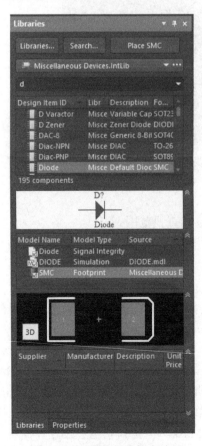

图 5-55 元器件封装搜索结果

图 5-56 "Component"对话框

5.4.3 修改元器件封装属性

修改元器件封装属性有如下两种方式。

① 在元器件放置状态下，按下 Tab 键，弹出"Component"对话框，在对话框中修改元器件封装属性。

② 对于 PCB 上已经放置好的元器件，可直接双击该元器件，弹出"Component"对话框，在对话框中修改元器件封装属性。

"Component"对话框中有"Location"、"Properties"和"Footprint"等选项区域。

（1）"Location"选项区域，用于设置元器件封装的位置和旋转角度。
- （X/Y）：用于设置元器件放置的 X 坐标和 Y 坐标。
- Rotation：用于设置元器件的放置角度。

（2）"Properties"选项区域。
- Layer：用于设置封装的放置图层。
- Designator：用于设置封装的序号，单击右侧 图标可以设置隐藏。
- Comment：用于设置封装的信息，单击右侧 图标可以设置隐藏。
- Type：用于设置封装放置的形式，可以为标准形式或图形形式。
- Height：用于设置封装文字的高度。

（3）"Footprint"选项区域。
- Footprint Name：封装名称。
- Library：封装所在库的路径。
- Description：元器件功能、封装形式等描述。

5.5 PCB 设计的基本规则

PCB 的设计规则是指在进行 PCB 设计时必须遵循的基本规则。根据这些规则，Altium Designer 18 进行自动布局和自动布线，布线是否成功和布线质量的高低很大程度上取决于设计规则的合理性，这依赖于用户的设计经验。

自动布线的参数包括布线层、布线优先级、导线宽度、拐角模式、过孔孔径类型和尺寸等。一旦参数设定，自动布线就会根据这些参数进行相应的布线。因此，自动布线参数的设定决定着自动布线的好坏。

对于不同的电路可以采用不同的设计规则，如果是设计双面板，很多规则可以采用系统默认值，因为系统默认值就是对双面板进行布线的设置。

进入 PCB 编辑环境，执行菜单命令 Design→Rules…，弹出规则和约束编辑器（PCB Rules and Constraints Editor）对话框，如图 5-57 所示。对话框中列出了全部设计规则的类型，在列表中选定设计规则后，将在右侧出现该类设计规则的设置选项，利用这些选项便能设置具体的规则。

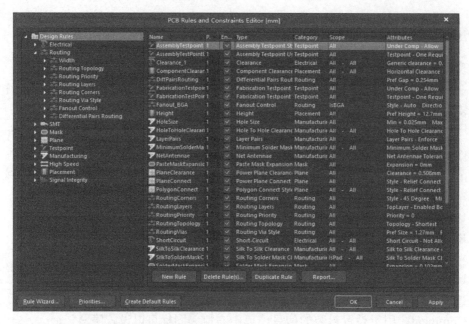

图 5-57　规则和约束编辑器（PCB Rules and Constraints Editor）对话框

5.5.1　电气设计规则

电气设计规则是指进行 PCB 布线时应遵循的电气规则。电气设计规则的设置主要是用于 DRC。当布线过程中违反了电气规则时，DRC 设计校验器将会自动警告，提醒设计者对布线进行修改。

电气设计规则的设置选项有安全距离（Clearance）、短路（Short-Circuit）、无走线网络（Un-Routed Net）、无连接引脚（Un-Connected Pin）和修改多边形敷铜（Modified Polygon），如图 5-58 所示。

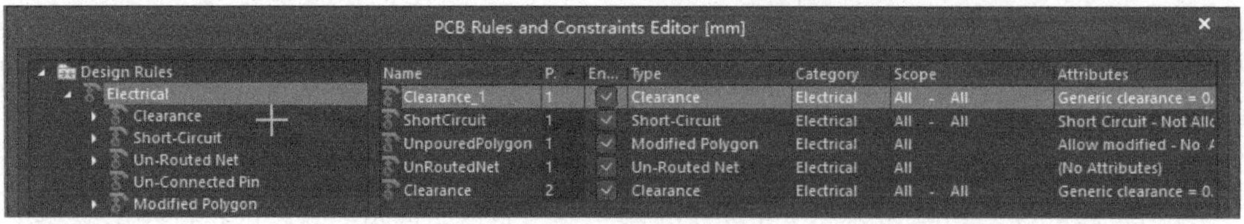

图 5-58　电气设计规则

1. 安全距离设置

安全距离（Clearance）是指 PCB 中的导线、过孔、焊盘和矩形填充区域之间保证电路板正常工作的最小距离，从而避免因为距离太近而产生干扰。

单击图 5-58 中的"Clearance"选项，安全距离的各项以树形结构展开。单击系统默认的安全距离规则"Clearance"，对话框的右边区域将显示这个规则使用的范围和规则的约束特性，相应设置界面如图 5-59 所示。默认的安全距离为 10 mil。

下面以新建一个安全规则，设置 VDD 和 GND 网络之间的安全距离为例，简单介绍安全距离的设置方法。

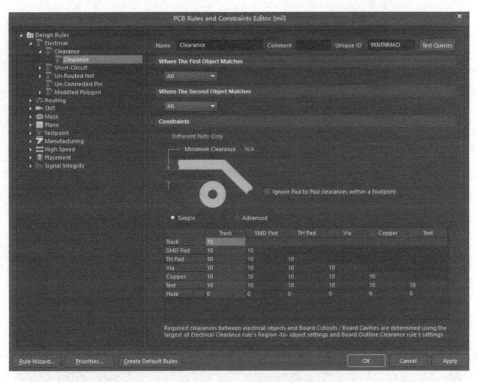

图 5-59　安全距离设置界面

（1）在"Clearance"规则上单击鼠标右键，从弹出的快捷菜单中选择"New Rule…"命令，新建设计规则，如图 5-60 所示。新建一个名为"Clearance_1"的设计规则，展开树形目录，选择"Clearance_1"，即可在右侧窗格中出现相应的设置选项，如图 5-61 所示。

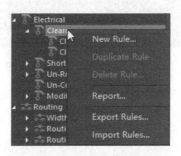

图 5-60　新建设计规则

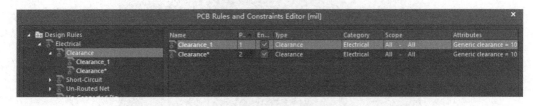

图 5-61　新建一条设计规则"Clearance_1"

（2）在"Where The First Object Matches"选项区域中选择"Net"，再从其右侧的下拉菜单中选择"VDD"作为网络选项，如图 5-62 所示。

图 5-62 选择"VDD"作为网络选项

(3) 在"Where The Second Object Matches"选项区域中选择"GND"作为网络选项，表示和 VDD 网络对应的设置网络为 GND 的网络。将鼠标指针移动到"Constraints"选项区域，设置新的安全距离规则，将"Minimum Clearance"修改为"30 mil"，如图 5-63 所示。

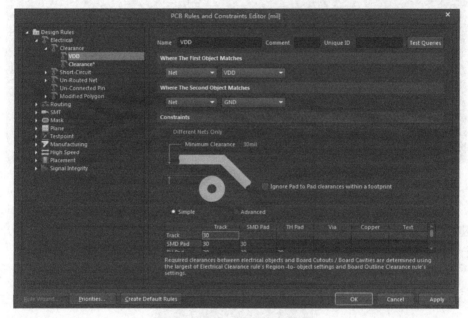

图 5-63 设置新的安全距离规则

(4) 此时，在 PCB 设计中有两条电气安全距离的规则，因此，必须设置它们之间的优先级。单击图 5-63 左下角的"Priorities…"按钮，打开"Edit Rule Priorities"对话框，如图 5-64 所示。

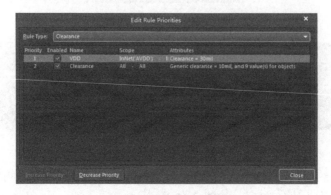

图 5-64 "Edit Rule Priorities"对话框

（5）单击"Increase Priority"和"Decrease Priority"这两个按钮，可改变布线中规则的优先次序。设置完毕后，单击"Close"按钮关闭对话框，新的规则优先级将自动保存。

2．短路设置

短路（Short-Circuit）主要用于设置电路板上的导线是否允许短路，设置界面如图 5-65 所示。如果选择"Constraints"选项区域中的"Allow Short Circuit"，则允许短路，系统默认设置为不允许短路。其他选项设置和安全距离的选项设置相似。

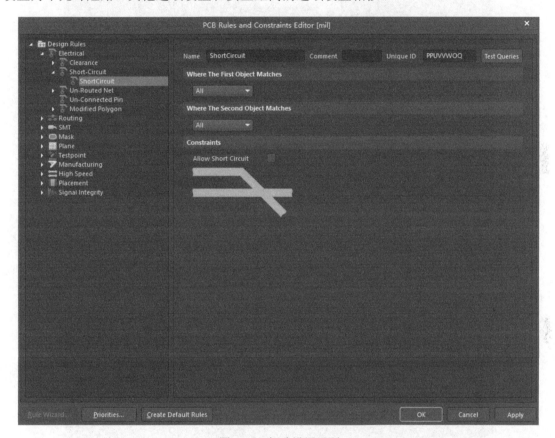

图 5-65　短路设置界面

3．无走线网络设置

无走线网络（Un-Routed Net）主要用于设置是否将电路板中没有布线的网络以飞线连接，表达的是同一网络之间的连接关系，设置界面如图 5-66 所示。在无走线网络设置界面中可以指定网络，检查网络布线是否成功，如果不成功，将保持用飞线进行连接。其他选项设置和安全距离的选项设置相似。

4．无连接引脚设置

无连接引脚（Un-Connected Pin）主要用于检查元器件引脚网络是否连接成功，默认为空规则，如需要设置相关规则，可单击右键进行添加，其中相应的选项设置也与安全距离的选项设置相似。

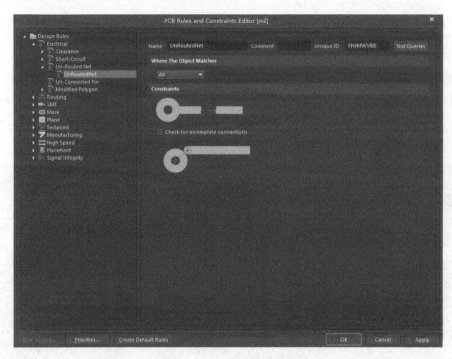

图 5-66　无走线网络设置界面

5．修改多边形敷铜设置

修改多边形敷铜（Modified Pdygon）主要用于调整分割范围和边框外形，设置界面如图 5-67 所示。

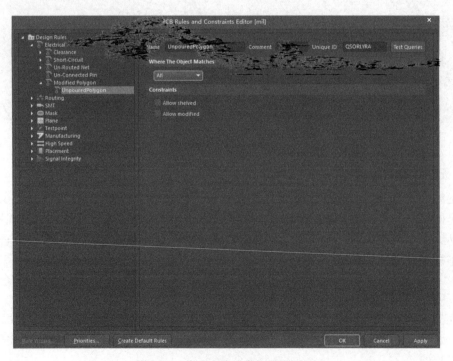

图 5-67　修改多边形敷铜设置界面

5.5.2 布线设计规则

布线（Routing）设计规则是指与布线相关的设计规则，主要包括线宽（Width）、布线拓扑（Routing Topology）、布线优先级（Routing Priority）、布线板层（Routing Layers）、布线转折角度（Routing Corners）、布线过孔类型（Routing Via Style）、扇出型控制（Fanout Control）和差分对布线（Differential Pairs Routing）等内容。布线规则主要用在自动布线过程中，是布线器进行布线的依据，布线规则设置是否合理将直接影响自动布线的结果。

1. 线宽（Width）

线宽（Width）用于设置布线所用的导线宽度，双击"Width"选项，弹出导线宽度设置对话框，如图 5-68 所示。"Constraints"选项区域提供了导线宽度的约束条件，系统对导线宽度的默认值为"10 mil"。

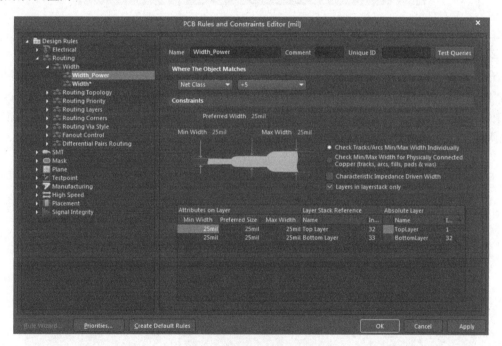

图 5-68 导线宽度设置对话框

"Constraints"选项区域的部分参数含义如下。
- Min Width：最小宽度。
- Preferred Width：首选宽度。
- Max Width：最大宽度。
- Characteristic Impedance Driven Width：阻抗驱动线宽。选中该项后，将显示铜膜导线的特征阻抗值，可以对最大、最小和最优阻抗值进行设置。
- Layers in layerstack only：只有板层堆栈中的层。选择该项后，将使布线线宽规则只对板层堆栈中开启的层有效；如果不选择该项，则对所有信号层都有效。

由于自动布线引擎的功能很强大，根据不同网络的不同需求，可以分别设定导线的宽度，例如将电源线（VCC）的宽度定义得粗一点，使之能承受较大电流，而将其他一些导线定义得细一点,这样可以使 PCB 面积做到更小,如图 5-69 所示。

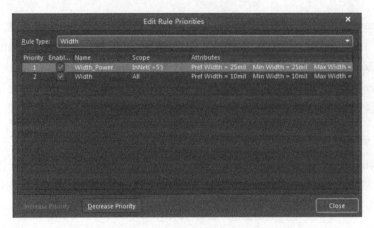

图 5-69 分别设定导线的宽度

2. 布线拓扑(Routing Topology)

布线拓扑(Routing Topology)主要用于定义引脚到引脚(Pin To Pin)之间的布线规则。双击"Routing Topology"选项,弹出布线拓扑规则设置对话框,如图 5-70 所示。Altium Designer 18 中常用的布线拓扑规则为统计最短逻辑规则,用户可以根据具体设计选择不同的布线拓扑规则。

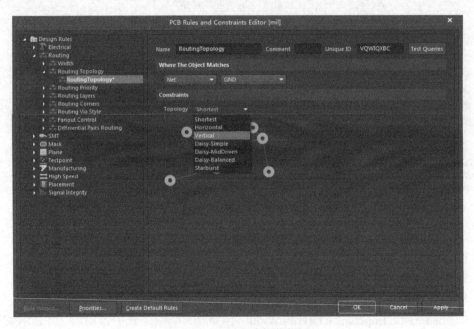

图 5-70 设置布线拓扑规则

在"Constraints"选项区域中提供了如下 7 种飞线拓扑结构选项。

- 最短(Shortest)拓扑结构,该拓扑结构在 PCB 中生成一组连通所有节点的飞线,并使飞线总长度最短。
- 水平(Horizontal)拓扑结构,该拓扑结构在 PCB 中生成一组连通所有节点的飞线,并使飞线在水平方向总长度最短。
- 垂直（Vertical）拓扑结构，该拓扑结构在 PCB 中生成一组连通所有节点的飞线，并使飞线在垂直方向总长度最短。
- 简单雏菊（Daisy-Simple）拓扑结构，该拓扑结构用最短的飞线连接指定网络从指定起点到指定终点之间所有的点。但在没有选择起点和终点位置时，其飞线连接与最短拓扑结构生成的飞线连接一样。
- 雏菊中点（Daisy-MidDriven）拓扑结构，该拓扑结构以设定的一个点为中点向两边端点连通所有节点，并且在中点两端的节点数目相同，而飞线连接长度最短。
- 雏菊平衡（Daisy-Balanced）拓扑结构，该拓扑结构需要先设置一个起点和终点，并将中间节点平均分成不同的组，组的数目和终点数目相同，一个中间节点和一个终点相连接，所有的组都连接到同一个起点上，且所有飞线长度之和最小。
- 星形（Starburst）拓扑结构，该拓扑结构的所有节点都直接与设定的起点相连接。如果指定了终点，终点将不直接与起点连接，且所有飞线长度之和最小。

3．布线优先级（Routing Priority）

布线优先级（Routing Priority）用于设置布线时网络的优先级，优先级高的网络在自动布线时优先布线。在设置布线优先级时，首先在规则应用范围内选择需要设置优先级的网络，然后在优先级设置区域内设置该网络的布线优先级，设置范围为 0～100，0 的优先级最低，设置布线优先规则界面如图 5-71 所示。

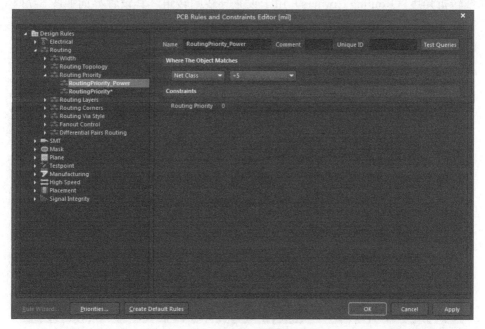

图 5-71　设置布线优先规则

4．布线板层（Routing Layers）

布线板层（Routing Layers）用于设置板层的布线状况，其设置界面如图 5-72 所示。在"Constraints"选项区域中列出了各个布线板层的名称，可以选择是否允许对某个板层布线。

图 5-72　设置布线板层

5．布线转折角度（Routing Corners）

布线转折角度（Routing Corners）用于设置导线的转角，其设置界面如图 5-73 所示。

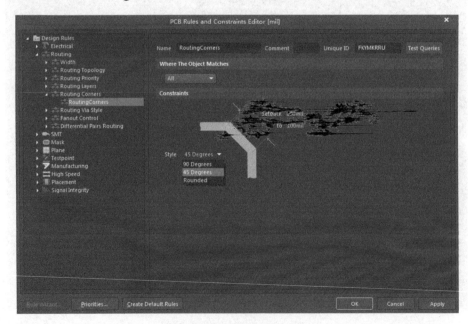

图 5-73　设置布线转折角度

在"Constraints"选项区域中需要设置以下 3 个参数。

- Style：用于选择导线转角的形式，可以选择 90 Degrees（90°转角）、45 Degrees（45°转角）或 Rounded（圆弧转角）。

- Setback：用于设置导线的最大转角半径。
- to：用于设置导线的最小转角半径。

6．布线过孔类型（Routing Via Style）

布线过孔类型（Routing Via Style）用于设置布线中过孔的各种属性，其设置界面如图 5-74 所示。

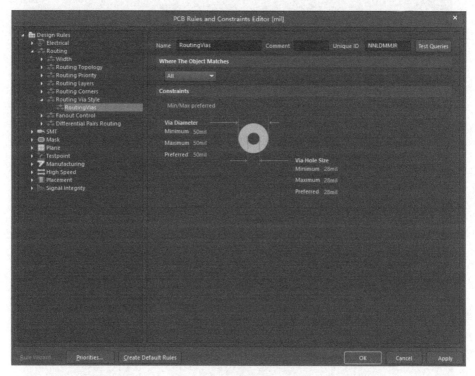

图 5-74　设置布线过孔类型

可以设置的参数有过孔的外径（过孔直径）和过孔中的内径（过孔尺寸），包括最大值、最小值和首选值。在设置时需注意过孔外径和过孔内径的差值不宜过小，否则将不利于制版加工，合适的差值在 10 mil 以上。

7．扇出型控制（Fanout Control）

扇出型控制（Fanout Control）用于设置 SMD 扇出型的布线控制，其设置界面如图 5-75 所示。其中各项参数含义如下。

- Fanout_BGA：设置 BGA 封装的元器件的导线扇出方式。
- Fanout_LCC：设置 LCC 封装的元器件的导线扇出方式。
- Fanout_SOIC：设置 SOIC 封装的元器件的导线扇出方式。
- Fanout_Small：设置小外形封装的元器件的导线扇出方式。
- Fanout_Default：设置默认的导线扇出方式。

在实际设置中，"Constraints"选项区域中的参数一般都可以直接使用系统的默认设置。

8. 差分对布线（Differential Pairs Routing）

差分对布线（Differential Pairs Routing）用于设置一组差分对约束的各种规则，如图 5-76 所示。

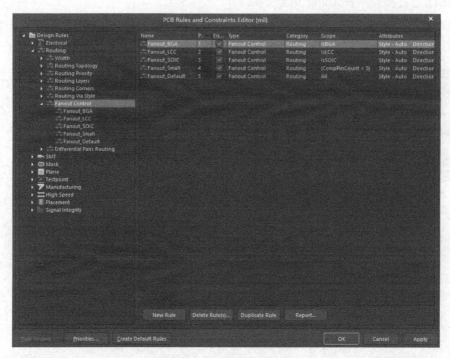

图 5-75　设置扇出型控制

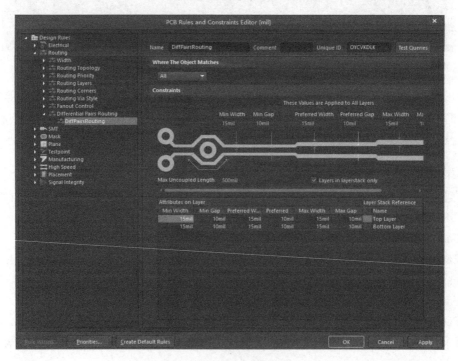

图 5-76　设置差分对布线

在"Constraints"选项区域中需要设置以下 4 个参数。
- Min Gap：层属性的差分对布线最小间隙。
- Max Gap：层属性的差分对布线最大间隙。
- Preferred Gap：层属性的差分对布线首选间隙。
- Max Uncoupled Length：最大单条布线长度。

5.5.3 表贴（SMT）元器件设计规则

表贴元器件设计规则用于设置表贴式焊盘（SMD）与布线之间的规则，主要包括 SMD 与导线转角（SMD To Corner）、SMD 与内层（SMD To Plane）、SMD 引线（SMD Neck-Down）和 SMD 入口（SMD Entry）等内容。

1. SMD 与导线转角（SMD To Corner）

SMD 与导线转角（SMD To Corner）用于设置 SMD 元器件焊盘与导线转角之间的最小距离。其中，最重要的参数是"Constraints"选项区域中的距离选项，如图 5-77 所示。在"Constraints"的数值框中输入的数值即为 SMD 到导线转角间的最小距离。

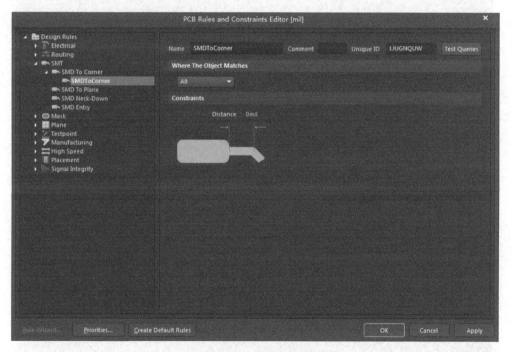

图 5-77 设置 SMD 与导线转角

2. SMD 与内层（SMD To Plane）

SMD 与内层（SMD To Plane）用于设置 SMD 与内层的焊盘或者过孔之间的距离，其设置界面如图 5-78 所示，设置方法和 SMD 与导线转角的设置方法相同，默认距离为 0 mil。

3. SMD 引线（SMD Neck-Down）

SMD 引线（SMD Neck-Down）用于设置 SMD 引出导线的宽度和 SMD 元器件焊盘宽度之间的比值，其设置界面如图 5-79 所示。

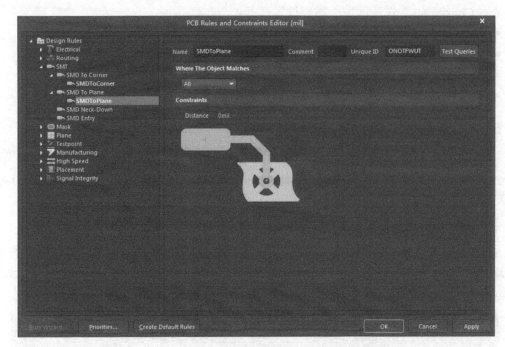

图 5-78 设置 SMD 与内层

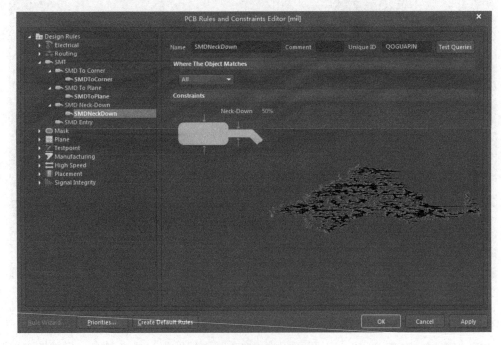

图 5-79 设置 SMD 引线

4. SMD 入口（SMD Entry）

SMD 入口（SMD Entry）用于设置 SMD 接入导线的位置和角度，其设置界面如图 5-80 所示。

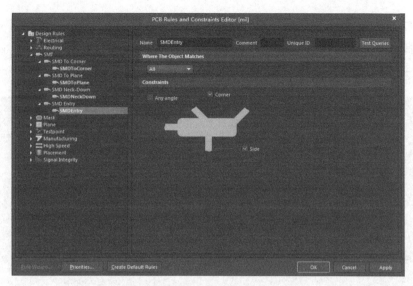

图 5-80　设置 SMD 入口

5.5.4　掩膜（Mask）设计规则

掩膜设计规则用于设置焊盘到阻焊层的距离，其中包括阻焊层延伸量（Solder Mask Expansion）和 SMD 延伸量（Paste Mask Expansion）两项内容。延伸量是指焊盘预留孔半径和焊盘半径之间的差值。

1. 阻焊层延伸量（Solder Mask Expansion）

阻焊层延伸量（Solder Mask Expansion）用于设置阻焊层焊盘的延伸量，其设置界面如图 5-81 所示。在设置阻焊层延伸量时，需要在展开的文本框中输入合适的延伸量。

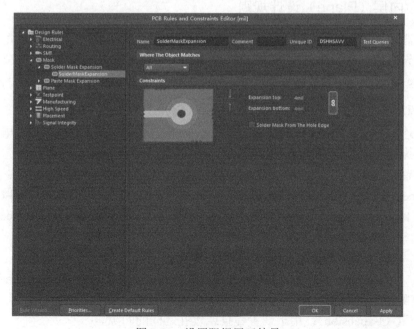

图 5-81　设置阻焊层延伸量

2. SMD 延伸量（Paste Mask Expansion）

SMD 延伸量（Paste Mask Expansion）用于设置 SMD 焊盘的延伸量（也就是 SMD 焊盘和焊锡膏层之间的距离），其设置界面如图 5-82 所示，只需设置"Expansion"的数值即可。

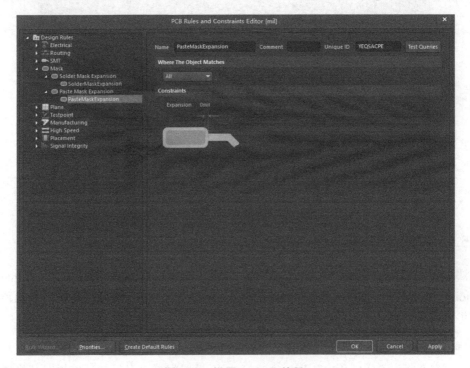

图 5-82　设置 SMD 延伸量

5.5.5　内层（Plane）设计规则

内层设计规则用于设置电源层和信号层之间的布线方法。内层设计规则多用于多层板设计中，主要设置内容包括电源层连接方式（Power Plane Connect Style）、电源层安全距离（Power Plane Clearance）和敷铜连接方式（Polygon Connect Style）等。

1. 电源层连接方式（Power Plane Connect Style）

电源层连接方式（Power Plane Connect Style）用于设置过孔（或焊盘）与电源层之间的连接方式，执行菜单命令 Design→Rules，打开其设置界面，如图 5-83 所示。

主要设置参数如下。

- Connect Style：用于设置过孔（或焊盘）与电源层之间的连接方式，可以从放射状连接（Relief Connect）、直接连接（Direct Connect）和不连接（No Connect）3 种方式中选择；工程制版中多采用放射状连接方式。
- 导线宽度（Conductor Width）：设置连接铜膜的宽度。
- 导线（Conductors）：用于选择连通的导线的数目，可以选择 2 条或 4 条导线。
- 空气隙（Air-Gap）：用于设置连接点间隙大小。
- 延伸量（Expansion）：用于设置焊盘或过孔之间的间隙。

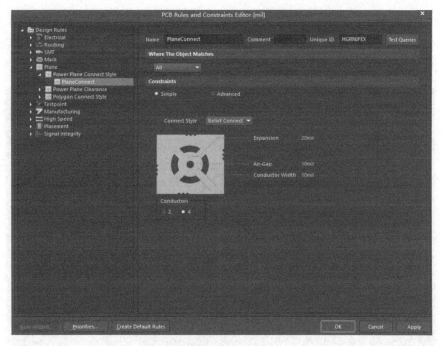

图 5-83 设置电源层连接方式

2. 电源层安全距离（Power Plane Clearance）

电源层安全距离（Power Plane Clearance）用于设置电源层和焊盘（或过孔）间的安全距离，其设置界面如图 5-84 所示，只需在文本框中输入距离参数即可。

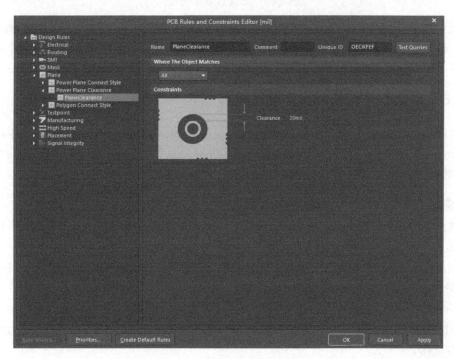

图 5-84 设置电源层安全距离

3. 敷铜连接方式（Polygon Connect Style）

敷铜连接方式（Polygon Connect Style）用于设置敷铜与焊盘之间的连接方式，其设置界面如图 5-85 所示。

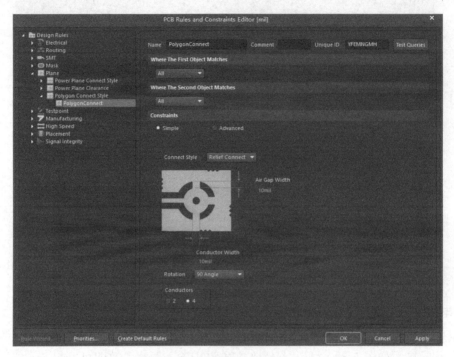

图 5-85　设置敷铜连接方式

该设置对话框中连接样式、导线、导线宽度的设置与"Power Plane Connect Style"选项中的设置意义相同，在此不再赘述。最后可以设定敷铜与焊盘之间的连接角度，有"90Angle"（90°）和"45Angle"（45°）两种可供选择。

5.5.6　测试点（Testpoint）设计规则

测试点设计规则用于设置与测试点属性有关的规则，主要内容有测试点类型（Fabrication Testpoint Style）、测试点用法（Fabrication Testpoint Usage）、装配测试点（Assembly Testpoint Style）和装配测试点用法（Assembly Testpoint Usage）。

1. 测试点类型（Fabrication Testpoint Style）

测试点类型（Fabrication Testpoint Style）用于设置测试点的大小和形状，其设置界面如图 5-86 所示。

- Sizes：用于设置测试点的大小。其中，"Size"用于设置测试点的外径大小，"Hole Size"用于设置测试点的内径大小。
- Grid：用于设置测试点的网格大小，系统默认为 1mil。
- Allowed Side：用于设置所允许的测试点的放置层和放置次序，系统默认为所有规则都选中。
- Allowed testpoint under component：用于设置是否允许在元器件下面设置测试点。

2. 测试点用法（Fabrication Testpoint Usage）

测试点用法（Fabrication Testpoint Usage）用于设置测试点的用法，其设置界面如图 5-87 所示。部分参数的含义如下。

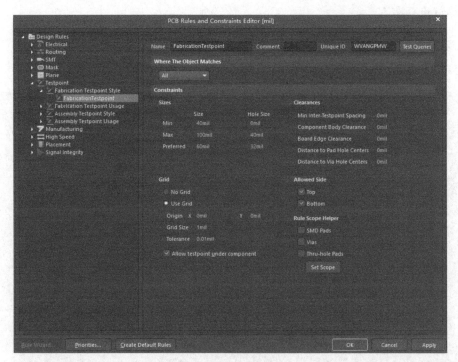

图 5-86　设置测试点类型

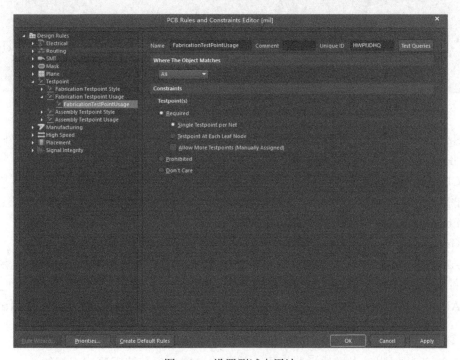

图 5-87　设置测试点用法

- Single Testpoint per Net：为某个网络设置单一测试点。
- Testpoint At Each Leaf Node：在每个叶节点设置测试点。
- Allow More Testpoints（Manually Assigned）：用于设置是否允许在同一网络上有多个测试点存在。

3. 装配测试点（Assembly Testpoint Style）

图 5-88 为装配测试点设置界面，部分参数含义如下。

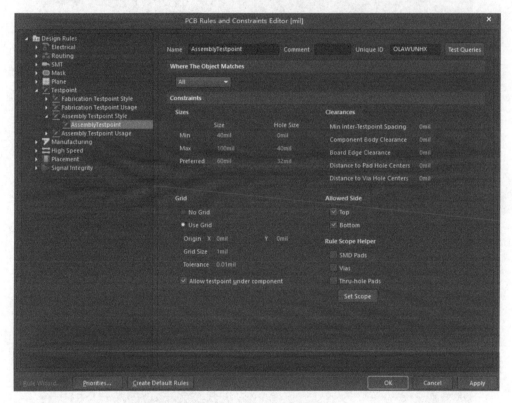

图 5-88　装配测试点设置界面

- Sizes，用于设置装配测试点的大小。其中，"Size"用于设置装配测试点的外径大小；"Hole Size"用于设置装配测试点的内径大小。
- Clearances，设置安全距离。其中，"Min Inter-Testpoint Spacing"用于设置内测试点的最小安全距离；"Component Body Clearance"用于设置元器件体安全距离；"Board Edge Clearance"用于设置板边安全距离。
- Grid：用于设置测试点的网格大小，系统默认为 1mil。
- Allowed Side：用于设置所允许的测试点的放置层和放置次序，系统默认为所有规则都选中。
- Allowed testpoint under component：用于设置是否允许在元器件下面设置测试点。

4. 装配测试点用法（Assembly Testpoint Usage）

图 5-89 为装配测试点用法设置界面，其参数设置选项与装配测试点相似。

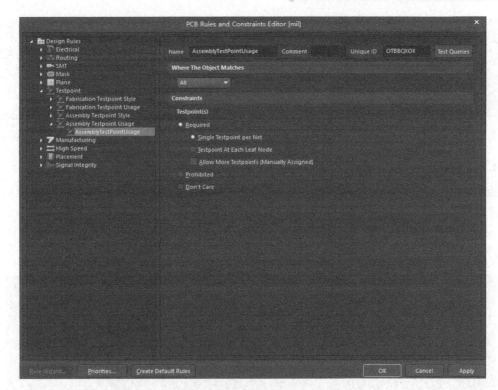

图 5-89 装配测试点用法设置界面

5.5.7 制造（Manufacturing）设计规则

制造设计规则用于设置与电路板制造有关的规则，主要设置内容包含最小环带（Minimum Annular Ring）、敏感角度（Acute Angle）、过孔大小（Hole Size）、板层对（Layer Pairs）、孔与孔的安全距离、最小焊条、丝印覆盖焊盘间隙、丝印间距、网络天线和 PCB 边界间距。

1．最小环带（Minimum Annular Ring）

最小环带（Minimum Annular Ring）用于设置最小环带的电气属性，其设置界面 5-90 所示。可以在"Minimum Annular Ring（x-y）"文本框中输入最小环带值。

2．敏感角度（Acute Angle）

敏感角度（Acute Angle）用于设置导线和导线之间允许的最小夹角，其设置界面如图 5-91 所示。其中，"Minimum Angle"的设置值一般不应小于 90°。

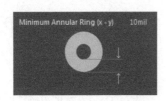

图 5-90 设置最小环带

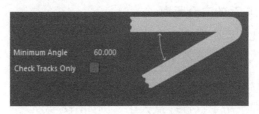

图 5-91 设置敏感角度

3. 过孔大小（Hole Size）

过孔大小（Hole Size）用于设置过孔内径的最大值和最小值，其设置界面如图 5-92 所示。

"Measurement Method"下拉列表用于设置过孔大小的方式，"Absolute"表示以绝对尺寸来进行设计，"Percent"表示以相对的比例来进行设计。

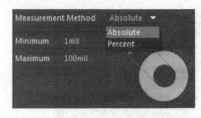

图 5-92　设置过孔大小

4. 板层对（Layer Pairs）

板层对（Layer Pairs）主要用于设置在板层管理器中是否允许设置板层对和钻孔层对，在设计多层板时，如果使用了盲孔，就要在这里对板层对进行设置。对话框中的"Enforce layer pairs settings"用于选择是否允许使用板层对（Layers Pairs）进行设置，其设置界面如图 5-93 所示。

图 5-93　设置板层对

5. 孔与孔的安全距离

孔与孔的安全距离，主要用于设置焊盘与焊盘、过孔与焊盘之间的安全距离，如图 5-94 所示，系统默认数值为 10 mil。

6. 最小焊条

最小焊条用于设置焊盘大小，例如贴片式元器件的焊盘大小，以保证元器件焊接，其设置界面如图 5-95 所示。

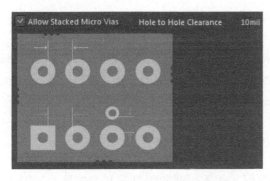
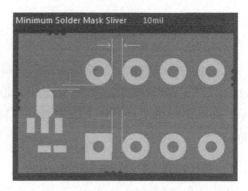

图 5-94　设置孔与孔的安全距离　　　　　图 5-95　设置最小焊条

7．丝印覆盖焊盘间隙

丝印覆盖焊盘间隙用于设置覆盖焊盘的丝印允许的间隙，其设置界面如图 5-96 所示。

8．丝印间距

丝印间距用于设置丝印层的文字或图形的间距，其设置界面如图 5-97 所示。

9．网络天线

网络天线的设置界面如图 5-98 所示。

10．PCB 边界间隙

PCB 边界间隙用于设置走线与 PCB 边界的间隙，其设置界面如图 5-99 所示。

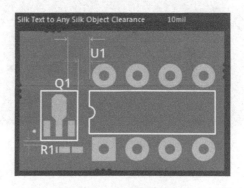

图 5-96　设置丝印覆盖焊盘间隙　　　　　图 5-97　设置丝印间距

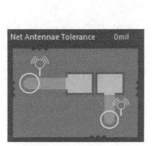

图 5-98　设置网络天线　　　　　图 5-99　设置 PCB 边界间隙

5.5.8 高频电路设计规则

高频电路设计规则用于设置与高频电路相关的规则，主要设置内容有并行线段（Parallel Segment）、长度（Length）、匹配网络长度（Matched Net Lengths）、菊花状布线分支长度（Daisy Chain Stub Length）、SMD 下面的过孔（Vias Under SMD）和最大过孔数（MaximumVia Count）等。

1．并行线段（Parallel Segment）

并行线段（Parallel Segment）用于设置并行导线的长度和距离，其设置界面如图 5-100 所示。

并行线段主要的设置参数如下。
- Layer Checking：用于选择最适合的板层，可以在同一板层（Same Layer）和相近的板层（Adjacent Layer）中选择。
- For a parallel gap of：用于设置并行导线的距离。
- The parallel limit is：用于设置并行导线的长度。

2．长度（Length）

长度（Length）用于设置导线的长度，其设置界面如图 5-101 所示。

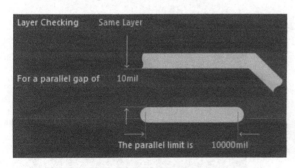

图 5-100　设置并行线段

图 5-101　设置长度

3．匹配网络长度（Matched Net Lengths）

匹配网络长度（Matched Net Lengths）用于设置匹配网络的导线长度，该规则以规定的最长导线为基准，让其他网络在允许的误差范围内与之匹配。

若希望 PCB 编辑器通过增加折线匹配网络长度，可以设置"Matched Net Lengths"规则，并执行菜单命令 Tools→Equalize Net Lengths，弹出"Equalize Nets"对话框，如图 5-102 所示。匹配网络长度规则将被应用到指定的网络，而且折线将被添加到那些超过公差的网络中。

匹配网络长度主要的设置参数如下。
- Style：用于选择布线方式。
- Amplitude：用于设置导线的振幅。
- Gap：用于设置导线的间距。

4. 菊花状布线分支长度（Daisy Chain Stub Length）

菊花状布线分支长度（Daisy Chain Stub Length）用于设置菊花状布线分支的最大长度，其设置界面如图 5-103 所示。

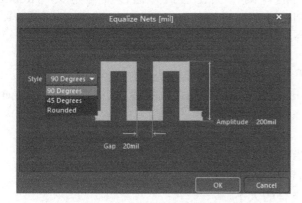

图 5-102 "Equalize Nets" 对话框

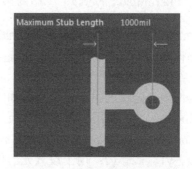

图 5-103 设置菊花状布线分支长度

在一般情况下，只需在"Maximum Stub Length"文本框中输入合适的数值即可。

5. SMD 下面的过孔（Vias Under SMD）

SMD 下面的过孔（Vias Under SMD）用于设置是否允许在 SMD 焊盘下放置过孔，其设置界面如图 5-104 所示。

图 5-104 设置 SMD 下面的过孔

6. 最大过孔数（Maximum Via Count）

最大过孔数（Maximum Via Count）用于设置 PCB 中最多允许的过孔数，其设置界面如图 5-105 所示。

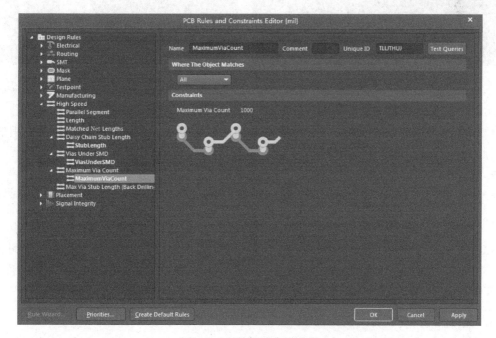

图 5-105 设置最大过孔数

5.5.9 布局（Placement）设计规则

布局设计规则用于设置元器件布局的规则，主要包括元器件集合定义（Room Definition）、元器件安全距离（Component Clearance）、元器件方向（Component Orientations）、允许板层（Permitted Layers）、忽略网络（Nets to Ignore）和高度（Height）等内容。

1．元器件集合定义（Room Definition）

元器件集合定义（Room Definition）用于定义元器件集合板层和大小，其设置界面如图 5-106 所示。

元器件集合定义的主要设置参数如下。
- Room Locked：用于设置是否锁定当前元器件集合。
- Components Locked：用于设置是否锁定当前元器件。
- x1、y1、x2、y2：用于设置元器件集合的大小。
- 元器件放置位置：用于设置元器件放置的位置，其选项有放置对象在外部（Keep Objects Outside）和放置对象在内部（Keep Objects Inside）。

2．元器件安全距离（Component Clearance）

元器件安全距离（Component Clearance）用于设置元器件之间的最小距离，其设置界面如图 5-107 所示。

图 5-106　设置元器件集合定义　　　　图 5-107　设置元器件安全距离

元器件安全距离的主要设置参数如下。
- Vertical Clearance Mode：设置垂直方向的校验模式。"Infinite"表示无特指情况，"Specified"表示有特指情况。
- Minimum Horizontal Clearance：水平间距最小值。
- Minimum Vertical Clearance：垂直间距最小值。

3．元器件方向（Component Orientations）

元器件方向（Component Orientations）用于设置元器件的放置方向，其设置界面如图 5-108 所示。

元器件方向可供选择的选项主要有：0°、90°、180°、270°和全部方向。

4．允许板层（Permitted Layers）

允许板层（Permitted Layers）用于设置自动布局时元器件的放置板层，其设置界面如

图 5-109 所示，有顶层和底层两项可供选择。

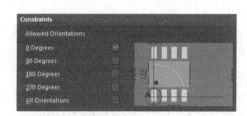

图 5-108 设置元器件方向

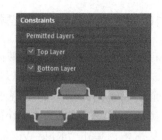

图 5-109 设置允许板层

5．忽略网络（Nets to Ignore）

忽略网络（Nets to Ignore）用于设置自动布线时需要忽略的网络。忽略部分网络（如电源和接地网络）后，自动布线的效率将会明显改善。忽略网络的设置界面如图 5-110 所示，可以从中选择要忽略的网络。

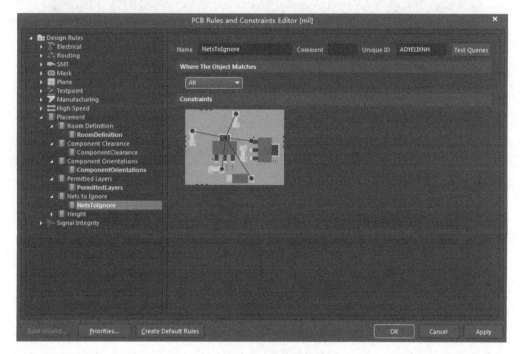

图 5-110 设置忽略网络

6．高度（Height）

高度（Height）用于设置 PCB 上所放置的元器件的高度，其设置界面如图 5-111 所示，可以在其中设置元器件的最大高度和最小高度。

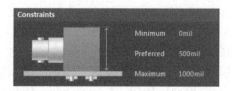

图 5-111 设置高度

5.5.10 PCB 设计规则向导

PCB 的设计规则可以应用规则向导来建立。规则向导为设计者提供了另一种设置设计规则的方式。一个新的设计规则，总是针对某一个特定的网络或者对象而设置的，下面通过设置一个安全距离规则为例，介绍规则向导的使用方法。

（1）执行菜单命令 Design→Rule Wizard…，或者在"PCB Rules and Constraints Editor"对话框的左下角，单击"Rule Wizard…"按钮，打开规则向导，如图 5-112 所示。

（2）规则向导打开后，单击"Next"按钮进入下一步，出现选择规则类型（Choose the Rule Type）界面，如图 5-113 所示。这里可以选择需要新建的规则类型，例如安全距离规则（Clearance Constraint），并且为其命名（Name）和添加注释（Comment）。

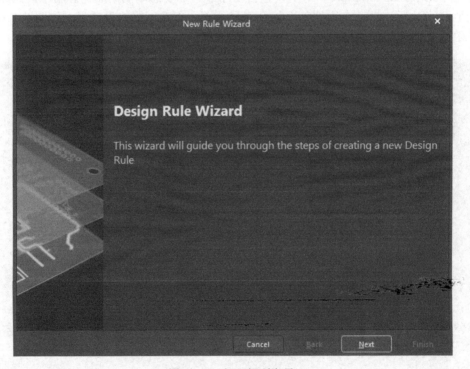

图 5-112　打开规则向导

（3）规则类型选定后，单击"Next"按钮进入下一步，出现选择规则适用范围（Choose the Rule Scope）界面，如图 5-114 所示。这里可以指定该规则起作用的范围，例如全部板层（Whole Board）或者其中的一个网络（例如 1 Net）。

（4）规则作用范围选定后，单击"Next"按钮进入下一步，出现选择规则优先级别（Choose the Rule Priority）界面，如图 5-115 所示，用于指定该规则内所有子规则的优先级，可以通过单击"Increase Priority"按钮或"Decrease Priority"按钮来进行设置。

（5）规则优先级别选定后，单击"Next"按钮进入下一步，出现新规则设置完成（The New Rule is Complete）界面，如图 5-116 所示，在这里可以察看新加入的规则。

（6）最后如果没有问题，单击"Finish"按钮完成规则的添加并关闭规则向导对话框。在"The New Rule is Complete"界面，如果"Launch main design rules dialog"选项被选中，那么在关闭规则向导对话框后,"PCB Rules and Constraints Editor"对话框将被打开,新加入的规则也会出现在其中,如图5-117所示,以便进一步设置设计规则。

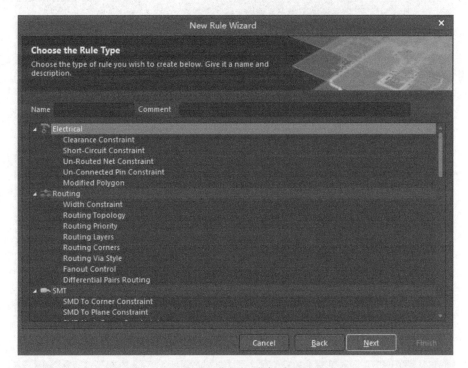

图5-113 选择规则类型界面

图5-114 选择规则适用范围界面

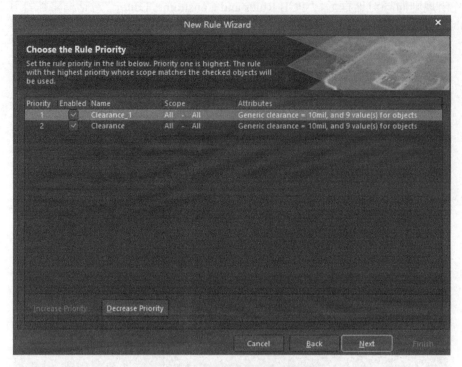

图 5-115　选择规则优先级别界面

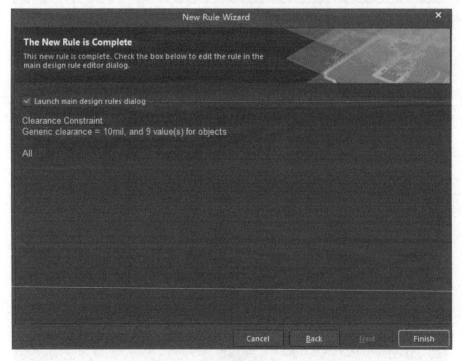

图 5-116　新规则设置完成界面

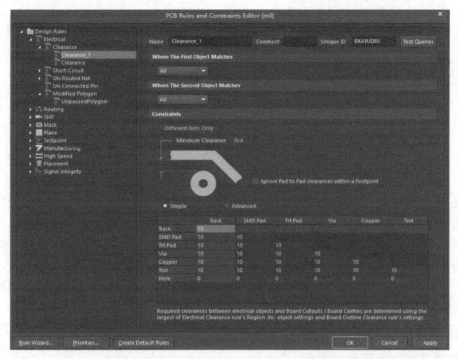

图 5-117　新建的安全距离规则出现在"PCB Rules and Constraints Editor"对话框中

第 6 章 PCB 的绘制

PCB 是装配电子元器件时使用的基板，主要用于为各种电子元器件固定和装配提供机械支撑，实现电路中各种电子元器件之间的布线和电气连接或电绝缘，提供电路要求的电气特性（如特性阻抗等）。此外，还为自动焊接提供阻焊图形，为元器件插装、检查、维修提供识别字符和图形。本章将依据 PCB 的设计流程，通过实例详细介绍网络表的载入、元器件的布局、布线规则的设置、自动布线和手动布线等操作，使读者完全掌握 PCB 绘制中的常用操作和技巧。

【本章要点】
- 原理图与 PCB 图同步更新。
- 手动调整元器件的布局。
- PCB 的自动布线。
- PCB 的手动布线。

6.1 PCB 加载网络表

网络表是原理图与 PCB 图之间连接的桥梁，原理图的信息可以通过网络表的形式同步到 PCB 图中。在进行网络表的导入之前，需要装载元器件的封装库并对同步比较器的比较规则进行设置。

6.1.1 设置同步比较规则

同步设计是 Altium Designer 18 软件绘图的最基本方法，也就是原理图绘图与 PCB 绘图实时地保持同步。即，无论原理图与 PCB 绘制的前后，始终保持原理图元器件的电气连接意义和 PCB 上的电气连接意义完全相同，这就是同步。实现这个目的的方法是通过同步比较器来实现，这个过程称为同步设计。

要完成原理图与 PCB 图的同步更新，同步比较规则的设置至关重要。设置同步比较器的步骤如下。

（1）在任一 PCB 项目下，执行菜单命令 Project→Project Options，弹出项目文件名称（Options for PCB Project）对话框，单击"Comparator"标签，在该标签页中可以对同步比较规则进行设置，如图 6-1 所示。

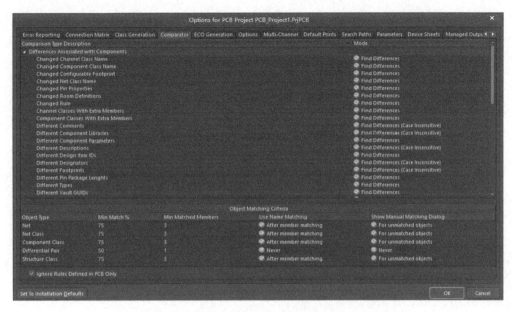

图 6-1　项目文件名称（Options for PCB Project）对话框

（2）单击"Set To Installation Defaults"按钮将恢复该对话框中的默认设置。

（3）单击"OK"按钮即可完成同步比较规则的设置。

同步比较器的主要作用是完成原理图与 PCB 图之间的同步更新，但这只是对同步比较器狭义上的理解。广义上的同步比较器可以完成任意两个文件之间的同步更新，可以是两个 PCB 文件之间，网络表文件和 PCB 文件之间，也可以是两个网络表文件之间的同步更新。用户可以在"Differences"面板中查看两个文件之间的不同之处。

6.1.2　网络表的导入

完成同步比较规则的设置后即可进行网络表的导入工作。这里将原理图的网络表导入到当前的 PCB 文件中，原理图文件名为"MCUexample.SchDoc"，如图 6-2 所示。

1．网络表的生成

网络表（Netlist）分为外部网络表（External Netlist）和内部网络表（Internal Netlist）两种。由原理图生成的，供 PCB 使用的网络表称为外部网络表，在 PCB 内部根据所加载的外部网络表所生成的网络表称为内部网络表，用于 PCB 元器件之间飞线的连接。一般用户所使用的是外部网络表，因此不用将两种网络表严格区分。

为单个原理图文件创建网络表的步骤如下。

（1）打开要创建网络表的原理图文件。

（2）执行菜单命令 Design→Netlist for project→Protel。

所生成的网络表与原理图文件同名，后缀名为 NET，本例中生成的网络表名称即为"MCUexample.NET"。网络表位于文件工作面板中该项目的"Generated"文件夹下，文件保存在"Netlist Files"文件夹下，如图 6-3 所示。双击"MCUexample.NET"选项，将显示网络表的详细内容。

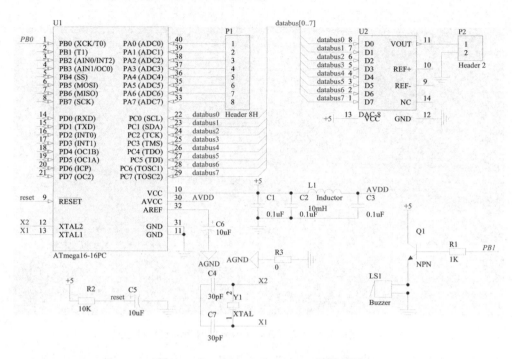

图 6-2 "MCUexample.SchDoc" 原理图

2. 网络表格式

网络表由两部分组成，一部分是元器件的定义，另一部分是网络的定义。

（1）元器件的定义。

网络表的第一部分是对所使用的元器件进行定义，一个典型的元器件定义如下。

```
[     ；元器件定义开始
C1    ；元器件序号
RAD-0.1；元器件封装
0.1uF ；元器件参数
]     ；元器件定义结束
```

图 6-3 网络表的生成

每一个元器件的定义都以符号"["开始，以符号"]"结束。第一行是元器件序号，即"Designator"信息；第二行为元器件封装，即"Footprint"信息；第三行为元器件参数。

（2）网络的定义。

网络表的第二部分为电路图中所使用的网络定义。每一个网络定义就对应电路中有电气连接关系的一个点。一个典型的网络定义如下。

```
(       ；网络定义开始
NetQ1_2 ；网络名称
Q1-2    ；连接到此网络的元器件的序号和引脚号
R1-2    ；连接到此网络的元器件的序号和引脚号
)       ；网络定义结束
```

每一个网络定义的部分从符号"("开始，以符号")"结束。"("符号下第一行为网络的名称。接下来几行都是连接到该网络点的所有元器件的序号和引脚号。如 Q1-2 表示三极管 Q1 的第 2 脚连接到网络 NetQ1_2；R1-2 表示还有电阻 R1 的第 2 脚也连接到该网络上。

3．更新 PCB

生成网络表后，即可将网络表里的信息导入 PCB，为 PCB 的元器件布局和布线做准备。Altium Designer 18 提供了从原理图到 PCB 自动转换设计的功能，它集成在 ECO 项目设计更改管理器中。新建 PCB 文件"MCUexample.PcbDoc"，启动项目设计更改管理器的方法有如下两种。

- 在原理图编辑环境下，打开"MCUexample.SchDoc"文件。执行菜单命令 Design→Update PCB Document MCUexample.PcbDoc，如图 6-4 所示。
- 在 PCB 编辑环境下，打开"MCUexample.PcbDoc"文件，执行菜单命令 Design→Import Changes From 5_PCB_Project6.PrjPCB，如图 6-5 所示。

图 6-4　在原理图编辑环境下更新 PCB 图　　图 6-5　在 PCB 编辑环境下更新 PCB 图

（1）采用上面任意一种方法，执行相应命令后，将弹出更改命令管理（Engineering Change Order）对话框，如图 6-6 所示。

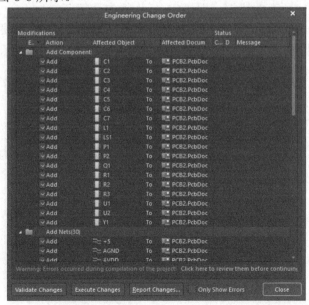

图 6-6　更改命令管理（Engineering Change Order）对话框

更改命令管理对话框中显示出当前对电路进行的修改内容，左边为修改（Modifications）列表，右边是对应修改的状态（Status）。主要的修改项有 Add Component、Add Nets、Add Components Class Members、Add Rooms、Change Component Class Names、Change Component Designators、Change Component Footprints、Change Net Names、Remove Components 和 Rmove Nets 几类。

（2）单击"Validate Changes"按钮，系统将检查所有的更改是否都有效，如果有效，将在右边"Check"栏的对应位置打勾，如果有错误，在"Check"栏中将显示红色错误标识，如图 6-7 所示。

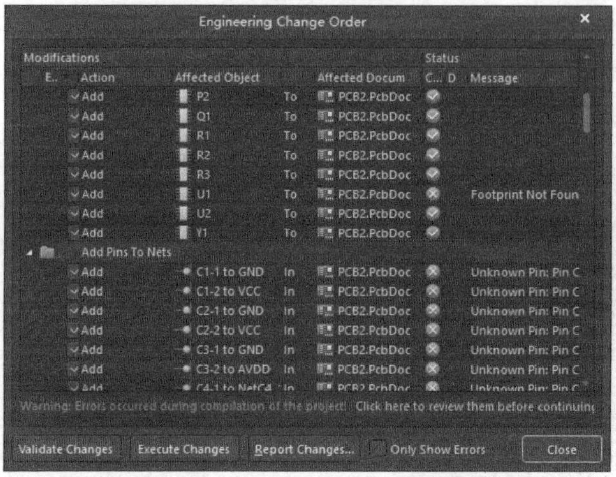

图 6-7 检查所有的更改是否都有效

一般的错误都是由于元器件封装定义不正确，系统找不到给定的封装，或者在设计 PCB 时没有添加对应的集成库而造成的。此时需要返回到原理图编辑环境中，对有错误的元器件进行修改，直到修改完所有的错误，即"Check"栏中全部打勾为止。

（3）单击"Execute Changes"按钮，系统将执行所有的更改操作，如果执行成功，"Status"栏下的"Done"栏对应位置将打勾，执行更改操作的结果如图 6-8 所示。

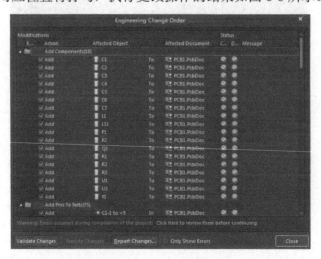

图 6-8 执行更改操作的结果

（4）在更改命令管理对话框中，单击"Report Changes…"按钮，打开报告预览（Report Preview）对话框，在该对话框中可以预览所有进行修改的报告，如图 6-9 所示。

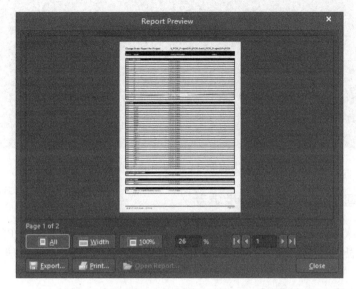

图 6-9　报告预览（Report Preview）对话框

（5）在报告预览对话框中，单击"Export…"按钮，弹出文件保存对话框，如图 6-10 所示。在该对话框中，允许将所有的更改过的报告以 Excel 格式保存。

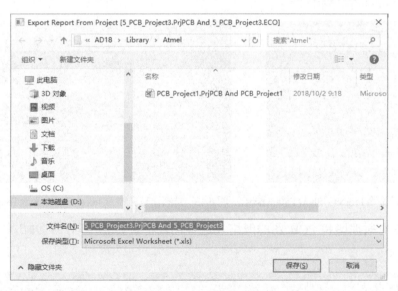

图 6-10　文件保存对话框

（6）保存输出文件后，系统将返回到更改命令管理对话框，单击"Close"按钮，关闭对话框，进入 PCB 编辑环境。此时所有的元器件都已经添加到 MCUexample.PcbDoc 文件中，元器件之间的飞线也已经连接。

但是此时所有元器件排列并不合理，部分元器件超出了 PCB 图的编辑范围，如图 6-11 所示，因此必须对元器件进行重新布局。

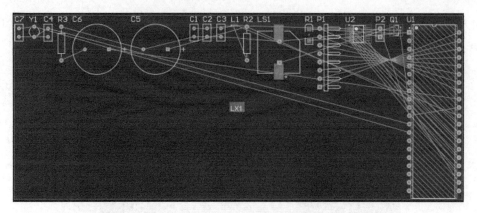

图 6-11　更新后生成的 PCB 图中的元器件排列并不合理

6.1.3　原理图与 PCB 图同步更新

如果是第一次进行网络表的导入,可按 6.1.2 节的操作完成原理图与 PCB 图之间的同步更新。导入网络表后又对原理图或 PCB 图进行了修改,若要快速完成原理图与 PCB 图之间的双向同步更新,可以通过以下步骤实现。

(1)打开 MCUexample.PcbDoc 文件,使其处于当前工作窗口。

(2)执行菜单命令 Project→Show Differences…,如图 6-12 所示。弹出选择比较文档(Choose Documents To Compare)对话框,如图 6-13 所示。选择需要进行比较的文档,此处选择 MCUexample.PcbDoc 文件。

 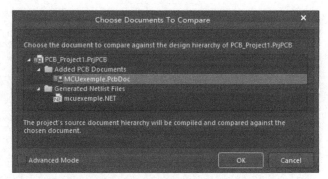

图 6-12　执行菜单命令 Project→Show Differences…　　图 6-13　选择比较文档(Choose Documents To Compare)对话框

(3)系统对原理图和 PCB 图的网络表进行比较,若没有不同,则弹出如图 6-14 所示对话框。

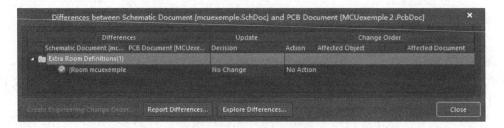

图 6-14　比较结果没有不同

（4）若存在不同，将进入比较结果信息对话框，如图 6-15 所示。在该对话框中可以查看详细的比较结果，了解二者之间的不同之处。

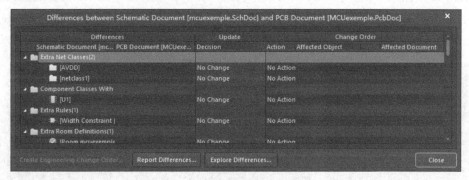

图 6-15　比较结果信息对话框

（4）单击某一项信息的"Update"选项，系统将弹出执行同步更新操作对话框，如图 6-16 所示。在该对话框中用户可以选择更新原理图或 PCB 图，也可以进行双向同步更新。单击"No Updates"按钮或"Cancel"按钮，可以关闭对话框而不进行任何更新操作。

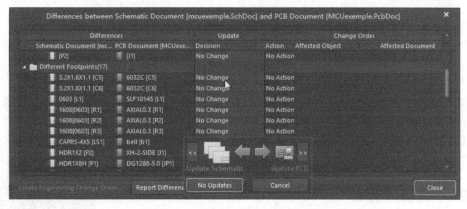

图 6-16　执行同步更新操作对话框

（5）选择更新原理图或 PCB 图，生成更新动作信息，同时，"Create Engineering Change Order…"按钮被激活，如图 6-17 所示。

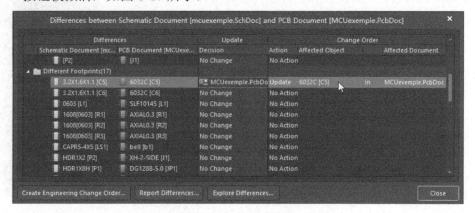

图 6-17　生成更新动作信息

（6）单击"Explore Differences…"按钮，弹出"Differences"面板，从中可以查看原理图与 PCB 图之间的不同之处，如图 6-18 所示。本例中可以看出电阻 R1 的封装已改变。

（7）单击"Create Engineering Change Order…"按钮，弹出"Engineering Change Order"对话框。单击"Execute Changes"按钮完成同步更新，如图 6-19 所示。

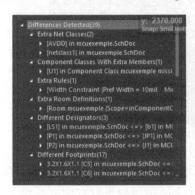

图 6-18 "Differences"面板

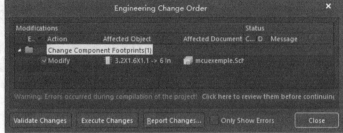

图 6-19 完成同步更新

6.2 手动调整元器件的布局

合理的布局是 PCB 布线的关键。如果单面板设计元器件布局不合理，将无法完成布线操作；如果双面板元器件布局不合理，在布线时将会放置很多过孔，使电路板导线变得非常复杂。合理的布局要考虑到很多因素，例如电路的抗干扰性等，元器件布局在很大程度上取决于用户的设计经验。手动调整元器件的布局，实际上就是对元器件进行排列、移动、旋转和翻转等操作。下面介绍如何手动调整元器件的布局。

6.2.1 元器件选取

在手动调整元器件的布局前，首先应该选择元器件，然后才能进行元器件的排列、移动、旋转和翻转等操作。选择元器件的最简单方法是拖动鼠标指针，直接将元器件放在鼠标指针拖动形成的矩形框中。系统也提供了专门的选取对象和释放选取对象的命令。

1. 选取对象

执行菜单命令 Edit→Select，弹出选取对象菜单，如图 6-20 所示。菜单命令功能如下。

- Lasso Select：将套索圈内的元器件选中。
- Inside Area：将鼠标指针拖动形成的矩形框中的所有元器件选中。
- Outside Area：将鼠标指针拖动形成的矩形框外的所有元器件选中。
- Touching Rectangle：将矩形框所接触范围的元器件选中。

图 6-20 选取对象菜单

- Touching Line：将直线接触的元器件选中。
- All：将所有元器件选中。
- Board：将整块 PCB 选中。
- Net：将组成某网络的元器件选中。
- Connected Copper：通过敷铜的对象来选定相应网络中的对象。在执行该命令后，如果选中某条导线或焊盘，则该导线或焊盘所在网络对象上的所有元器件均被选中。
- Physical Connection：通过物理连接来选择对象。
- Physical Connection Single Layer：通过层来选择对象。
- Component Connections：选择元器件上的连接对象，例如元器件上的引脚。
- Component Nets：选择元器件上的网络。
- Room Connections：选择电气方块上的连接对象。
- All on Layer：选择当前工作层上的所有对象。
- Free Objects：选择所有自由对象，即不与电路相连的任何对象。
- All Locked：选择所有锁定的对象。
- Off Grid Pads：选择图中的所有焊盘。
- Toggle Selection：逐个选择对象，最后构成一个由所选中的元器件组成的集合。

2．释放选取对象

执行菜单命令 Edit→Deselect，弹出释放选取对象菜单，如图 6-21 所示。释放选取的命令的各选项与对应的选取对象命令的功能相反，操作类似，这里就不再赘述。

图 6-21　释放选取对象菜单

6.2.2　元器件的旋转与移动

1．元器件旋转

在 PCB 设计中，若元器件的排列方向不一致，需要对元器件进行旋转操作，将各元器件的排列方向调整为一致。元器件旋转的具体操作步骤如下。

（1）执行菜单命令 Edit→Select→Inside all，拖动鼠标指针选择需要旋转的元器件。

（2）执行菜单命令 Edit→Move→Rotate Selection，弹出旋转角度设置对话框，如图 6-22 所示。

（3）设定好角度后，单击"OK"按钮，系统将提示用户在图样上选取旋转基准点。当用户用鼠标指针在图样上选定一个旋转基准点后，选择的元器件就实现了旋转。

图 6-22　旋转角度设置对话框

2．元器件移动

在 Altium Designer 18 中，可以使用命令来实现元器件的移动。在选择元器件后，执行移动命令就可以实现移动操作。元器件的移动命令在菜单 Edit→Move 中，如图 6-23 所示。"Move"子菜单中各项移动命令的功能如下。

- Move：用于移动元器件。当选择元器件后，使用该命令，用户就可以拖动鼠标指针，

图 6-23 元器件的移动命令

将元器件移动到合适的位置,这种移动方法不够精确,但很方便。在使用该命令时,可以先不选择元器件,在执行命令后再选择元器件。

- Drag:在启动该命令后,鼠标指针变成十字形。在需要拖动的元器件上单击一下鼠标,元器件就会跟着鼠标指针一起移动,将元器件移到合适的位置,再单击一下鼠标即可完成此元器件的重新定位。
- Component:与上述两个命令的功能类似,也是实现元器件的移动,操作方法也与上述命令类似。
- Re-Route:用来对移动后的元器件重新生成布线。
- Break Track:用来打断某些导线。
- Drag Track End:用来选择导线的端点为基准点,移动元器件对象。
- Move/Resize Tracks:用来移动并改变所选择的导线对象。
- Move Selection:用来将选择的多个元器件移动到目标位置,该命令必须在选择了元器件(可以选择多个)后,才能有效。
- Rotate Selection:用来旋转所选的对象,执行该命令必须先选择元器件。
- Flip Selection:用来将所选的对象翻转 180°,与旋转不同。

在进行手动移动元器件期间,按 CTRL+N 键可以使网络飞线暂时消失,当移动到指定位置后,网络飞线自动恢复。

6.2.3 元器件的复制、剪切、粘贴与删除

1. 元器件的复制、剪切、粘贴

当需要复制元器件时,可以使用 Altium Designer 18 提供的复制、剪切和粘贴元器件的命令。
(1)复制。执行菜单命令 Edit→Copy,将选择的元器件作为副本,放入剪贴板中。
(2)剪切。执行菜单命令 Edit→Cut,将选择的元器件直接移入剪贴板中,同时电路图上的被选元器件被删除。
(3)粘贴。执行菜单命令 Edit→Paste,将剪贴板中的内容作为副本,复制到电路图中。
这些命令也可以在主工具栏中选择执行。另外,系统还提供了功能快捷键来实现这些操作。

- Copy:Ctrl+C 键。
- Cut:Ctrl+X 键。
- Paste:Ctrl+V 键。

执行菜单命令 Edit→Paste Special 可以进行选择性粘贴,选择性粘贴是一种特别的粘贴方式,选择性粘贴可以按设定的粘贴方式复制元器件,也可以采用阵列方式粘贴元器件。

2. 一般元器件的删除

当图形中的某个元器件不被需要时,可以对其进行删除。删除元器件可以使用 Eidt 菜单中的两个删除命令,即"Clear"命令和"Delete"命令。

"Clear"命令的功能是删除已选择的元器件。启动"Clear"命令之前需要选择元器件,启动"Clear"命令之后,已选择的元器件立即被删除。

"Delete"命令的功能也是删除元器件,只是启动"Delete"命令之前不需要选择元器件,启动"Delete"命令后,鼠标指针变成十字形,将鼠标指针移动到所要删除的元器件上单击

一下鼠标，即可删除元器件。

3. 导线删除

选择需要删除的导线后，按 Delete 键即可完成删除。下面介绍各种导线段的删除方法。

（1）导线段的删除。

在删除导线段时，可以选择所要删除的导线段（在所要删除的导线段上单击鼠标），按 Delete 键，即可实现导线段的删除。

另外，还有一个很好用的方法。执行 Edit→Delete 命令，鼠标指针变成十字形，将鼠标指针移动到任意一个导线段上，鼠标指针上出现小圆点，单击鼠标即可删除该导线段。

（2）两焊盘间导线的删除。

执行菜单命令 Edit→Select→Physical Connection，鼠标指针变成十字形。将鼠标指针移动到连接两焊盘的任意一个导线段上，鼠标指针上出现小圆点，单击鼠标，可将两焊盘间所有的导线段选中，然后按 Ctrl+Delete 键，即可将两焊盘间的导线删除。

（3）删除相连接的导线。

执行菜单命令 Edit→Select→Connected Copper，鼠标指针变成十字形。将鼠标指针移动到其中一个导线段上，鼠标指针上出现小圆点，单击鼠标，可将所有有连接关系的导线选中，然后按 Ctrl+Delete 键，即可删除连接的导线。

（4）删除同一网络的所有导线。

执行菜单命令 Edit→Select→Net，鼠标指针变成十字形。将鼠标指针移动到网络上的任意一个导线段上，鼠标指针上出现小圆点，单击鼠标，可将网络上所有导线选中，然后按 Ctrl+Delete 键，即可删除网络的所有导线。

6.2.4 元器件的排列

元器件排列可以通过两种方式实现：①执行菜单命令 Edit→Align…，如图 6-24 所示，通过子菜单命令来实现，该子菜单有多个选项。②用户也可以从元器件位置调整工具栏选取相应命令来排列元器件，如图 6-25 所示。

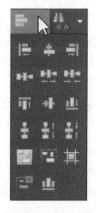

图 6-24　通过子菜单命令排列元器件　　图 6-25　从元器件位置调整工具栏选取相应命令排列元器件

1. 子菜单中的主要命令和功能

Align…。单击该项后，弹出对齐元器件（Align Objects）对话框，如图 6-26 所示。对话框也可以通过在工具栏上选择 图标打开。对齐元器件对话框中列出了下列多种对齐的方式。

- Left：将选取的元器件向最左边的元器件对齐。
- Center（Horizontal）：将选取的元器件，按元器件的水平中心线对齐。
- Right：将选取的元器件向最右边的元器件对齐。
- Space equally（Horizontal）：将选取的元器件水平平铺，相应的工具栏图标为 。
- Top：将选取的元器件向最上面的元器件对齐。
- Center（Vertical）：将选取的元器件，按元器件的垂直中心线对齐。
- Bottom：将选取的元器件向最下面的元器件对齐。
- Space equally（Vertical）：将选取的元器件垂直平铺，相应的工具栏图标为 。

Position Component Text...。单击该项后，系统弹出元器件文本位置（Component Text Position）对话框，如图 6-27 所示。可以在该对话框中设置元器件文本的位置，也可以直接手动调整文本位置。

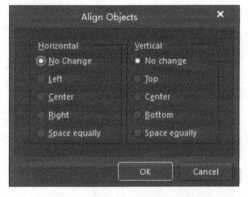
图 6-26 对齐元器件（Align Objects）对话框

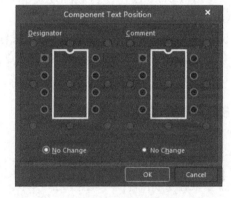
图 6-27 元器件文本位置（Component Text Position）对话框

Align Left。将选取的元器件向最左边的元器件对齐，相应的工具栏图标为 。
Align Right。将选取的元器件向最右边的元器件对齐，相应的工具栏图标为 。
Align Top。将选取的元器件向最顶部的元器件对齐，相应的工具栏图标为 。
Align Bottom。将选取的元器件向最底部的元器件对齐，相应的工具栏图标为 。
Align Horizontal Centers。将选取的元器件按元器件的水平中心线对齐，相应的工具栏图标为 。
Align Vertical Centers。将选取的元器件按元器件的垂直中心线对齐，相应的工具栏图标为 。
Distribute Horizontally。将选取的元器件水平平铺，相应的工具栏图标为 。
Increase Horizontal Spacing。将选取元器件的水平间距增大，相应的工具栏图标为 。
Decrease Horizontal Spacing。将选取元器件的水平间距减小，相应的工具栏图标为 。
Distribute Vertically。将选取的元器件垂直平铺，相应的工具栏图标为 。

Increase Vertical Spacing。将选取元器件的垂直间距增大,相应的工具栏图标为 。

Decrease Vertical Spacing。将选取元器件的垂直间距减小,相应的工具栏图标为 。

Align To Grid。将选取的元器件对齐到栅格。

Move All Components Origin To Grid。将选取的所有元器件的端点对齐到栅格。

6.2.5 调整元器件标注

元器件的标注虽然不会影响电路的正确性,但是对于一个有经验的电路设计人员来说,电路板面的美观也是很重要的。因此,用户可按如下步骤对元器件标注进行调整。

选择需要调整的元器件标注字符串,单击鼠标右键,在快捷菜单中选择"Properties"项,系统弹出字符串属性对话框,如图 6-28 所示。在该对话框中可以设置文字标注属性。

图 6-28 字符串属性对话框

6.3 PCB 的自动布线

布线是在 PCB 上用走线将器件焊盘连接的过程。对比较复杂的 PCB,软件可以进行自动布线。自动布线器(Situs)除了圆角的设计规则需另行定义之外,支持所有的电气特性并且依照设计规则布线。Altium Designer 18 提供先进的交互式布线工具和拓扑自动布线器,利用拓扑逻辑在 PCB 上计算布线路径,可自动跟踪已存在的连接,推挤和绕开障碍,使得布线直观简洁、高效灵活。这些功能都是基于设计规则进行的,布线设计规则可参照 5.5 节进行设置。合理的布线规则加上合适的布线策略,是成功布线的基础。

6.3.1 设置 PCB 自动布线策略

1. 布线策略

在 PCB 编辑窗口执行菜单命令 Route→Auto Route→Setup…,打开自动布线设定(Situs Routing Strategies)对话框,如图 6-29 所示,对布线策略进行设置。

在自动布线设定对话框下的"Routing Strategy"区域里,可进行布线策略的管理,其中在"Available Routing Strategies"区域里,针对不同的布线需求,给出了 6 种布线策略,此处选择默认的"Default 2 Layer Board"。在布线策略对话框中提供管理的按钮与选项说明如下。

- Add。此按钮的功能是新增布线策略,单击此按钮后,弹出"Situs Strategy Editor"对话框,如图 6-30 所示。用户就可在该对话框中制定新的布线策略。
- Remove。此按钮的功能是删除布线策略,不过,程序默认的布线策略不能删除,由用户新增的布线策略才能删除。在区域中选择要删除的布线策略,再单击"Remove"按钮,即可删除。

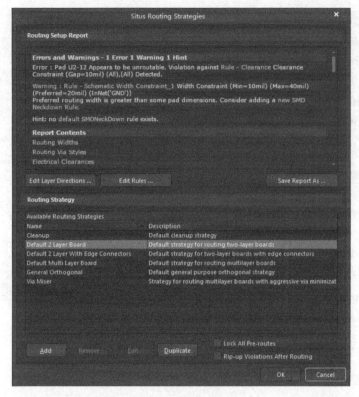

图 6-29　自动布线设定（Situs Routing Strategies）对话框

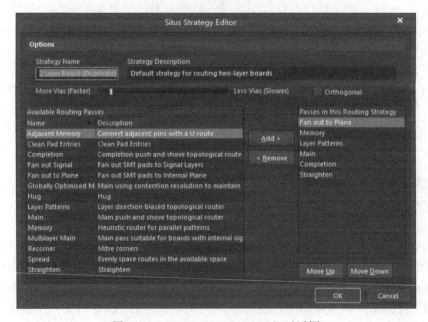

图 6-30　"Situs Strategy Editor"对话框

- Edit。此按钮的功能是编辑布线策略，同样地，程序默认的布线策略是不可编辑的，由用户新增的布线策略才能编辑。在区域中选择要编辑的布线策略，再单击"Edit"按钮，即可打开"Situs Strategy Editor"对话框，用户就可在该对话框编辑布线策略。

- Duplicate。此按钮的功能是复制布线策略，在区域中选择要复制的布线策略，再单击"Duplicate"按钮，即可打开"Situs Strategy Editor"对话框，其中的布线策略内容与原本选择的布线策略相同。通常用户要制定或修改一项布线策略，会先选择一个性质相近的布线策略，再把它修改成用户所要的布线策略。
- Lock All Pre-routes。此选项的功能是在进行自动布线时，锁住已完成的布线。若不选择此项，则在进行自动布线时，原本已完成的布线，将被拆除后重新布线。布线时，通常会将其中重要或有特殊需求的网络，以手动方式进行布线，剩下的网络再利用程序自动布线。在这种情况下，务必选取此选项，才能保留原本的走线。
- Rip-up Violations After Routing。此选项的功能是在进行自动布线时，若出现违反设计规则的走线，则在布线结束后将它拆除。

2. 布线策略编辑器

Situs 是 Atlium Designer 18 的重要布线引擎，而其布线策略就是靠"Situs Strategy Editor"对话框来编辑的。该对话框中的主要设置参数说明如下。

(1)"Options"选项区域。

此选项区域的功能是设置布线策略的一般属性。

- Strategy Name。设定布线策略的名称。
- Strategy Description。设定布线策略的简介（可使用中文）。
- Move Vias（Faster）。滑块的功能是设定布线时的过孔用量。若往左移，则布线时过孔的用量较多，布线速度较快；若往右移，则布线时过孔的用量较少，布线速度较慢。
- Orthogonal。设定采用直角走线的方式。

(2)"Available Routing Passes"选项区域。

此选项区域提供 14 个布线程序（Routing Passes）。选择想要的布线程序，单击"Add"按钮，即可将该布线程序放入右边的"已通过这个布线策略"（Passes in this Routing Strategy）区域，成为此布线策略中的一个布线程序。当然，也可从"Passes in this Routing Strategy"区域将布线程序移回"Available Routing Passes"区域，只需在"Passes in this Routing Strategy"区域选择布线程序，再单击"Remove"按钮即可。

(3)"Passes in this Routing Strategy"选项区域。

此选项区域为当前编辑布线策略中所包含的布线程序。在执行当前布线策略时，将自上而下顺序执行每一个布线程序。而布线程序的执行顺序将影响布线的结果，所以，用户可在此调整布线程序的执行顺序，只要选择要调整的布线程序，单击下面的"Move Up"按钮，即可将该布线程序上移，若单击"Move Down"按钮，则可将该布线程序下移。

6.3.2 PCB 自动布线命令

Altium Designer 18 将自动布线命令集中在 Route→Auto Route 的子菜单里，如图 6-31 所示。"Auto Route"子菜单的各项命令介绍如下。

1. All…

此命令的功能是进行整块电路板的自动布线，启动此命令后，弹出自动布线对话框，如图 6-32 所示。此对话框与图 6-29 的自动布线设定对话框基本一样，只是在此对话框里多出一个"Route All"按钮。用户可按 6.3.1 节所介绍的方法，定义布线策略，或直接选用"Routing Strategy"区域里的布线策略，再单击"Route All"按钮，程序自动进行布线，同时，屏幕上弹出"Messages"对话框，显示并记录每个布线过程，如图 6-33 所示。

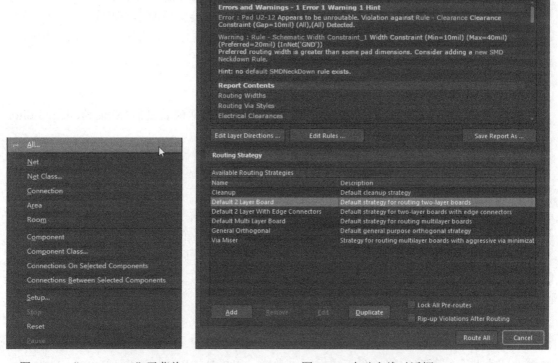

图 6-31　"Auto Route"子菜单　　　　图 6-32　自动布线对话框

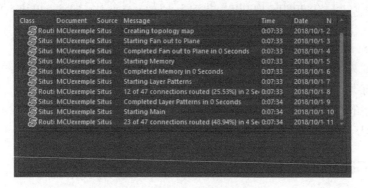

图 6-33　"Messages"对话框

2．Net

此命令的功能是进行指定网络的自动布线，启动此命令后，即进入网络自动布线状态。在所要布线的网络处，通常是焊盘，单击鼠标，弹出网络自动布线对话框，选择其中的焊盘，即可在该焊盘上进行网络自动布线。完成该网络的自动布线后，其布线过程记录在"Messages"对话框里，如图6-34所示。用户可指定其他网络，或单击鼠标右键，结束网络自动布线状态。

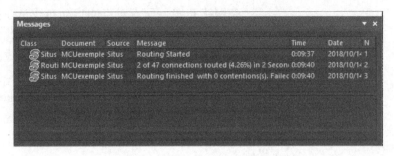

图6-34 网络自动布线过程信息

3. Net Class…

按3.2.8节所述方法，由覆盖区指示器生成PCB网络类，需要确保在PCB项目（Options for PCB Project）对话框中的"Class Generation"标签页下，"User-Defined Classes"中的"Generate Net Classes"选项被使能，如图6-35所示。

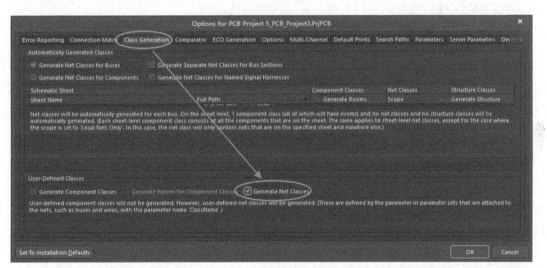

图6-35 "Generate Net Classes"选项被使能

"Generate Net Classes"命令的功能是进行网络分类的自动布线，启动此命令后，如果没有网络类，会弹出通知对话框，如图6-36所示。如果有网络类，屏幕出现网络类自动布线对话框，如图6-37所示。可在此对话框里，找到所要布线的网络类，再单击"OK"按钮关闭对话框，程序即进行该网络分类的自动布线。完成该网络类的自动布线后，跳回网络类自动布线对话框，用户可继续指定所要布线的网络类，或单击"Cancel"按钮结束网络类自动布线。

图6-36 通知对话框

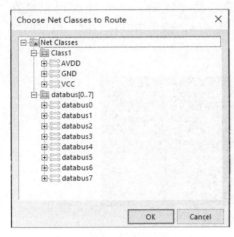

图 6-37　网络类自动布线对话框

4．Connection

此命令的功能是进行点对点的自动布线,与指定网络的自动布线类似。不过,网络的自动布线是对整条网络布线,而点对点的自动布线是在指定的焊盘与另一个焊盘之间进行自动布线。启动此命令后,即进入点对点自动布线状态。找到所要布线的焊盘,单击鼠标,即可进行该焊盘上的自动布线。完成该点的自动布线后,其布线过程记录在"Messages"对话框里。用户可指定其他焊盘,或单击鼠标右键,结束点对点自动布线状态。

5．Area

此命令的功能是进行指定区域的自动布线,也就是完全在区域内的连接线才会被布线。启动此命令后,即进入区域自动布线状态,找到所要布线区域的一角,单击鼠标并移动鼠标指针即可展开一个区域。当区域大小合适后,再单击鼠标,程序即进行区域内的自动布线,其布线过程与结果记录在"Messages"对话框里。用户可指定其他区域,或单击鼠标右键,结束区域布线状态。

6．Room

此命令的功能是进行元器件布置区间内的自动布线。启动此命令后,即进入元器件布置区间自动布线状态,找到所要布线的元器件布置区间,单击鼠标,程序即进行该元器件布置区间内的自动布线,其布线过程与结果记录在"Messages"对话框里。用户可指定其他元器件布置区间,或单击鼠标右键,结束元器件布置区间自动布线状态。

7．Component

此命令的功能是进行指定元器件的自动布线,凡与该元器件相连接的网络,都将被自动布线。启动此命令后,即进入元器件自动布线状态,找到所要布线的元器件,单击鼠标,程序即进行该元器件的自动布线,其布线过程与结果记录在"Messages"对话框里。用户可指定其他元器件,或单击鼠标右键,结束元器件自动布线状态。

8．Component Class…

此命令的功能是进行指定元器件类的自动布线,凡与该元器件类相连接的网络,都将被自动布线。启动此命令后,屏幕出现元器件类自动布线对话框,如图 6-38 所示。可在此对话框里选择要布线的元器件类,单击"OK"按钮关闭对话框,程序即进行该元器件类的自动布线。完成该元器件类的自动布线后,屏

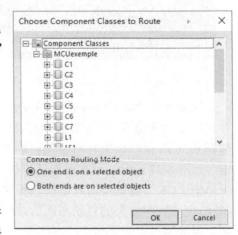

图 6-38　元器件类自动布线对话框

幕跳回元器件类自动布线对话框，用户可继续指定想要布线的元器件类，或单击"Cancel"按钮结束元器件类自动布线。

9. Connections On Selected Components

此命令的功能是进行选择元器件的自动布线，首先选择所要布线的元器件，再启动此命令，程序即进行该元器件的自动布线，其布线过程与结果记录在"Messages"对话框里。自动布线完成后，即结束选择元器件自动布线状态。

10. Connections Between Selected Components

此命令的功能是进行选择元器件之间的自动布线。首先选择多个元器件，再启动此命令，程序将进行这些元器件之间的自动布线，其布线过程与结果记录在"Messages"对话框里。自动布线完成后，即结束选择元器件之间的自动布线状态。

11. Setup…

此命令的功能是设置自动布线策略，详见 6.3.1 节。

12. Stop

此命令的功能是停止进行中的自动布线。

13. Reset

此命令的功能是重新进行整块电路板的自动布线。与"All…"命令一样，启动此命令后，屏幕弹出自动布线对话框，重新定义布线策略或直接选用"Routing Strategy"区域里的布线策略，再单击"Route All"按钮，程序即进行自动布线，同时，屏幕上出现"Messages"对话框，显示每个布线过程。

14. Pause

此命令的功能是暂停自动布线。启动此命令后，即暂停自动布线，而此命令也会变成"Resume"命令，若要继续布线，只需启动"Resume"命令即可。

6.3.3 扇出式布线

扇出式（Fanout）布线是针对 SMD 元器件的引出布线。当要进行扇出式布线时，执行菜单命令"Auto Route Fanout"，即可弹出扇出式布线菜单，如图 6-39 所示。在进行扇出式布线前，可先参照 5.5.2 节中内容设置过孔类型。

扇出式布线菜单的各项命令介绍如下。

1. All…

此命令的功能是对所有 SMD 元器件进行扇出式布线，扇出式布线前后的比较如图 6-40 和图 6-41 所示。启动此命令后，屏幕弹出扇出式布线设置对话框，如图 6-42 所示。对话框包括下列 5 个选项。

图 6-39 扇出式布线菜单

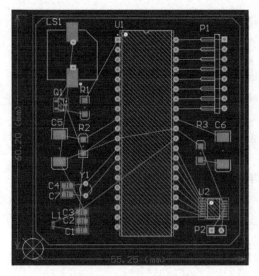 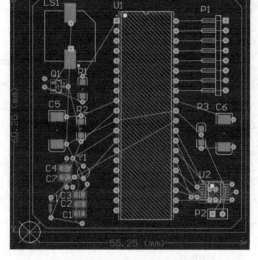

图 6-40　扇出式布线前　　　　　图 6-41　扇出式布线后

- Fanout Pads Without Nets：启用此项可以从组件焊盘扇出，即使它们没有分配网络。若禁用此选项，则只有分配了网络的焊盘才会呈扇形展开。
- Fanout Outer 2 Rows of Pads：启用此项可从组件焊盘扇出，包括外部两行（通常很容易布线）。
- Include escape routes after fanout completion：启用此项可将逃逸式布线添加到每个扇出。在完成扇出式布线后进行逃逸式布线。逃逸式布线将走线放在扇出过孔和元器件焊盘的边缘，使走线连接更容易。
- Cannot Fanout using Blind Vias（no drill pairs defined）：在没有多层定义的情况下，若不能扇出就采用埋孔。
- Escape differential pair pads first if possible(same layer,same side)：启用此项，将同时扇出并对任何已定义的差分对网络进行逃逸式布线，之后再执行其他扇出操作。该操作可以有效地将它们的布线保持在一起。扇出会将逃逸式布线的走线放置在同一层上且尽可能靠近。

2．Power Plane Nets…

此命令的功能是针对连接到电源层的 SMD 焊盘进行扇出式布线，例如，连接到电源层的扇出式布线，如图 6-43 所示。启动此命令后，屏幕弹出"Fanout Options"对话框，单击"OK"按钮后程序即进行连接到电源层的扇出式布线，图 6-43 中的 U2 与电源层有连接关系。

3．Signal Nets…

此命令的功能是针对未连接到电源层的 SMD 焊盘进行扇出式布线，也就是对连接一般信号网络的 SMD 焊盘进行扇出式布线。启动此命令后，屏幕弹出"Fanout Options"对话框，单击"OK"按钮后，程序即进行连接到一般信号网络的扇出式布线。

4．Net

此命令的功能是针对与 SMD 焊盘连接的网络，进行扇出式布线。启动此命令后，在 SMD 焊盘处单击鼠标，则与该焊盘上的网络连接的所有 SMD 焊盘，立即进行扇出式布线。完成扇出式布线后，可继续指定下一个网络，或单击鼠标右键结束此命令。

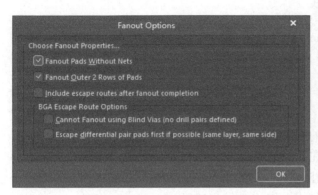

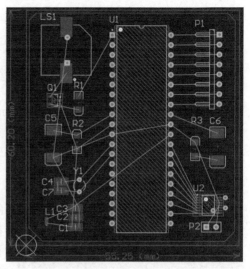

图 6-42　扇出式布线设置对话框　　　　图 6-43　连接到电源层的扇出式布线

5．Connection

此命令的功能是针对连接预拉线的 SMD 焊盘进行扇出式布线。启动此命令后，在预拉线处单击鼠标，则该预拉线所连接的 SMD 焊盘立即进行扇出式布线。完成扇出式布线后，可继续指定下一个预拉线。

6．Component

此命令的功能是针对指定的 SMD 元器件进行扇出式布线，如图 6-44 所示。启动此命令后，屏幕弹出"Fanout Options"对话框，单击"OK"按钮后，再找到所要操作的元器件，单击鼠标，程序即进行该元器件的扇出式布线。完成扇出式布线后，可继续指定下一个元器件，或单击鼠标右键结束此命令。

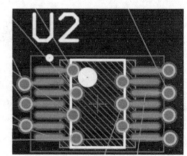

图 6-44　SMD 元器件的扇出式布线

7．Selected Components

此命令的功能是进行指定元器件的扇出式布线。首先选择所要操作的 SMD 元器件，再启动此命令，屏幕弹出"Fanout Options"对话框，单击"OK"按钮后，程序即进行该元器件的扇出式布线。

8．Pad

此命令的功能是针对指定的 SMD 焊盘进行扇出式布线。启动此命令后，屏幕弹出"Fanout Options"对话框，单击"OK"按钮后，再找到所要操作的焊盘，单击鼠标，程序即进行该焊盘的扇出式布线。

9．Room

此命令的功能是针对指定元器件布置区间内的 SMD 焊盘进行扇出式布线。启动此命令后，屏幕弹出"Fanout Options"对话框，单击"OK"按钮后，再找到所要操作的元器件布置区间，单击鼠标，程序即进行该元器件布置区间内的扇出式布线。完成扇出式布线后，可继续指定下一个元器件布置区间，或单击鼠标右键结束此命令。

6.3.4 自动补跳线和删除补跳线

通过执行菜单命令 Route→Add Subnet Jumpers 和 Route→Remove Subnet Jumpers，分别进行自动补跳线和删除补跳线操作。

1. Add Subnet Jumpers

此命令的功能是自动补跳线。对于小段未连接的网络，可使用此命令自动补跳线。启动此命令后，在弹出的"Subnet Connector"对话框里，指定所要补跳线的长度，再单击"Run"按钮即可进行自动补跳线操作，如图 6-45 所示。

图 6-45　自动补跳线

2. Remove Subnet Jumpers

此命令的功能是删除补跳线，与"Add Subnet Jumpers"命令相反。启动此命令后，即可删除补跳线。

6.4　PCB 的手动布线

交互式布线并不是简单地放置走线使焊盘连接起来。自动布线虽然能够快速地实现焊盘之间的连接，但对于一些特殊的连接，例如对走线的长度、宽度和走线路径等有特殊要求的连接，则需要手动布线来完成。当开始进行交互式布线时，PCB 编辑器不仅能为用户放置走线，还能实现以下功能。

- 应用所有适当的设计规则检测鼠标指针位置和单击动作。
- 跟踪鼠标指针路径，放置线路时尽量减小用户的操作次数。
- 在每完成一条布线后检测连接的连贯性并更新连接线。
- 在布线过程中支持使用快捷键。

6.4.1 放置走线

Altium Designer 18 支持全功能的交互式布线，交互式布线工具可以通过以下 3 种方式调出。
- 执行菜单命令 Place→Interactive Routing。
- 在 PCB 标准工具栏中单击 图标。
- 在 PCB 绘图区单击鼠标右键，在弹出菜单中单击"Interactive Routing"命令（快捷键 P+T）。

（1）采用上面的任一方法进入交互式布线模式后，鼠标指针便会变成十字形，可单击某个焊盘开始布线。若单击线路的起点，在状态栏上或悬浮显示（如果开启此功能）当前的布线模式。此时在所需放置走线的位置单击鼠标或按 Enter 键放置走线。把鼠标指针的移动轨迹作为走线的引导，布线器能在最少的操作动作下完成布线，布线过程如图 6-46 所示。

（2）鼠标指针引导走线使得需要手动绕开阻隔的操作更加快捷、容易和直观。也就是说只要用户拖动鼠标指针创建一条走线路径，布线器就会试图根据该路径完成布线，这个过程是在遵循设定的设计规则和不同的约束及走线拐角类型的情况下完成的。

（3）在布线的过程中，在需要放置走线的地方单击鼠标，再继续布线，这使得软件能精确根据用户所选择的路径放置走线。如果在离起始点较远的地方单击鼠标，部分布线路径将与用户的期望有所差别。

（4）在没有障碍的位置布线，布线器一般会使用最短长度的布线方式，如果用户在这些位置想要精确地控制线路，只能在需要放置走线的位置单击鼠标。

（5）如图 6-47 所示，图中指示了鼠标指针路径，鼠标指针所在的位置为需要单击鼠标的位置，该图说明了通过鼠标指针引导布线路径，用很少的操作便可完成大部分较复杂的布线。

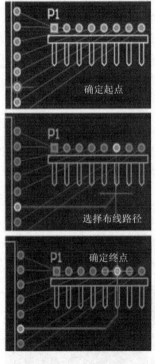

图 6-46　布线过程

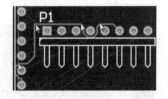

图 6-47　鼠标指针引导布线路径

（6）若需要对已放置的走线进行撤销操作，可以依照原走线的路径逆序再放置走线，这样原来已被放置的走线就会被撤销。必须确保逆序放置的走线与原走线的路径重合，使得软件可以识别出要进行走线撤销操作，而不是放置新的走线。撤销刚放置的走线还可以使用 Backspace 键完成。若已放置走线并单击鼠标右键退出本条走线的布线操作，将不能再进行撤销操作。

6.4.2　布线过程的快捷键

在布线过程中，为提高布线的效率，可结合软件提供的一些快捷键来完成布线操作，以下的快捷键可以在布线时使用。
- Enter 键。在鼠标指针当前位置放置走线。
- Esc 键。退出当前布线，在此之前放置的走线仍然保留。
- Backspace 键。撤销上一步放置的走线。若在上一步布线操作中其他对象被推开到别的位置以避让新的走线，它们将会恢复原来的位置。本功能在使用 Auto-Complete 组件时则无效。

在交互式布线过程中，可以选择不同的拐角类型，如图 6-48 所示。若在"Preferences"对话框里的"PCB Editor"中，未选择"Interactive Routing"下的"Restrict to 90/45"，圆形拐角和任意角度拐角就可用。

Shift+ Space 键可以切换走线的拐角类型，可使用的拐角类型有：45°（A）、45°圆角（B）、90°（C）、90°圆角（D）和任意角度（E）。

圆形拐角的弧度可以通过快捷键"，"或"。"进行增加或减小。使用"Shift+。"快捷键或"Shift+，"快捷键则以 10 倍速度进行增加或减小。使用 Space 键可以对拐角的方向进行切换。

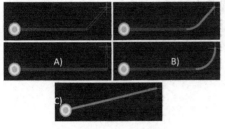

图 6-48　不同的拐角类型

6.4.3　布线过程添加过孔和切换板层

在 Altium Designer 18 交互布线过程中可以添加过孔。过孔只能在允许的位置添加，软件会阻止在产生冲突的位置添加过孔（冲突解决模式选择忽略冲突的除外）。

1. 添加过孔并切换板层

在布线过程中按"*"键或"+"键可以添加一个过孔并切换到下一个信号层。按"−"键可以添加一个过孔并切换到上一个信号层。该命令遵循布线层的设计规则，也就是只能在允许布线层中进行切换，如图 6-49 所示。单击鼠标确定过孔位置后可继续布线。

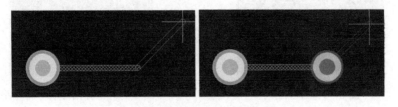

图 6-49　添加过孔并切换板层

2. 添加过孔而不切换板层

按"2"键可以添加一个过孔，但仍保持在当前布线层，单击鼠标可以确定过孔位置。

3. 添加扇出过孔

按"/"键为当前走线添加扇出过孔，单击鼠标可以确定过孔位置。按下 Tab 键，打开属性设置对话框，如图 6-50 所示。在该对话框中可以设置过孔的尺寸、导线的属性和布线方式。

用这种方法添加过孔后将返回交互式布线模式，可以马上进行下一处网络布线。本功能在需要放置大量过孔的情况（例如在一些需要扇出端口的元器件布线中）下能节省大量的时间。添加扇出过孔如图 6-51 所示。

图 6-50　属性设置对话框

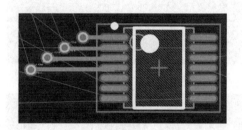

图 6-51　添加扇出过孔

4．布线中的板层切换

当在多层板上进行焊盘或过孔布线时，可以通过快捷键"L"把当前走线切换到另一个信号层中。在当前板层无法布通而需要进行布线层切换的情况下，本功能可以起到很好的作用。

5．PCB 的单层显示

在 PCB 设计中，如果显示所有的层，有时会显得比较零乱，这时需要单层显示，仔细查看每一层的布线情况。通过快捷键"Shift+S"可实现单层显示，选择哪一层的标签，就显示哪一层；在单层显示模式下，通过快捷键"Shift+S"又可回到多层显示模式。

6.4.4　布线过程调整走线长度

在布线过程中，出于一些特殊因素的考虑（如信号的时序），需要精确控制走线的长度。Altium Designer 18 能提供对走线长度更直观的控制，使用户能更快地获得所需的长度。目标走线的长度可以在长度设计规则或现有的网络长度中手动设置。Altium Designer 18 在此基础上增加额外的线段使用户快速地获得预期的长度。

（1）在交互式布线时通过快捷键"Shift+A"进入固定长度布线模式。一旦进入该模式，走线便会随鼠标指针的路径呈折叠形以达到设计规则设定的长度，如图 6-52 所示。

（2）通过快捷键"Shift+G"可以显示长度，如图 6-53 所示。本功能更直观地显示出走线长度与目标之间的接近程度。图 6-53 中显示了当前长度，随着走线长度的增加，标尺的红色进度条逐渐缩短，如果红色进度条变色，则表示走线长度已超过容限值。

（4）当按需要调整好走线长度后，建议锁定走线，以免在推挤走线模式下改变其长度。执行菜单命令 Edit→Select→Net，选择网络，单击鼠标右键，选择"Properties"，打开如图 6-54 所示的对话框。在对话框中选中 🔒 图标完成走线锁定设置。

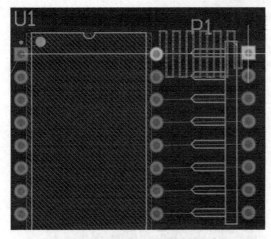

图 6-52　固定长度布线

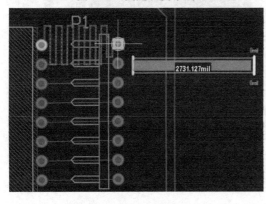

图 6-53　显示走线长度

图 6-54　走线锁定设置

6.4.5　布线过程改变线宽

在交互式布线过程中，Altium Designer 18 提供了多种方法改变走线宽度。

1. 设置约束

走线宽度设计规则定义了在设计过程中可以接受的容限值。一般来说，容限值是一个范围，例如，电源走线宽度的值为 0.4 mm，但最小宽度可以接受 0.2 mm，而在可能的范围内应尽量加粗走线宽度。

走线宽度设计规则包含一个最佳值，它介于走线宽度的最大值和最小值之间，是布线过程中走线宽度的首选值。在开始交互式布线前应在"Interactive Routing Width Sources"选项区域中进行设置，如图 6-55 所示。

2. 在预定义的约束中自由切换走线宽度

走线宽度的最大值和最小值定义了约束的边界值,而最佳值则定义了走线最适合的使用宽度。Altium Designer 18 能够提供走线宽度切换功能。下面介绍在布线过程中走线宽度的切换方法。

(1)从预定义的喜好值中选取。在布线过程中通过快捷键"Shift+W"调出预定义线宽面板,如图 6-56 所示,在面板中选择所需的公制或英制的线宽。

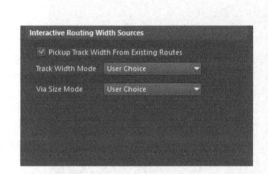

图 6-55 "Interactive Routing Width Sources" 选项区域

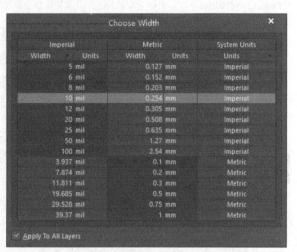

图 6-56 预定义线宽面板

(2)在选择线宽时走线依然受设定的线宽设计规则保护。如果选择的线宽超出约束的最大值或低于约束的最小值,软件将自动把当前线宽调整为符合线宽约束的最大值或最小值。

(3)在预定义线宽面板中通过单击鼠标右键可以对各列进行显示和隐藏设置。选择"Apply To All Layers"可以使当前线宽在所有板层上可用。

(4)选择合适的线宽值,还可以执行菜单命令 Preferences→PCB Editor→Interactive Routing,打开"Favorite Interactive Routing Widths"对话框,如图 6-57 所示。

如果想添加一种走线宽度,则可以单击"Add…"按钮进行添加,用户可以选择合适的计量单位(mm 或 mil)。

注:在图 6-57 对话框中,没有阴影的为线宽值的最佳计量单位,在选择这些最佳单位的线宽后,电路板的计量单位将自动切换到最佳计量单位上。

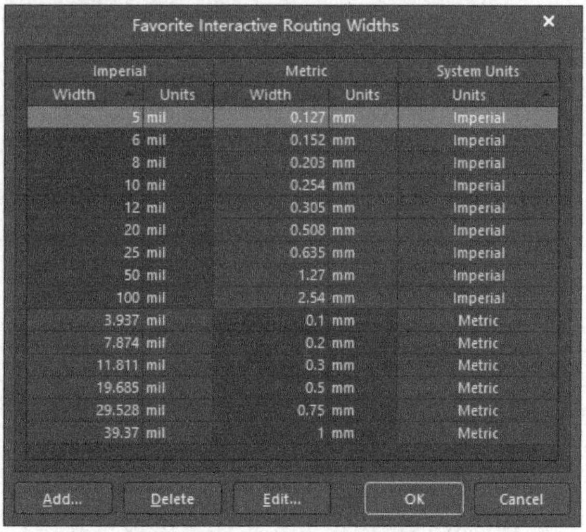

图 6-57 "Favorite Interactive Routing Widths"对话框

3. 在布线过程中使用预定义线宽

在"Interactive Routing Width Sources"选项区域中，用户可以选择线宽模式，可以选择使用最大值、最小值、首选值或"User Choice"等各种模式。

当用户通过快捷键"Shift+W"更改线宽时，Altium Designer 18 将更改线宽模式为"User Choice"，并为该网络保存当前设置。该线宽值将在"Edit Net"对话框的"Current Interactive Routing Settings"选项区域中保存，如图 6-58 所示。

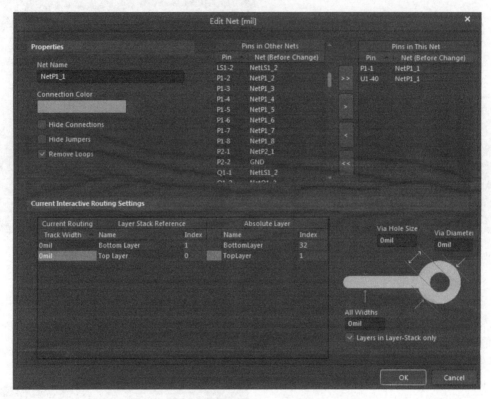

图 6-58 "Edit Net"对话框

单击鼠标右键选择网络对象，在"Net Actions"子菜单中单击"Properties"选项，打开"Edit Net"对话框，或在 PCB 面板中双击网络名称打开该对话框。在"Edit Net"对话框中可以定义高级选项或更改原走线中保存的参数。该参数同样受设计规则保护，如果用户在"Edit Net"对话框中设置的参数超出了约束的最大值或低于约束的最小值，软件将自动调整为相应的最大值或最小值。

4. 使用未定义的线宽

为了对线宽进行更详细的设置，Altium Designer 18 允许用户在原理图或 PCB 设计过程中对各个对象的属性进行设置。在 PCB 设计的交互式布线过程中按下 Tab 键可以打开"Interactive Routing"对话框。

在该对话框内可以对走线宽度或过孔进行设置，或对当前的交互式布线的其他参数进行设置，而无须退出交互式布线模式。用户所设置的参数将在"Interactive Routing"对话框中保存，可通过打开"Edit Net"对话框进行确认。

6.4.6 拆除走线

在 Altium Designer 18 的电路板设计环境中，也可以拆除走线（Un-route），且功能齐全。执行菜单命令 Route→Un-route，弹出程序提供的拆除走线命令菜单，如图 6-59 所示。

各命令具体介绍如下。

1．All

此命令的功能是拆除整块电路板的走线。启动此命令后，程序即拆除所有走线。

2．Net

此命令的功能是拆除指定网络上的走线。启动此命令后，即进入拆除网络上的走线状态。选择所要拆除的走线，单击鼠标，若所选位置有多个图件，则会弹出图件菜单，如图 6-60 所示，选择其中的走线（Track）或焊盘（Pad），都可拆除整条网络上的走线。

图 6-59　拆除走线命令菜单

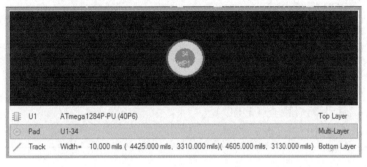

图 6-60　图件菜单

3．Connection

此命令的功能是拆除指定连接线（焊盘间的走线）。启动此命令后，即进入拆除连接线状态。找到所要拆除的连接线，单击鼠标，即可拆除该连接线。拆除完成后，可继续拆除连接线，或单击鼠标右键，结束拆除连接线状态。

4．Component

此命令的功能是拆除指定元器件的走线。启动此命令后，即进入拆除元器件上的走线状态。找到所要拆除的元器件，单击鼠标，即可拆除该元器件上的走线。拆除完成后，可继续拆除其他元器件上的走线，或单击鼠标右键，结束拆除元器件上的走线状态。

5．Room

此命令的功能是拆除指定元器件布置区间内的走线。启动此命令后，即进入拆除元器件布置区间内的走线状态。找到所要拆除的元器件布置区间，单击鼠标，即可拆除该元器件布置区间内的走线。拆除完成后，可继续拆除其他元器件布置区间的走线，或单击鼠标右键，结束拆除元器件布置区间内的走线状态。

第 7 章

PCB 设计进阶

前面章节介绍了 Altium Designer 18 的 PCB 绘制的基本步骤。Altium Designer 18 提供了许多提高 PCB 设计效率的功能模块,掌握这些功能模块的应用将使用户在今后的 PCB 设计中设计出更完美的产品。本章主要从 PCB 布线的技巧、PCB 操作对象的编辑、与低版本软件的兼容和 PCB 的后期处理等方面进行讲解。

【本章要点】
- PCB 布线技巧。
- 补泪滴与放置敷铜。
- 特殊粘贴的使用。
- 多层板设计。
- 与 Protel 99 SE 进行文件互用。
- 设计规则检查(DRC)。
- 智能 PDF 生成。

7.1 PCB 布线技巧

7.1.1 循边走线

循边走线是利用 Altium Designer 18 所提供的保持安全距离、严禁违规的功能,在进行交互式布线时,采取靠过来的策略,即可实现漂亮又实用的走线。

循边走线的具体操作步骤如下。

(1)如图 7-1 所示,先完成第一条走线,其他走线将循着第一条走线进行。

(2)若已完成第一条走线,则先确认操作设定是否适当。执行菜单命令 Tools→Preferences,打开"Interactive Routing"对话框,在布线冲突解决方案(Routing Conflict Resolution)区域的"Current Mode"下拉菜单中选择"Stop At First Obstacle",如图 7-2 所示,单击"OK"按钮关闭对话框。

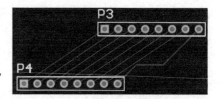

图 7-1 循边走线

(3)循边走线的基本原则就是"靠过来",单击布线图标 ,进入交互式布线状态,找到已完成的走线旁边的焊盘,单击鼠标,再向样板走线靠过去,鼠标指针超越样板走线,而超越样板走线的部分将不会出现走线，左右移动以调整好该走线离开焊盘的形状。

（4）当该走线离开焊盘的形状合适后，单击鼠标，再移至终点的焊盘，则该走线将循着旁边的走线（样板走线），按一定间距走线，单击鼠标左键，再单击鼠标右键，即完成该走线，循边走线操作过程如图 7-3 所示。

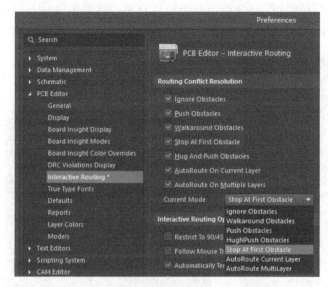

图 7-2　选择"Stop At First Obstacle"

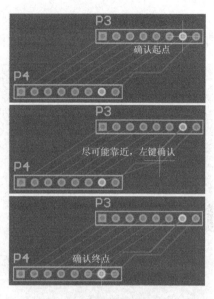

图 7-3　循边走线操作过程

（5）在 P3 的第 3 个焊盘处，单击鼠标，再往左下角靠过去，让鼠标指针超越样板走线，并左右移动以调整好该走线离开焊盘的形状，按照前面的方法。当该走线离开焊盘的形状合适后，单击鼠标，再移至终点的焊盘，则该走线将循着旁边的走线，按一定间距走线，单击鼠标左键，再单击鼠标右键，即完成该走线。重复前面的方法，完成循边走线，如图 7-4 所示。

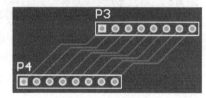

图 7-4　完成循边走线

7.1.2　推挤式走线

推挤式走线是利用 Altium Designer 18 所提供的推挤功能，在进行交互式布线时，将挡到的走线推开，使之保持设计规则所规定的安全距离。如此一来，在原来没有空位的情况下，也能快速布线或修改走线。

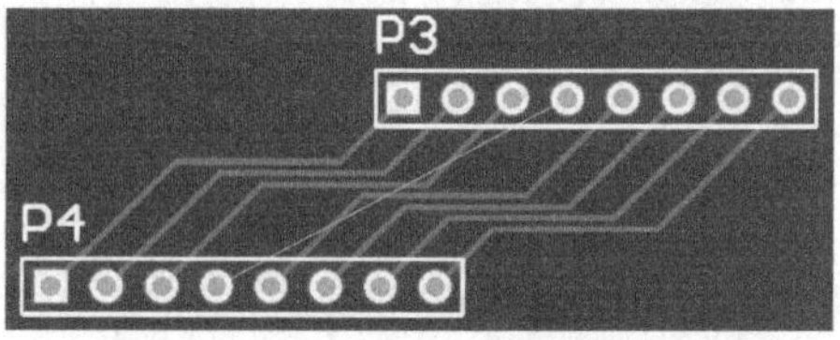

如图 7-5 所示，在 P3 和 P4 两个连接器之间的走线少了一条，而其间并没有预留空间给漏掉的走线。这时候就可采用推挤式走线，推开一条走线的空间，以补上这条漏掉的走线。

图 7-5　推挤式走线

推挤式走线的具体操作步骤如下。

（1）确定走线方式，执行菜单命令 Tools→Preferences，打开"Interactive Routing"对话框，在布线冲突解决方案（Routing Conflict Resolution）区域的"Current Mode"下拉菜单中

选择"Push Obstacles",如图 7-6 所示,单击"OK"按钮关闭对话框。

(2)单击布线图标,进入交互式布线状态,在需要布线的焊盘处单击鼠标,再往上移动,即使有障碍物也不要管,程序会将挡到的线推开。在走线转弯前,单击鼠标,固定前一线段。

(3)若走线形式合适,则直接将鼠标指针拖到终点,双击鼠标左键,再单击鼠标右键,即完成该走线,推挤式走线操作过程如图 7-7 所示。

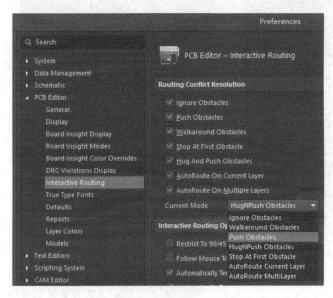

图 7-6 选择"Push Obstacles"

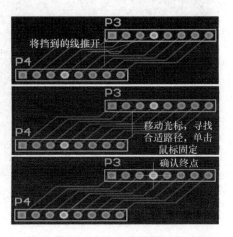

图 7-7 推挤式走线操作过程

7.1.3 智能环绕走线

智能环绕走线是利用 Altium Designer 18 所提供的智能走线功能,在进行交互式布线时,避开障碍物,找出一条较贴近的路径。同样以图 7-5 为例,对于漏掉的走线,在没有空位的情况下,让程序找出一条较贴近的环绕走线。

智能环绕走线的具体操作步骤如下。

(1)确定走线方式,执行菜单命令 Tools→Preferences,打开"Interactive Routing"对话框,在布线冲突解决方案(Routing Conflict Resolution)区域的"Current Mode"下拉菜单中选择"Walkaround Obstacles",如图 7-8 所示,单击"OK"按钮关闭对话框。

(2)单击布线图标,进入智能走线状态,在需要布线的焊盘处单击鼠标,再移动鼠标指针,程序即自动绘制出智能环绕走线,其操作过程如图 7-9 所示。

(3)若要改变程序所提供的智能环绕走线,除了可移动鼠标指针外,也可按空格键。若智能环绕走线路径合适,且可达目的地,则按住 Ctrl 键,再单击鼠标,即可按智能环绕走线路径完成该走线。

(4)完成一条走线后,可按同样的方法,快速完成其他走线。单击鼠标右键或 Esc 键,结束智能环绕走线状态。

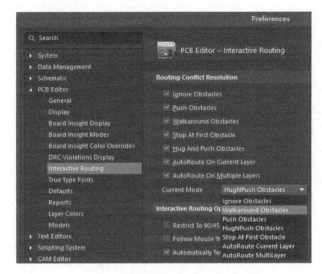

图 7-8　选择"Walkaround Obstacles"

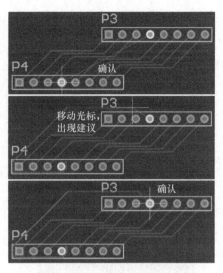

图 7-9　智能环绕走线操作过程

7.1.4　总线式走线

Altium Designer 18 提供与原理图类似的总线式走线（Bus Routing），在软件中，这项功能称为多重走线（Multiple Traces）。若配合新增的图件选取功能，更能有效发挥其作用。目前 Altium Designer 18 所提供的多重走线，属于两段式的多重走线，也就是要分成两次才能完成多条网络的点对点走线。

（1）第一段多重走线。首先选取需要多重走线的焊盘，按下 Shift 键，同时用鼠标指针选取需要布线的焊盘（或者按下 Ctrl 键，同时用鼠标指针拉出一个矩形框包含进所有需要布线的焊盘）；然后执行菜单命令 Route→Interactive Multi-Routing，或单击工具栏中的 图标进入多重走线状态。在任何一个选取的焊盘上单击鼠标，即可随鼠标指针移动开始走线，如图 7-10 所示。

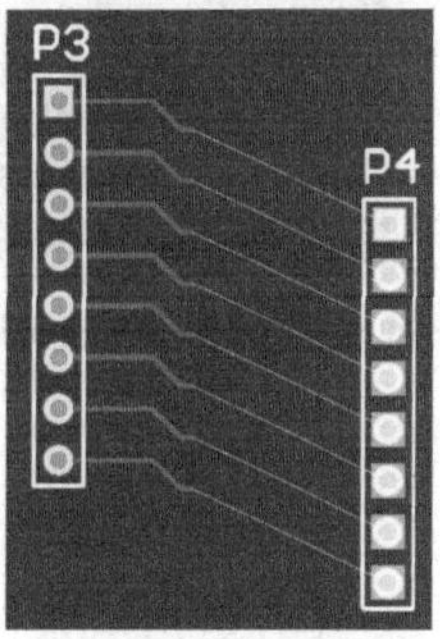

（2）按下 Tab 键打开如图 7-11 所示的对话框，此对话框为交互式布线设置对话框，在"Bus Spacing"文本框中输入走线间距，或单击"From Rule（10 mil）"按钮，采用设计规则所制定的安全距离，单击"OK"按钮关闭对话框。

图 7-10　第一段多重走线操作

（3）若要把已完成的走线固定，则需单击鼠标左键，不过，只要有一段被固定，就无法再改变此多重走线的安全距离。此后，走线将保持固定间距，并随鼠标指针移动走线。可以按 Shift 键+空格键循环切换线端对齐方式。单击鼠标左键，再单击鼠标右键，即可脱离此段多重走线。再单击鼠标右键，可结束多重走线状态。

（4）第二段多重走线。第二段多重走线与第一段多重走线的操作基本相同，第二段多重走线的间距不要随便改变，通常情况下与第一段保持一致，而第二段多重走线的目的是连接第一段多重走线。

（5）选取此多重走线的焊盘（即另一端），执行菜单命令 Route→Interactive Multi-Routing 或单击工具栏中的 图标进入多重走线状态。在任何一个选取的焊盘上单击鼠标，即可随鼠标指针移动开始走线，移动鼠标指针向第一段多重走线前进，并使之连接。单击鼠标，完成其连接，再单击鼠标右键结束此段多重走线，第二段多重走线操作如图 7-12 所示。这时再单击鼠标右键，可结束多重走线状态。

图 7-11　交互式布线设置对话框

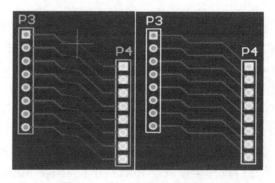

图 7-12　第二段多重走线操作

7.1.5　差分对（Differential Pairs）走线

差分对是由两条传输线所构成的信号对，其中一条导线承载正信号，另一条导线则承载刚好反相的负信号，这两条导线靠得很近，信号相互耦合传输，所受到的干扰刚好相互抵消，共模信号（Common Mode Signal）比较小。因此，电磁波干扰（Electromagnetic Interference，EMI）的影响最小。

Atlium Designer18 所提供的差分对走线（Differential Pair Routing）功能在进行差分对的走线之前，必须先定义差分对，也就是指明哪两条线是差分对并给出其网络名。差分对可在原理图中定义，也可在 PCB 图中定义，接下来介绍这两种定义差分对的方法。

1.　在原理图中定义差分对

（1）执行菜单命令 Place→Directives→Differential Pair，进入放置差分对指示记号状态，按下 Tab 键打开差分对属性对话框，如图 7-13 所示，在"Rules"区域单击"Add"按钮可以设置差分对走线规则，如图 7-14 所示。

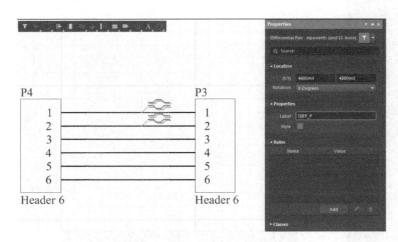 

图 7-13 差分对属性对话框　　　　　　图 7-14 设置差分对走线规则

（2）在要定义为差分对的走线上单击鼠标，即可放置一个差分对指示记号；再在另一条要定义为差分对的走线上单击鼠标，又可放置一个差分对指示记号，如图 7-15 所示。这时仍处在放置差分对指示记号状态，可以继续放置差分对指示记号，或单击鼠标右键，结束放置差分对指示记号状态。

（3）紧接着为这对差分对定义网络名，若要放置网络标签，可单击 ■Net■ 图标进入放置网络标签状态，打开其属性对话框设置差分对的网络标签，例如"DIFF_P"，再单击"OK"按钮关闭对话框。在要放置此网络标签的位置单击鼠标，将它固定。紧接着，放置另一个网络标签，按下 Tab 键，在随即打开的属性

图 7-15 放置差分对指示记号和网络标签

对话框里，将网络名改为"DIFF_N"，再单击"OK"按钮关闭对话框。在要放置此网络标签的位置单击鼠标，将它固定，如图 7-15 所示。单击鼠标右键，可结束放置网络标签状态。

（4）保存原理图更改，按 6.1.3 节方法同步更新 PCB 图。

2. 在 PCB 图中定义差分对

（1）打开 PCB 面板，单击编辑区右下方的"Panels"按钮，在弹出的菜单中选择"PCB"，打开 PCB 面板。在面板上方的下拉列表中选择"Differential Pairs Editor"，打开差分对编辑器，如图 7-16 所示。

（2）在差分对编辑器内，单击  图标，打开新增差分对对话框，如图 7-17 所示。

（3）在"Positive Net"下拉列表中，指定所要定义为差分对正信号的网络；在"Negative Net"下拉列表中，指定所要定义为差分对负信号的网络；在"Name"文本框里，输入该差分对的名称，单击"OK"按钮关闭对话框，即可完成差分对的定义，如图 7-18 所示。

3. 定义差分对的设计规则

（1）在差分对编辑器内，单击 ■Rule Wizard■ 图标，打开差分对设计规则向导，如图 7-19 所示。

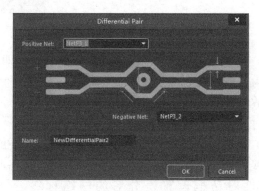

图 7-16 差分对编辑器

图 7-17 新增差分对对话框

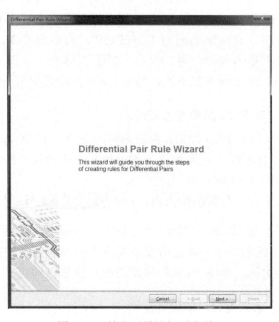

图 7-18 定义差分对完成

图 7-19 差分对设计规则向导（一）

（2）单击"Next"按钮切换到下一个画面，如图 7-20 所示。

图 7-20　差分对设计规则向导（二）

（3）在差分对设计规则向导中包括 3 个参数，在"Prefix"处设置设计规则名称的前缀，在此字段所输入的前缀，将立即反映到下面 2 个字段中。在"Matched Lengths Rule Name"处设置差分对的等长走线的设计规则名称，在"Differential Pair Routing Rule Name"处设置差分对走线的设计规则名称，设置完成后，单击"Next"按钮切换到下一个界面，如图 7-21 所示。

图 7-21　差分对设计规则向导（三）

（6）如图 7-21 所示，在此可设置差分对的等长走线设计规则，设置完成后，单击"Next"按钮切换到下一个界面，如图 7-22 所示。

图 7-22　差分对设计规则向导（四）

（7）如图 7-22 所示，在此可设置差分对的安全距离设计规则，而关于安全距离设计规则的设置，详见 5.5.1 节。同时可以设置走线宽度。设置完成后，单击"Next"按钮切换到下一个界面，如图 7-23 所示。

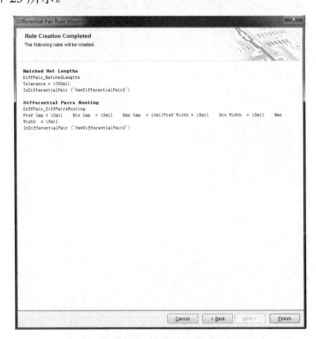

图 7-23　差分对设计规则向导（五）

(8)如图 7-23 所示,将前面所制定的设计规则列于此,若无问题,则单击"Finish"按钮结束差分对设计规则向导的设置。

4．进行差分对走线

差分对定义完成,且相关设计规则制定完成后(若不制定,将采用程序默认的设计规则),接下来就可对这些差分对进行走线了,具体操作步骤如下。

(1)在 PCB 编辑区里,找到差分对连接,执行菜单命令 Route→Interactive Differential Pair Routing,或单击工具栏中的 图标,进入多重走线状态。在所要走线的差分对焊盘处,单击鼠标。移动鼠标指针即可拉出走线,并随着鼠标指针的移动而改变其走线路径,差分对走线过程如图 7-24～图 7-26 所示。

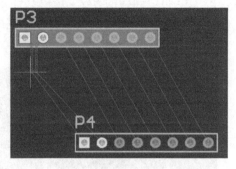

图 7-24　差分对走线过程(一)

(2)通常会先让差分对从焊盘走出一个 Y 形线(或倒 Y 形线),再单击鼠标,即可大幅度走线,如图 7-25 所示。

(3)随着鼠标指针的移动,程序随时修正走线路径。若要转弯,先单击鼠标,固定前一段走线。若要解除前一段走线,则按下 Backspace 键。若连接至目的地的建议走线很合适,例如接入两个焊盘的走线也呈 Y 形(或倒 Y 形),可按住 Ctrl 键,单击鼠标,即可完成整段走线,如图 7-26 所示。这时,程序仍处在差分对走线状态,可继续为其他的差分对走线,或单击鼠标右键,结束差分对走线状态。

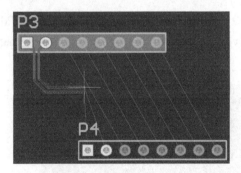

图 7-25　差分对走线过程(二)

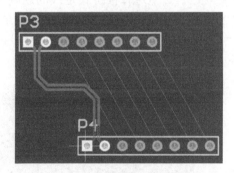

图 7-26　差分对走线过程(三)

7.1.6　调整走线

在使用自动布线时,部分走线路径并不合理(如图 7-27 所示),需要进行调整。常用的两个方法是,①直接拖曳走线,改变走线位置和路径;②重新选择路径调整走线。

1．拖曳调整走线

拖曳调整走线的具体操作步骤如下。

(1)在所要拖曳的走线处,单击鼠标,选取该走线,

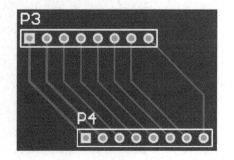

图 7-27　自动布线的部分走线路径并不合理

则走线的两端与中间，各出现一个控点，如图7-28（a）所示。

（2）在该走线非控点的位置，按住鼠标左键不放，调整走线位置，尽量靠近邻近走线，但不要重叠，再松开鼠标左键即可完成此走线的调整，如图7-28（b）所示。

（3）再以同样的方法，选取其他走线后，再在该走线非控点的位置，按住鼠标左键不放，调整走线位置，松开鼠标左键即可完成此走线的调整。重复这些操作可快速调整走线，调整完成后如图7-28（c）所示。

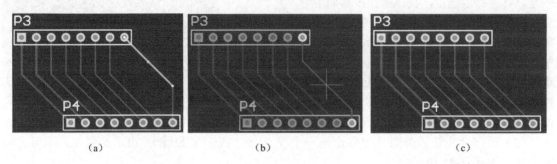

图7-28 拖曳调整走线

2. 重新选择路径调整走线

若存在走线路径不合理，或是走线绕路太长的情况，可采用7.1.2节推挤式走线的方法直接调整，具体操作步骤如下。

（1）按7.1.2节进行推挤式走线的规则设置。

（2）设置完成后删除原走线。执行菜单命令Tools→Preferences…，选择"PCB Editor"下的"Interactive Routing"，取消选择"Interactive Routing Options"选项区的"Automatically Remove Loops"，如图7-29所示。

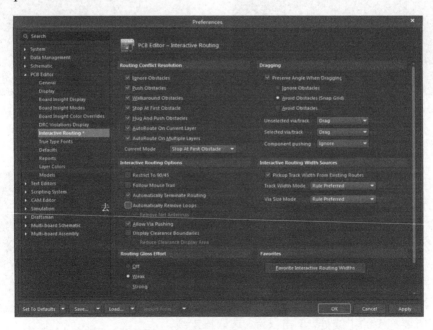

图7-29 取消选择"Automatically Remove Loops"

（3）单击布线图标![icon]，确定起始焊盘，单击鼠标进行确认，移动鼠标指针调整走线路径，如图 7-30 所示。

（4）调整合适的走线路径，单击鼠标进行确认。鼠标指针移动到终点，单击鼠标进行确认，如图 7-31 所示，此时鼠标指针仍与焊盘连接。可单击鼠标右键取消连接，再单击鼠标右键取消继续走线。此时，重新选择路径调整走线操作完毕，原走线取消，如图 7-32 所示。

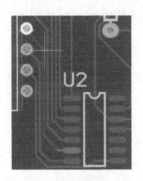 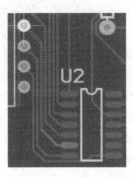 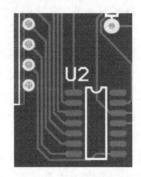

图 7-30　调整走线路径　　　图 7-31　确认走线终点　　　图 7-32　重新选择路径调整走线

7.2　PCB 编辑技巧

7.2.1　放置焊盘和过孔

在 PCB 的设计过程中，放置焊盘是最基础的操作之一。特别是对于一些特殊形状的焊盘，还需要用户自己定义焊盘的类型并进行放置。

1．放置焊盘

放置焊盘的具体操作步骤如下。

（1）在 PCB 设计环境中，执行菜单命令 Place→Pad，或单击布线工具栏中的![icon]图标，此时鼠标指针变成十字形，并带有一个焊盘。

（2）移动鼠标指针到 PCB 的合适位置，单击鼠标即可完成放置，如图 7-33 所示。此时 PCB 编辑器仍处于放置焊盘的命令状态，可将鼠标指针移动到新的位置进行连续放置。单击鼠标右键或按 Esc 键可退出放置状态。

（3）双击所放置的焊盘，或者在放置过程中按 Tab 键，即可打开焊盘属性对话框，如图 7-34 所示。

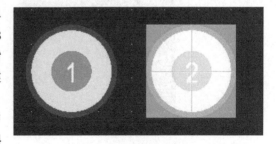

图 7-33　放置焊盘

2．设置焊盘属性

在焊盘属性对话框中可以对焊盘的属性进行设置或修改，部分属性参数内容如下。

（1）网络（Net）：用于设置焊盘所在的网络名称。

（2）位置（Location）：用于设置焊盘在 PCB 图中 X、Y 的坐标值和焊盘的旋转角度。右侧的 是锁定图标，若锁定生效，焊盘将处于锁定状态，可确保其不被误操作移动和编辑。

（3）属性（Properties）：该区域有标识（Designator）、层（Layer）和电气类型（Electrical Type）等选项。

- Designator：焊盘在 PCB 上的元器件序号，用于在网络表中唯一标注该焊盘，一般是元器件的引脚号。
- Layer：用于设置焊盘所需放置的工作层。在一般情况下，需要钻孔的焊盘应设置为 "Multi-Layer"，而对于焊接表贴式元器件不需要钻孔的焊盘则设置为元器件所在的工作层面，如 "Top Layer" 或者 "Bottom Layer"。
- Electrical Type：用于设置焊盘的电气类型，有 3 种选择，即中间点（Load）、源点（Source）和终止点（Terminator），主要对应于自动布线时的不同拓扑逻辑。

（4）孔洞信息（Hole information）："Hole Size" 用于设置焊盘的孔径尺寸，即内孔直径。同时可以设置焊盘内孔的形状，有圆形（Round）、正方形（Rect）和槽（Slot）3 种类型可供选择。若 "Plated" 被选中，则对焊盘孔内壁进行镀金设置，如图 7-35 所示。

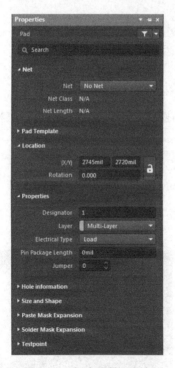

图 7-34　焊盘属性对话框

图 7-35　设置孔洞信息

（5）尺寸和外形（Size and Shape）：用于设置焊盘的尺寸和形状，有如下 3 种模式，如图 7-36 所示。

- 简单的（Simple）：选择该项，表示 PCB 各层的焊盘尺寸和形状都是相同的，其中，形状有 4 种，分别为圆形（Round）、方形（Rectangular）、八角形（Octagonal）和圆角方形（Rounded Rectangle）。

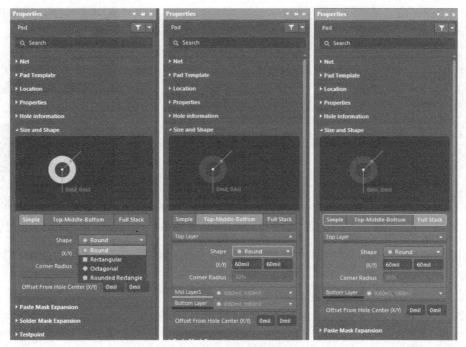

图 7-36 设置尺寸和外形

- 顶层–中间层–底层（Top-Middle-Bottom）：选择该项，表示顶层、中间层和底层的焊盘尺寸及形状可以各不相同，分别设置。
- 完成堆栈（Full Stack）：选择该项，可以对所有层的焊盘尺寸和形状进行详细设置。

（6）测试点设置（Testpoint）：用于设置焊盘测试点所在的工作层，通过在右侧选择顶层（Top）或底层（Bottom）进行确定。

3．放置矩形焊盘

下面以放置矩形焊盘为例，介绍焊盘属性对话框的设置。

（1）打开焊盘属性对话框，设置孔洞信息，在"Hole Information"选项区域选择"Slot"，设置"Hole Size"为"40 mil"，设置槽长"Length"为"100 mil"，这里要求槽长要比孔的尺寸长，如图 7-37 所示。

（2）在"Size and Shape"区域设置焊盘的尺寸和外形，如图 7-38 所示。选择"Simple"，设置 X 为"128 mil"，Y 为"64 mil"，"Shape"为"Rectangular"。"Offset From Hole Center（X/Y）"用于设置焊盘距孔中心的偏移量，此处设置为"0 mil"。

（3）单击"OK"按钮，放置好的矩形焊盘如图 7-39 所示。

4．放置过孔

过孔的形状与焊盘很相似，但作用却不同。过孔用来连接不在同一层但是属于同一网络的导线，例如双面板中的顶层和底层。单击工具栏中的 图标，或执行菜单命令 Place→Via，都可以在 PCB 图中放置过孔。

启动放置过孔命令后，鼠标指针会附上一个过孔，在 PCB 图上合适位置单击鼠标就可以完成放置，如图 7-40 所示。

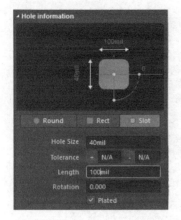

图 7-39 放置好的矩形焊盘

图 7-37 设置孔洞信息   图 7-38 设置焊盘的尺寸和外形   图 7-40 放置过孔

双击过孔，弹出过孔属性对话框，在该对话框中可以修改过孔的大小、孔径和所属网络等属性，如图 7-41 所示。

过孔属性对话框中需要设置的参数如下。

- 网络（Net）：用于设置过孔所在的网络名称。
- 位置（Location）：用于设置过孔在 PCB 图中 X、Y 的坐标值。右侧的 🔒 是锁定图标，若锁定生效，过孔将处于锁定状态，可确保其不被误操作移动和编辑。
- 属性（Properties）：单击"Drill Pairs"按钮，可弹出过孔对管理对话框，如图 7-42 所示。在该对话框中可以实现过孔对的添加、删除和属性设置等。"Start Layer"为过孔开始层，"Stop Layer"为过孔终止层。

图 7-41 过孔属性对话框   图 7-42 过孔对管理对话框

- 孔洞信息（Hole information）："Hole Size"用于设置焊盘的孔径尺寸，即内孔直径。
- 尺寸和外形（Size and Shape）：用于设置过孔的尺寸，"Diameters"即过孔直径，包括3种模式，"Simple"表示PCB各层的过孔尺寸都是相同的；"Top-Middle-Bottom"表示顶层、中间层和底层的过孔尺寸可以各不相同，分别设置；"Full Stack"表示可以对顶层和底层的过孔尺寸分别进行设置。
- 测试点设置（Testpoint）：用于设置过孔测试点所在的工作层，通过在右侧选择顶层（Top）或者底层（Bottom）进行确定。

7.2.2 补泪滴

在电路板设计中，为了让焊盘更坚固，防止在机械制版时焊盘与导线断开，常在焊盘和导线之间用铜膜布置一个过渡区，形状像泪滴，故常称作补泪滴（Teardrops）。

泪滴的放置可以执行主菜单命令 Tools→Teardrop…，弹出"Teardrops"对话框，如图7-43所示。

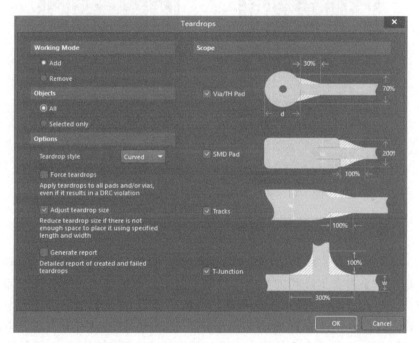

图7-43 "Teardrops"对话框

"Teardrops"对话框中需要设置的参数如下。

（1）工作模式（Working Mode）："Add"选项，用于添加泪滴；"Remove"选项，用于删除泪滴。

（2）对象（Objects）："All"选项，用于对全部对象添加泪滴；"Selected only"选项，用于对选择的对象添加泪滴。

（3）选项（Options）。

- 补泪滴类型（Teardrop style）：在下拉菜单中可以选择弧形（Curved）或直线（Line），分别表示用弧线添加泪滴或用直线添加泪滴。

- 强制补泪滴（Force teardrops）：选择该项，将强制对所有焊盘或过孔添加泪滴，这样可能导致在 DRC 时出现错误信息；取消选择该项，则对安全距离太小的焊盘不添加泪滴。
- 调整泪滴尺寸（Adjust teardrops size）：选择该项后，如果没有足够的空间放置特殊长度和宽度的泪滴，将会减小泪滴的大小。
- 生成报表（Generate report）：选择该项后，添加泪滴的操作成功或失败后会自动生成一个有关添加泪滴操作的报表文件，同时该报表在工作窗口显示出来。

(4) 范围（Scope）：可以分别对过孔/焊盘（Via/TH Pad）、贴片焊盘（SMD Pad）、导线（Tracks）和 T 型结点（T-Junction）的泪滴范围和尺寸进行设置。

设置完毕后单击"OK"按钮，完成补泪滴操作。补泪滴前后焊盘与导线的连接变化如图 7-44 所示。

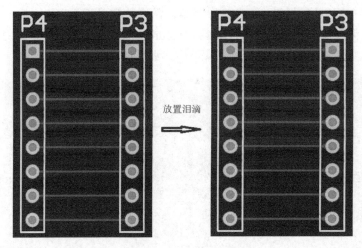

图 7-44 补泪滴前后焊盘与导线的连接变化

7.2.3 放置敷铜

敷铜由一系列的导线组成，可以完成 PCB 内不规则区域的填充。在绘制 PCB 图时，敷铜主要是指把空余没有走线的部分用导线全部铺满，用铜箔铺满部分区域并和电路的一个网络相连，在多数情况下是和 GND 网络相连的。单面 PCB 敷铜可以提高电路的抗干扰能力，经过敷铜处理后制作的 PCB 会显得十分美观，同时，通过大电流的导电通路也可以通过敷铜的方法来加大其过电流的能力。通常敷铜的安全距离应该在一般导线安全距离的两倍以上。

1. 执行放置敷铜命令

执行菜单命令 Place→Polygon Pour，或者单击"Wiring"工具栏中的 图标，即可执行放置敷铜命令。按下 Tab 键，弹出"Polygon Pour"对话框，如图 7-45 所示。

2. 设置敷铜属性

(1) 属性（Properties）："Layer"下拉列表用于设置敷铜所属的工作层；"Name"选项用于设置敷铜名称。

（2）填充模式（Fill Mode）：该选项组用于选择敷铜的填充模式，包括 3 个单选钮，Solid（Copper Regions），即敷铜区域内为全敷铜；Hatched（Tracks/Arcs），即向敷铜区域内填入网络状的敷铜；None（Outlines），即只保留敷铜边界，内部无填充。

- Solid（Copper Regions）：用于删除孤立区域敷铜的面积限制值和凹槽的宽度限制值。需要注意的是，当用该方式敷铜后，在 Protel 99 SE 软件中不能显示，但可以用"Hatched（Tracks/Arcs）"方式敷铜。按图 7-45 中的设置，敷铜结果如图 7-46 所示。
- Hatched（Tracks/Arcs）：用于设置网格线的宽度、网格的大小、围绕焊盘的形状和网格的类型。
- None（Outlines）：用于设置敷铜边界导线宽度和围绕焊盘的形状等。

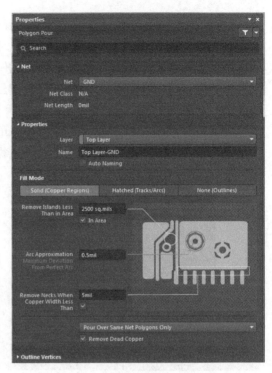

图 7-45 "Polygon Pour"对话框

在该选项组的中间区域内可以设置敷铜的具体参数，针对不同的填充模式，有不同的设置参数选项。

在该选项组的下方有"Pour Over Same Net Polygons Only"下拉列表和"Remove Dead Copper"复选框。其中"Remove Dead Copper"复选框用于设置是否删除孤立区域的敷铜，孤立区域的敷铜是指没有连接到指定网络元器件上的封闭区域内的敷铜，若选择该复选框则可以将这些区域的敷铜去除。

单击"Pour Over Same Net Polygons Only"下拉列表，将展开如下 3 个选项。

- Don't Pour Over Same Net Objects：用于设置敷铜的内部填充不与同网络的图元及敷铜边界相连。
- Pour Over All Same Net Objects：用于设置敷铜的内部填充和敷铜边界线，并与同网络的任何图元相连，如焊盘、过孔、导线等。
- Pour Over Same Net Polygons Only：用于设置敷铜的内部填充只与敷铜边界线和同网络的焊盘相连。

3．放置敷铜

（1）执行放置敷铜命令，按下 Tab 键，弹出"Polygon Pour"对话框。

（2）单击"Solid（Copper Regions）"按钮，设置"Name"为"Top Layer-GND"，连接到网络 GND，设置"Layer"为"Top layer"，选择"Remove Dead Copper"。

（3）单击"OK"按钮，关闭对话框。此时鼠标指针变成十字形，准备开始敷铜操作。

（4）在需要敷铜区域画一个闭合的矩形框。单击鼠标确定敷铜起点，移动至拐点处单击鼠标,直至确定矩形框的4个顶点,单击鼠标右键退出。用户不必手动将矩形框闭合,系统会自动将起点和终点连接起来构成闭合框。

(5) 在闭合框上单击鼠标右键,在弹出的快捷菜单中选择"Repour Selected",系统在闭合框内生成"Top Layer"的敷铜,敷铜结果如图7-46所示。可以看到GND网络与敷铜相连。

(6) 继续放置敷铜,执行敷铜命令,单击"Hatched(Tracks/Arcs)"按钮,进行网络状敷铜,如图7-47所示,设置网络状填充模式为"45 Degree"。

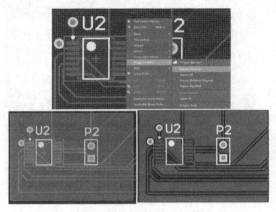

图 7-46 敷铜结果　　　　　　　　　　　　图 7-47 网络状敷铜

(7) 在闭合框内单击鼠标右键,在弹出的快捷菜单中选择"Repour Selected",系统在闭合框内生成"Top Layer"的敷铜,网络状敷铜结果如图7-48所示。

(8) 执行敷铜命令,选择"Remove Dead Copper",进行无填充敷铜,如图7-49所示,其他参数保持默认设置。

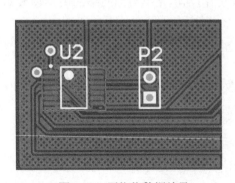
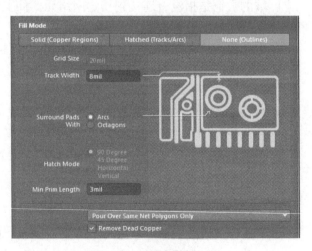

图 7-48 网络状敷铜结果　　　　　　　　　图 7-49 无填充敷铜

(9) 在闭合框上单击鼠标右键,在弹出的快捷菜单中选择"Repour Selected",系统在闭合框内生成"Top Layer"的敷铜,无填充敷铜结果如图7-50所示。

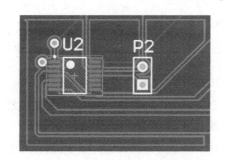

图 7-50　无填充敷铜结果

7.2.4　放置文字和注释

在 PCB 设计中，有时需要在 PCB 上放置相应元器件的文字标注、电路注释或公司的产品标志等信息。必须注意的是所有的文字都放置在丝印层上。

放置文字和注释的操作步骤如下。

（1）执行主菜单命令 Place→String，或单击元器件放置工具栏中的 A 图标。鼠标指针变成十字形，将鼠标指针移动到合适的位置，单击鼠标就可以放置文字。系统默认的文字是"String"。

（2）在放置文字时按下 Tab 键，或在放置完成后双击字符串，将弹出文字属性设置对话框，如图 7-51 所示。

在文字属性设置对话框中可以设置的参数包括文本的放置角度（Rotation）、文本高度（Text Height）、文本字体（Font）、文本内容（Text）和文本放置图层（Layer）等，具体介绍如下。

- 位置（Location）。可以设置文本的放置角度（Rotation）。
- 属性（Properties）。可以设置文本内容（Text）、文本放置图层（Layer）、文本镜像（Mirror）和文本高度（Text Height）。
- 字体（Font Type）。可进行"TrueType"、"Stroke"和"BarCode"的字体设置。

图 7-51　文字属性设置对话框

7.2.5　距离测量与标注

1．测量 PCB 上两点间的距离

PCB 上两点之间的距离是通过"Report"菜单下的"Measure Distance"命令测量的，它测量的是 PCB 上任意两点的距离。具体操作步骤如下。

（1）执行菜单命令 Report→Measure Distance，此时鼠标指针变成十字形。

（2）移动鼠标指针到某个坐标点上，单击鼠标确定测量起点。如果鼠标指针移动到了某个对象上，则系统将自动捕捉该对象的中心点。

（3）鼠标指针仍为十字形，重复步骤（2）确定测量终点。此时将弹出如图 7-52 所示的对话框，在对话框中给出了两点间距的测量结果。测量结果包含总距离、X 方向上的距离和 Y 方向上的距离 3 项。

（4）鼠标指针仍为十字形，重复步骤（2）和步骤（3）可以继续进行其他测量。

（5）完成测量后，单击鼠标右键或按 Esc 键即可退出测量状态。

2．测量电路板上对象间的距离

此处的测量是专门针对 PCB 上的对象进行的，在测量过程中，鼠标指针将自动捕捉对象的中心位置。具体操作步骤如下。

（1）执行菜单命令 Report→Measure Primitives，此时鼠标指针变成十字形。

（2）移动鼠标指针到某个对象（焊盘、元器件、导线、过孔等）上，单击鼠标确定测量的起点。

（3）鼠标指针仍为十字形，重复步骤（2）确定测量终点。此时将弹出如图 7-53 所示的对话框，在对话框中给出了对象的层属性、坐标和整体测量结果。

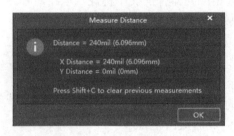

图 7-52 两点间距的测量结果

图 7-53 对象间距测量结果

（4）重复步骤（2）和步骤（3）可以继续进行其他测量。

（5）完成测量后，单击鼠标右键或按 Esc 键即可退出测量状态。

3．放置距离标注

放置距离标注的具体操作步骤如下。

（1）将 PCB 切换到"Keep-Out Layer"层，执行命令 Place→Dimension→Linear，或单击元器件放置工具栏中的  图标。

（2）进入放置距离标注的状态后，鼠标指针变成十字形。将鼠标指针移动到合适的位置，单击鼠标确定放置距离标注的起点位置。移动鼠标指针到合适位置再单击鼠标，确定放置距离标注的终点位置，完成距离标注的放置，如图 7-54 所示。系统自动显示当前两点间的距离。

（3）在放置距离标注时按下 Tab 键，或直接双击放置好的距离标注，将弹出距离标注属性设置对话框，如图 7-55 所示。

距离标注属性设置对话框中需要设置如下几项参数。

- 样式（Style）：可以设置尺寸线线宽、延伸线线宽、延伸线间隙、箭头尺寸和长度等。
- 属性（Properties）：可以设置距离标注所在的布线层（Layer）、文本位置（Text Position）、箭头位置（Arrow Position）和文本高度（Text Height）。
- 字体（Font Type）：用于进行"TrueType"和"Stroke"的字体设置。
- 单位（Units）：用于设置距离的基本单位和精度值。
- 数值（Value）：用于设置距离标注的数字格式，如图 7-56 所示。其中"None"表示标注没有数字标识；"0.00"表示标注只显示数字没有单位；"0.00mil"和"0.00（mil）"分别表示标注包含数字和单位的两种格式。

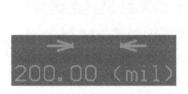

图 7-54　放置距离标注　　图 7-55　距离标注属性设置对话框　　图 7-56　设置距离标注的数字格式

7.2.6　添加包地

在 PCB 中对高频电路板进行布线时，对重要的信号线进行包地处理，可以显著提高该信号的抗干扰能力，当然还可以对干扰源进行包地处理，使其不能干扰其他信号。下面以对晶振电路连线进行包地处理为例进行介绍，如图 7-57 所示。

添加包地的具体操作步骤如下。

（1）选择需要包地的网络或者导线。执行菜单命令 Edit→Select→Net，鼠标指针变成十字形，移动鼠标指针到需要进行包地处理的网络处单击，选择该网络。如果元器件未定义网络，可以执行菜单命令 Edit→Select→Connected Copper，选择需要添加包地的导线。如图 7-58 所示。

（2）放置包地导线。执行菜单命令 Tools→Outline Selected Objects。系统自动对已经选择的网络或导线进行包地操作。完成包地操作后如图 7-59 所示。

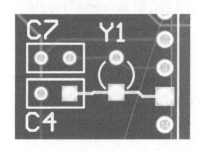

图 7-57　对晶振电路连线进行包地处理　　　　图 7-58　选择需要添加包地的导线

（3）设置包地线网络为 GND。执行菜单命令 Edit→Select→Connected Copper，选择包地导线，如图 7-60 所示。在 Altium Designer 18 软件右下角，单击"Panels"按钮，选择"PCB

Inspector",如图 7-61 所示。打开"PCB Inspector"对话框,如图 7-62 所示。在"Net"选项后的下拉菜单中选择"GND",此时包地网络将全部变为 GND 网络。可双击包地网络查看其属性。

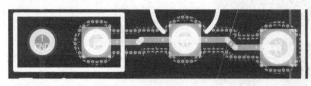

图 7-59 完成包地操作

图 7-60 选择包地导线

图 7-61 选择"PCB Inspector"

(4) 将包地网络敷铜。敷铜网络也设置为"GND",敷铜后的包地网络如图 7-63 所示。

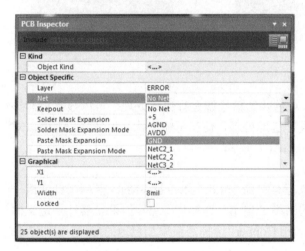

图 7-62 "PCB Inspector"对话框

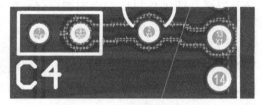

图 7-63 敷铜后的包地网络

(5) 如果不再需要包地的导线,可以执行菜单命令 Edit→Select→Connected Copper。此时鼠标指针将变成十字形,移动鼠标指针选择要删除的包地导线,按 Delete 键即可删除不需要的包地导线。

7.2.7 特殊粘贴

对于放置多个相同属性的 PCB 对象,例如元器件,可以用阵列粘贴功能来实现,下面分别演示线性阵列粘贴电阻器与环形阵列粘贴电阻器的方法。

1. 线性阵列粘贴

(1) 选择并复制要粘贴的对象,如图 7-64 所示。

(2) 单击常用工具栏中的 图标,打开"Setup Paste Array"对话框,设置线性阵列粘贴的各项参数，如图 7-65 所示。各项参数的具体含义如下。

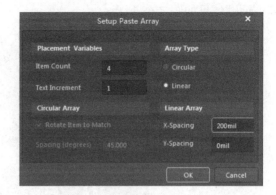

图 7-64　选择并复制要粘贴的对象　　　　图 7-65　设置线性阵列粘贴的各项参数

- Placement Variables：放置变量。其中"Item Count"表示阵列数目；"Text Increment"表示文本增量。
- Array Type：阵列类型。其中"Circular"表示环形的；"Linear"表示线形的。
- Circular Array：环形阵列选项。其中"Rotate Item to Match"表示旋转匹配；"Spacing（degrees）"表示间隔（度数）。
- Linear Array：线形阵列选项。其中"X-Spacing"表示横向间隔；"Y-Spacing"表示纵向间隔。

（3）设置完成后单击"OK"按钮，随即鼠标指针会附上一个十字形，在图样合适位置处单击鼠标以放置粘贴对象，线性阵列粘贴结果如图 7-66 所示，可以发现电阻由粘贴前的 1 个变成了 5 个，它们的编号也是自动增加的。

2．环形阵列粘贴

（1）选择并复制要粘贴的对象，然后将对象删除。

（2）单击常用工具栏中的 图标，打开"Setup Paste Array"对话框，设置环形阵列粘贴的各项参数，如图 7-67 所示。

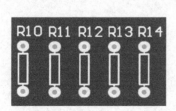

图 7-66　线性阵列粘贴结果　　　　图 7-67　设置环形阵列粘贴的各项参数

（3）设置完成后单击"OK"按钮，此时鼠标指针同样会附上一个十字形，先在图样合适位置处单击鼠标确定环形的中心点，然后移动鼠标指针至合适位置处再单击确定环形的半径，环形阵列粘贴结果如图 7-68 所示。

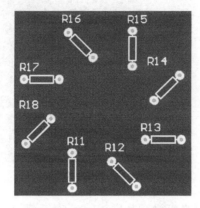

图 7-68　环形阵列粘贴结果

7.2.8　添加网络连接

在 PCB 中装入网络后，如果发现原理图中遗漏了个别元器件，那么可以在 PCB 中直接添加元器件，并添加相应网络。另外还有些网络需要用户自行添加，例如与总线的连接，与电源的连接等。下面以图 7-69 中的 PCB 图为例来添加网络连接，假设将 R8 的 1 脚和 R4 的 1 脚相连、R9 的 1 脚和 R8 的 1 脚相连、R8 的 2 脚连接+5V 电源、R9 的 2 脚连接 GND。

本节将以该实例为基础，详细介绍如何在 PCB 中添加网络连接，包括网络表管理法和焊盘信息法两种方法，下面分别介绍。

1．网络表管理法

采用网络表管理法在 PCB 中添加网络连接的具体步骤如下。

（1）确认打开的 PCB 文件中装载有网络表，执行菜单命令 Design→Netlist→ Edit Nets…，弹出网络表管理器（Netlist Manager）对话框，如图 7-70 所示。

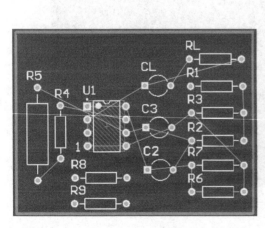

图 7-69　PCB 图

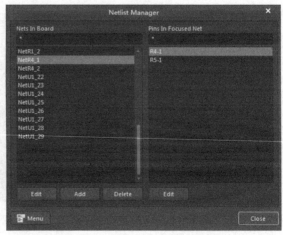

图 7-70　网络表管理器（Netlist Manager）对话框

（2）此时，可以在"Nets in Board"列表中选择需要连接的网络，例如"NetR4_1"，双击该网络名或者单击"Edit"按钮，弹出"Edit Net"对话框，如图 7-71 所示。在该对话框中可以选择添加连接该网络的元器件引脚，如 R8_1。

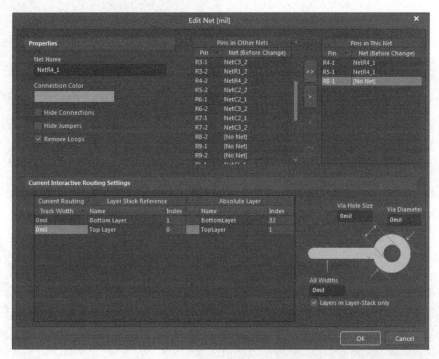

图 7-71 "Edit Net"对话框

（3）在"Pins in Other Nets"列表中选择"R8-1"，单击右侧的 > 图标，可以向"NetR4_1"添加新的连接引脚，单击"OK"按钮，弹出的对话框与图 7-70 基本一致，不过在"Pins In Focused Net"列表中多了"R8-1"，如图 7-72 所示。

（4）单击"Close"按钮关闭对话框，添加新的连接引脚"R8-1"的 PCB 如图 7-73 所示。

2．焊盘信息法

采用焊盘信息法在 PCB 中添加网络连接的具体步骤如下。

（1）双击 R9 封装，弹出封装属性设置对

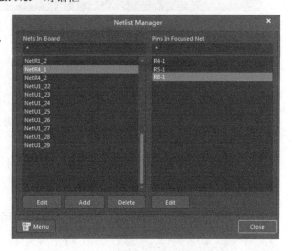

图 7-72 添加新的连接引脚"R8-1"

话框，如图 7-74 所示。单击"Primitives"按钮并回车，将封装解锁。

（2）双击 R9 的 1 号焊盘，弹出焊盘设置对话框，如图 7-75 所示。

（3）在"Net"下拉菜单中选择"NetR4_1"，单击"OK"按钮。此时网络连接已经出现。

（4）重复步骤（1）、（2）、（3），添加其他连接，添加网络后的 PCB 如图 7-76 所示。

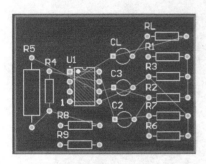

图 7-73　添加新的连接引脚"R8-1"的 PCB

图 7-74　封装属性设置对话框

图 7-75　焊盘设置对话框

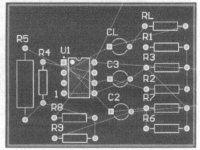

图 7-76　添加网络后的 PCB

7.2.9　多层板设计

多层板中的两个重要概念是中间层（Mid-Layer）和内电层（Internal Plane）。其中中间层是用于布线的中间板层，该层所布的是导线。而内电层是不用于布线的中间板层，主要被用作电源层或者地线层，由大块的铜膜构成。

Altium Designer 18 中提供了最多 16 个内层，32 个中间层，供多层板设计使用。在这里以常用的 4 层板为例，介绍多层板的设计过程。

1. 新建内电层

对于 4 层板，就是新建 2 层内电层，分别用作电源层和地线层。这样在 4 层板的顶层和底层不需要布置电源线和地线，所有电路元器件的电源和地的连接将通过盲孔、过孔的形式连接 2 层内电层中的电源和地。新建内电层的方法如下。

（1）打开要设计的 PCB，进入 PCB 编辑状态。本节以双面 PCB 为例进行介绍，如图 7-77 所示。

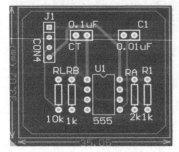

图 7-77　双面 PCB

（2）执行菜单命令 Design→Layer Stack Manage…，弹出

板层管理器（Layer Stack Manager）对话框，如图 7-78 所示。

（3）在板层管理器中，单击"Add Layer"按钮，选择"Add Internal Plane"，如图 7-79 所示。在当前的 PCB 中添加两个内层，如图 7-80 所示。

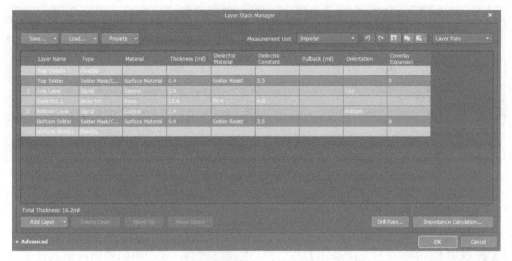

图 7-78　板层管理器（Layer Stack Manager）对话框

（4）若要修改第一个内层"Internal Planel 1"，直接在需要修改的选项处双击鼠标，即可编辑该选项的内容。主要包括以下的内层属性选项。

- 层名称（Layer Name）：用于给该内层指定一个名称。
- 厚度（Thickness）：用于设置内层铜膜的厚度，这里使用默认值。
- 缩进值（Pullback）：用于设置内层铜膜和过孔铜膜不相交时的缩进值，这里使用默认值。

图 7-79　在"Add Layer"中选择"Add Internal Plane"

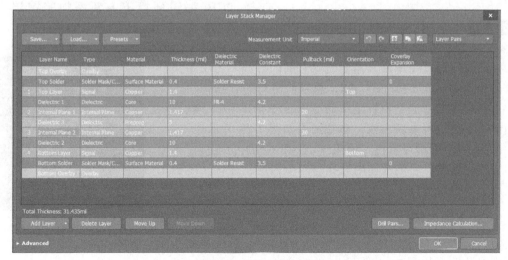

图 7-80　添加两个内层

（5）将内层"Internal Planel 2"的"Layer Name"设置为"Power"，表示布置的是电源层。将内层"Internal Plane3"的"Layer Name"设置为"Ground"，表示布置的是接地层，对两个内层设置完成后，其设置结果如图 7-81 所示。

Layer Name	Type	Material	Thickness (mil)	Dielectric Material	Dielectric Constant	Pullback (mil)	Orientation	Coverlay Expansion
Top Overlay	Overlay							
Top Solder	Solder Mask/C...	Surface Material	0.4	Solder Resist	3.5			0
1 Top Layer	Signal	Copper	1.4				Top	
Dielectric 1	Dielectric	Core	10	FR-4	4.2			
2 Power	Internal Plane	Copper	1.417			20		
Dielectric 3	Dielectric	Prepreg	5		4.2			
3 Ground	Internal Plane	Copper	1.417			20		
Dielectric 2	Dielectric	Core	10		4.2			
4 Bottom Layer	Signal	Copper	1.4				Bottom	
Bottom Solder	Solder Mask/C...	Surface Material	0.4	Solder Resist	3.5			0
Bottom Overlay	Overlay							

图 7-81 两个内层的设置结果

2．重新布置导线

（1）设置内层属性。

选择 PCB 编辑环境下方新添加的图层图标 □ Power，双击图标弹出内层属性编辑对话框，如图 7-82 所示。

图 7-82 内层属性编辑对话框

在内层属性编辑对话框中，各项参数的含义如下。

- Name：用于给该内层指定一个名称。
- Copper thickness：用于设置内层铜膜的厚度，这里使用默认值。
- Net Name：用于指定对应的网络名，此处选择网络名称"VCC"。
- Pullback：用于设置内层铜膜和过孔铜膜不相交时的缩进值，这里使用默认值。

选择 PCB 编辑环境下方新添加的图层图标 □ Ground，双击图标弹出内层属性编辑对话框，设置"Net Name"为"GND"。

（2）4 层板布线。

内层属性设置完毕后，需要删除之前的导线，方法是执行菜单命令 Tools→Un-Route→All，将以前所有的导线删除。

重新布线的方法是执行菜单命令 Auto Route→All。软件将对当前 4 层板进行重新布线，布线结果如图 7-83 所示。

从图 7-83 中可以看出，原来 VCC 和 GND 的连接点都不再用导线相连接，它们都使用过孔与两个内层相连接（在 PCB 图上用十字符号标注）。

图 7-83 4 层板布线结果

3．内层的显示

（1）在 PCB 图上，使用快捷键"Ctrl+D"，弹出板层和颜色管理对话框，如图 7-84 所示。

（2）在板层和颜色管理对话框中，"Layers"选项区域列出了当前 PCB 的所有层，包含两层内电层"Power"和"Ground"。选择这两项的图标，表示显示这两个内层。

（3）在 PCB 编辑环境下，使用快捷键"Shift+S"，切换单层显示模式，将板层切换到内层，例如切换到"Power"层的效果如图 7-85 所示。再按"Shift+S"键可切换回原复合状态。

图 7-84　板层和颜色管理对话框

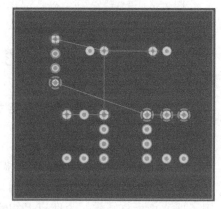

图 7-85　切换到"Power"层

（4）从图 7-85 中可以看到在网络名为"VCC"的网络标号的过孔处有一虚线圆，表示 VCC 电源内层的使用情况。

7.2.10　内电层分割

如果在多层板的 PCB 设计中，需要用到不止一组电源或不止一组接地，那么可以在电源层或接地层中使用内电层分割来完成不同网络的分配。内电层可分割成多个独立的区域，而每个区域可以指定连接到不同的网络。

分割内电层，可以使用绘制直线、弧线等命令来完成，只要绘制出的区域构成一个独立的闭合区域，内电层即可被分割开。以图 7-85 中的内电层为例进行分割，具体操作步骤如下。

（1）单击板层标签中的内电层标签"Power"，切换为当前的工作层并单层显示。

（2）执行菜单命令 Place→Line，鼠标指针变为十字形，将鼠标指针放置在 PCB 边缘的"Pullback"线上，单击鼠标确定起点后，拖动直线到 PCB 对面的"Pullback"线上。在此过程中，按下 Tab 键，可打开"Properties"对话框，设置线宽，如图 7-86 所示。

（3）单击鼠标右键退出直线放置状态，此时内电层被分割成了两个，如图 7-87 所示。

双击其中的某一区域，弹出"Split Plane"对话框，如图 7-88 所示，在该对话柜中可为分割后的内电层选择指定的连接网络。

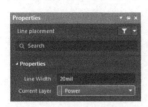 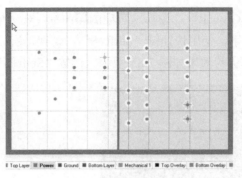 

图 7-86　设置线宽　　　　图 7-87　内电层被分割为两个　　　　图 7-88　选择指定的连接网络

7.3　Altium Designer 18 与同类软件库文件的转换

7.3.1　将 Protel 99 SE 库文件导入 Altium Designer 18

Altium Designer 18 中使用的元器件库为集成元器件库，在 Altium Designer 18 中使用 Protel 以前版本的元器件库或自己做的元器件库以及从 Protel 网站下载的元器件库时最好将其转换生成集成元器件库后再使用。由于 Protel 网站下载的元器件库均为 DDB 文件，在使用之前应该进行转换。下面以 Protel 99 SE 自带的数据库文件为例介绍转换步骤。

1. Protel 99 SE 库文件导入

（1）在 Protel 99 SE 安装路径 Design Explorer 99 SE\Examples 下，找到"4 Port Serial Interface.ddb"文件。

（2）在 Altium Designer 18 软件中，执行菜单命令 File→Import Wizard，打开"Import Wizard"对话框，如图 7-89 所示。

（3）按照提示，单击"Next"按钮，在弹出的对话框中选择导入文件的类型，此处选择"99SE DDB Files"，如图 7-90 所示。

 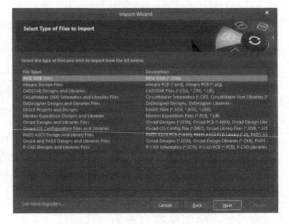

图 7-89　"Import Wizard"对话框　　　　图 7-90　选择导入文件的类型

（4）单击"Next"按钮，弹出"99 SE Import Wizard"对话框，在"Files To Process"区域单击"Add"按钮添加选择导入的文件或文件夹，如图 7-91 所示。在该对话框中也可以导入整个 DDB 文件的文件夹。

（5）单击"Next"按钮，为"4 Port Serial Interface.ddb"文件选择一个解压缩的文件夹，如图 7-92 所示。

图 7-91 选择导入的文件或文件夹　　　　　图 7-92 选择解压缩文件夹

（6）继续单击"Next"按钮，设置 SCH 文档导入的文件格式，如图 7-93 所示。

（7）单击"Next"按钮，弹出"Set import options"对话框，如图 7-94 所示，在对话框中可以选择为每个 DDB 文件创建一个工程还是为每个 DDB 文件夹创建一个工程，以及是否在工程中创建 PDF 或 Word 说明文档。

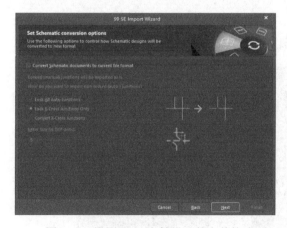 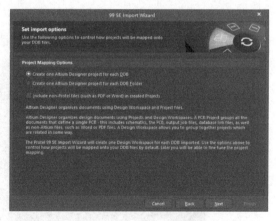

图 7-93 设置 SCH 文档导入的文件格式　　　图 7-94 "Set import options"对话框

（8）单击"Next"按钮，弹出"Select design files to import"对话框，如图 7-95 所示。确认没有问题，则单击"Next"按钮进入下一步，弹出"Review project creation"对话框，如图 7-96 所示。

（9）单击"Next"按钮进入下一步，打开"Import summary"对话框，如图 7-97 所示。检查无误后便可进入下一步，选择工作台，如图 7-98 所示。若有错误，则退回相应步骤重新修改。

图 7-95 "Select design files to import" 对话框

图 7-96 "Review project creation" 对话框

图 7-97 "Import summary" 对话框

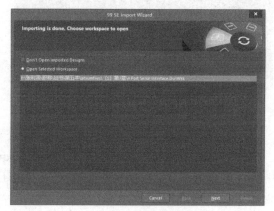

图 7-98 选择工作台

（10）单击"Next"按钮，弹出两个对话框，分别如图 7-99 和图 7-100 所示。

图 7-99 导入向导结束对话框

图 7-100 导入 99 SE 文件后的库文件

2. 导入文件生成集成元器件库

导入文件生成集成元器件库的具体操作步骤如下。

（1）关闭所有打开的文件。执行菜单命令 File→New→Project→Integrated Library，创建一个集成元器件库项目。

（2）执行菜单命令 Project→Add Existing to Project…，在弹出的对话框中找到并选择刚才转换的.SchLib 文件，打开文件并关闭对话框，被选择的文件已经被添加到项目中了。重复执行菜单命令，选择刚转换的.PcbLib 文件，将其添加到项目中。添加元器件库与封装库文件的结果如图 7-101 所示。

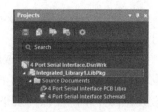

图 7-101 添加元器件库与封装库文件

（3）执行菜单命令 Project→Project Options，打开"Options for Integrated Library Integrated_Library1.LibPkg"对话框，如图 7-102 所示。切换到"Search Paths"标签页。

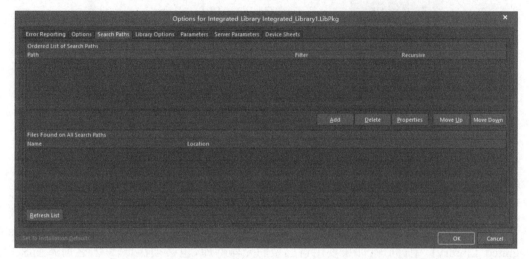

图 7-102 "Options for Integrated Library Integrated_Library1.LibPkg"对话框

（4）单击"Add"按钮，打开"Edit Search Path"对话框，如图 7-103 所示。单击 图标，选择.PcbLib 文件所在的文件夹，单击"Refresh List"按钮，确认所选择的文件夹是否正确，单击"OK"按钮关闭对话框。

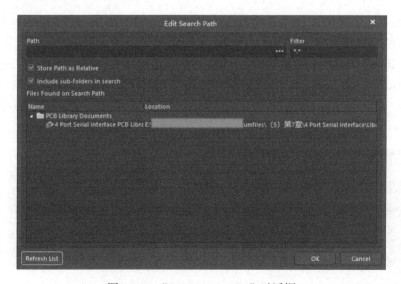

图 7-103 "Edit Search Path"对话框

（5）在图 7-102 的"Error Reporting"标签页中设置所需要的内容，单击"OK"按钮关闭对话框。

（6）执行菜单命令 Project→Compile Integrated Library Integrated_Libraryl.LibPkg，编译完成后自动打开"Libraries"面板。这样 Altium Designer 18 就由刚才添加的库文件生成了一个集成元器件库，在该列表下面，每一个元器件名称都对应一个原理图符号和一个 PCB 封装，如图 7-104 所示。

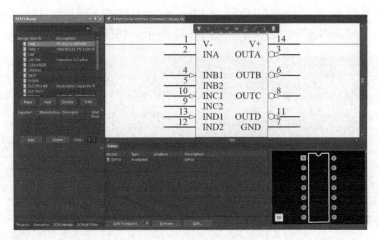

图 7-104　集成元器件库

生成的集成元器件库保存在步骤（4）中选择的文件夹下的子文件夹"Project Outputs for Integrated_Library1"中。同理，如果要用自己做的元器件库，也必须在步骤（2）之前添加.SchLib 文件和.PcbLib 文件，然后再从步骤（2）开始。如果要修改元器件库，可以在.SchLib 文件或.PcbLib 文件中进行修改后，再从步骤（2）开始。

7.3.2　将 Altium Designer 18 的元器件库转换成 Protel 99 SE 的格式

Altium Designer 18 的库文件是以集成库的形式提供的，而 99 SE 的库文件则是分类的形式。它们之间的转换需要对 Altium Designer 18 的库文件进行一个分包操作，具体步骤如下。

（1）以 Altium Designer\AD18\Library\Miscellaneous Devices.IntLib 为例。打开这个文件会弹出"Extract Sources or Install"对话框，如图 7-105 所示。

（2）单击"Extract Sources"按钮，执行导出指令，生成"Miscellaneous Device.LibPkg*"文件，如图 7-106 所示。

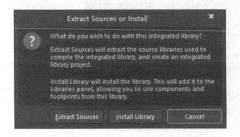

图 7-105　"Extract Sources or Install"对话框　　图 7-106　生成"Miscellaneous Devices.LibPkg*"文件

（3）将工程中的原理图库文件保存为"SchLibl"，在保存类型中选择"Schematic binary 4.0 library（*.1ib）"，这是 99 SE 可以导入的格式，如图 7-107 所示。

（4）将工程中的 PCB 库文件保存为"PCBLib1"，在保存类型中选择"PCB 4.0 Library File（*.1ib）"，这是 99 SE 可以导入的格式，如图 7-108 所示。

图 7-107　选择原理图保存类型　　　　图 7-108　选择 PCB 保存类型

7.4　PCB 设计的后期处理

PCB 设计的后期处理，主要包括通过设计规则检查进一步确认 PCB 设计的正确性，完成各种文件的生成与整理。

7.4.1　设计规则检查（DRC）

设计规则检查（Design Rule Check，DRC）是 PCB 设计的重要步骤，在 PCB 布线完成后，进行一次完整的 DRC 是必要的。系统会根据用户设计规则的设置，检查导线宽度、是否有未连接导线、安全距离、元器件间距和过孔类型等。DRC 可保障生成正确的输出文件。

执行菜单命令 Tools→Design Rule Check，弹出"Design Rule Checker"对话框，如图 7-109 所示。该对话框的左侧是可进行检查的项目列表，右侧是其对应的具体内容。

1．DRC 报告选项

单击"Design Rule Checker"对话框左侧列表中的"Report Options"选项，即显示 DRC 报告选项的具体内容。这里的选项主要用于对 DRC 报表的内容和格式进行设置，通常保持默认设置即可，其中各选项的功能如下。

- Create Report File：运行批处理 DRC 后会自动生成"报表文件设计名.DRC"的报告文件，包含本次 DRC 中使用的规则、违规数量和细节描述。
- Create Violations：能在违规对象和违规消息之间直接建立连接，使用户可以直接通过"Messages"对话框中的违规消息进行错误定位，找到违规对象。
- Sub-Net Details：对网络连接关系进行检查并生成报告。
- Verify Shorting Copper：对敷铜或非网络连接造成的短路进行检查。

- Report Drilled SMT Pads：报告被钻孔的贴片元器件焊盘。
- Report Multilayer Pad with 0 size Hole：报告孔径为 0 的多层焊盘。

2．DRC 规则列表

单击"Design Rule Checker"对话框左侧列表中的"Rules To Check"选项，即可显示所有可进行检查的设计规则，其中包括了 PCB 制作中常见的规则，也包括了高速电路板设计规则，如图 7-110 所示。例如，线宽设定、引线间距、过孔大小、网络拓扑结构、元器件安全距离、高速电路设计的引线长度、等距引线等，可以选择规则进行具体设置。

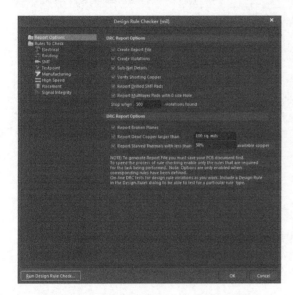
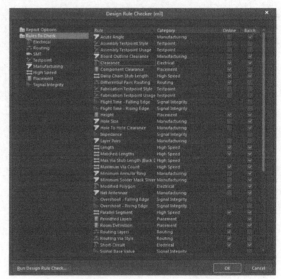

图 7-109　"Design Rule Checker"对话框　　　　图 7-110　DRC 规则列表

在 DRC 规则列表中，通过"Online"和"Batch"两个选项，用户可以选择在线 DRC 或批处理 DRC。

在线 DRC 在后台运行，在设计过程中，系统随时进行规则检查，对违反规则的对象提出警示或自动限制违规操作的执行。执行菜单命令 Tools→Preferences，在弹出的"Preferences"对话框中选择 PCB Editor→General，在打开的标签页中可以设置是否选择在线 DRC，如图 7-111 所示。

通过批处理 DRC，用户可以在设计过程中的任何时候手动一次运行多项规则检查。批处理 DRC 适用于电路板在布线完成后，进行完整的 DRC。

3．PCB 文件的批处理 DRC

打开布线完成的 PCB 文件进行批处理 DRC，具体的操作步骤如下。

（1）执行菜单命令 Tools→Design Rule Check，弹出"Design Rule Checker"对话框，单击左侧列表中的"Rules To Check"选项，配置检查规则。

（2）选择的 DRC 规则项必须包括安全距离（Clearance）、宽度（Width）、短路（Short-Circuit）、未布线网络（Un-Routed Net）和元器件安全距离（Component Clearance）等，其他选项保持系统默认设置即可。

（3）单击"Run Design Rule Check"按钮，运行批处理 DRC。

（4）系统执行批处理 DRC，运行结果在"Messages"对话框中显示出来，如图 7-112 所示。对于批处理 DRC 检查到的违规信息项，可以通过错误定位进行修改。

图 7-111　设置是否在线 DRC　　　　图 7-112　DRC 运行结果在"Messages"对话框中显示

7.4.2　PCB 报表输出

在 PCB 设计完成之后，要了解 PCB 的详细信息，可以通过生成相关报表文件的方法来实现。Altium Designer 18 提供了自动生成各类报表的功能，本节我们介绍与 PCB 相关的一些报表的生成和输出方法，主要包括 PCB 信息报表、元器件清单报表和网络表状态报表等，下面一一介绍。

1．PCB 信息报表

PCB 信息报表为设计人员提供了一个电路板的完整信息，包括电路板的尺寸大小，电路板上焊盘、过孔的数量以及元器件标号等信息。生成 PCB 信息报表的具体步骤如下。

（1）在 PCB 空白处单击鼠标，打开"Properties"对话框，即可查看 PCB 信息，如图 7-113 所示。

"Properties"对话框中包含如下内容。

- **Board Size**。显示 PCB 尺寸信息。
- **Components**。显示元器件数量，单击数字可在"PCB"对话框中显示 PCB 中所有元器件序号和元器件总数，以及元器件所在的层等信息，如图 7-114 所示。
- **Nets**。显示电路板中的网络数量，单击数字可在"PCB"对话框中显示所有网络名称和连接的焊盘，如图 7-115 所示。
- **Primitives & Others**。显示电路板上的一些通用数据，包括圆弧、填充、焊盘、字符串、导线、过孔、多边形敷铜、坐标和尺寸等的数量，需要钻孔的孔数和违反设计规则的数目。

（2）在"Properties"对话框中，单击"Reports"按钮，弹出"Board Report"对话框，如图 7-116 所示，在该对话框中选择要生成文字报表的电路板信息选项。可以将每一个选项前面的复选框选中，也可以单击下面的"All On"按钮，选择所有选项，如果单击"All Off"按钮，将取消所有选择，如果选择右下方的"Slected objects only"，则只生成所选择对象的信息报表。

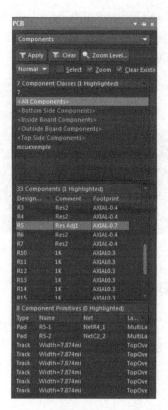

图 7-113　查看 PCB 信息　　　　图 7-114　"PCB"对话框中的"Components"信息显示

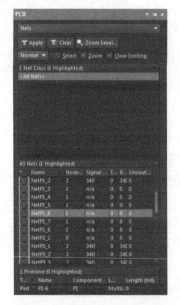

图 7-115　"PCB"对话框中的"Nets"信息显示　　　　图 7-116　"Board Report"对话框

（4）选择完毕后，单击"Report"按钮，系统会生成 PCB 信息报表文件。生成的名为"Board Information Report"的 PCB 信息报表，如图 7-117 所示。

第 7 章 PCB 设计进阶

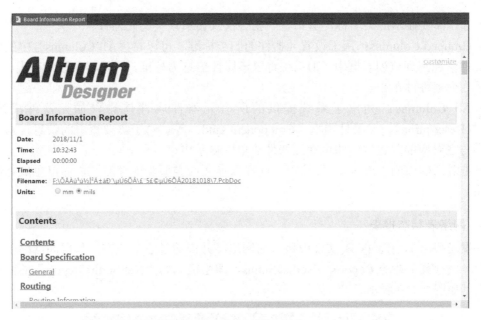

图 7-117　PCB 信息报表

2. 元器件清单报表

元器件清单报表提供一个电路或者一个项目中所有的元器件信息，为购买元器件或查询元器件提供参考。

执行菜单命令 Report→Bill of Materials，弹出元器件列表对话框，如图 7-118 所示。该对话框内容与原理图生成的元器件列表完全相同，这里不再赘述。

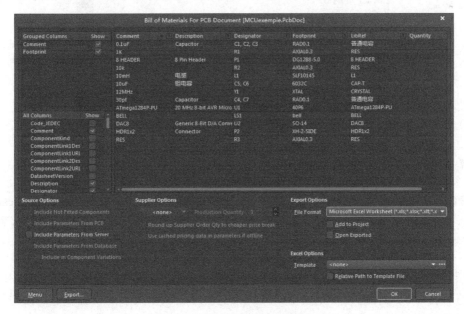

图 7-118　元器件列表对话框

该对话框列表中的元器件可以进行分类显示，单击每一列后面的 ■ 图标，在弹出的下拉列表中选择需要显示的类名称，对话框中就会仅仅显示该类的元器件。
- Grouped Columns：用于设置元器件的归类标准。可以将"All Columns"中的某一属性信息拖到该列表框中，则系统将以该属性信息为标准，对元器件进行归类，并显示在元器件清单中。
- All Columns：列出了系统提供的所有元器件属性信息，如元器件描述信息（Description）、元器件类型（ComponentKind）等。对于需要查看的信息，勾选右侧与之对应的复选框，即可在元器件清单中显示出来。

单击对话框中的"Export..."按钮，选择保存文件类型和保存路径，即可生成并保存报表文件。

3. 网络表状态报表

该报表列出了当前 PCB 文件中所有的网络，并说明了它们所在工作层和网络中导线的总长度。执行菜单命令 Reports→Netlist Status，即生成名为"Net Status Report"的网络表状态报表，如图 7-119 所示。

图 7-119　网络表状态报表

7.4.3 PCB 文件的打印输出

在 PCB 设计完成后就可以将其源文件、制造文件和各种报表文件利用 Altium Designer 18 的打印功能输出。例如，将 PCB 文件打印，用作焊接装配辅助文件，将元器件报表打印，用作采购清单等。

1. 打印 PCB 文件

在进行打印机设置时，要完成打印机的类型设置、纸张大小的设置和电路图样的设置。系统提供了分层打印和叠层打印两种打印模式，观察两种输出方式的不同。

（1）打开 PCB 文件，执行菜单命令 File→Page Setup，弹出"Composite Properties"对话框，如图 7-120 所示。在"Printer Paper"选项组中设置纸张大小为 A4，打印方式设置为

"Landscape"。在"Scale Mode"下拉列表中选择"Fit Document On Page"。在"Color Set"选项组中选择"Gray"。

(2)单击"Advanced…"按钮,弹出 PCB 图层打印输出属性(PCB Printout Properties)对话框,如图 7-121 所示。在该对话框中,显示了 PCB 所用到的工作层。选择需要的工作层,在弹出的快捷菜单中选择相应的命令,即可在进行打印时添加或者删除一个板层,如图 7-122 所示。

图 7-120 "Composite Properties"对话框

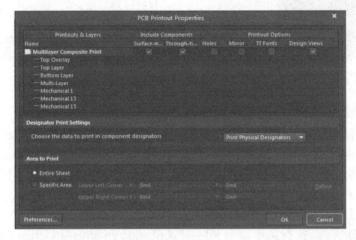

图 7-121 PCB 图层打印输出属性(PCB Printout Properties)对话框

(3)在"PCB Printout Properties"对话框中,单击"Preferences…"按钮,弹出 PCB 打印参数(PCB Print Preferences)对话框,如图 7-123 所示。在该对话框中可以设置打印颜色和字体,设置完成后单击"OK"按钮,关闭对话框。

图 7-122 添加或删除一个板层

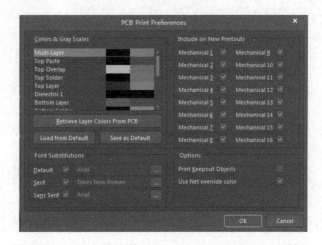

图 7-123 PCB 打印参数(PCB Print Preferences)对话框

（4）在"Composite Properties"对话框中，单击"Preview"按钮，可以预览打印效果，如图7-124所示。设置完毕后，单击"Print"按钮，开始打印。

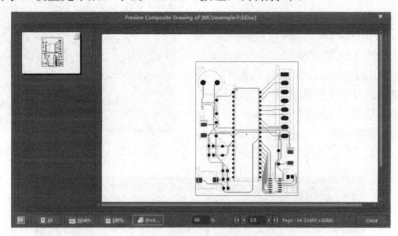

图7-124　打印预览

2. 输出生产加工文件

PCB设计的目的是向PCB生产部门提供相关的数据文件，因此，PCB设计的最后一步就是生成PCB加工文件。PCB加工文件需要包含信号布线层的数据输出、丝印层的数据输出、阻焊层的数据输出、助焊层的数据输出和钻孔数据的输出。通过对本例的学习，希望帮助读者掌握生产加工文件的输出方法。

输出生产加工文件的具体操作步骤如下。

（1）打开PCB文件。执行菜单命令File→Fabrication Outputs→Gerber Files，弹出"Gerber Setup"对话框，如图7-124所示。在"General"标签页的"Units"选项组中选择"Inches"，在"Format"选项组中选择"2：5"，如图7-125所示。

（2）切换到"Layers"标签页，如图7-126所示，在该标签页中选择需要输出的所有层。单击"Plot Layers"按钮，选择"Used On"选项，选择输出顶层布线层。

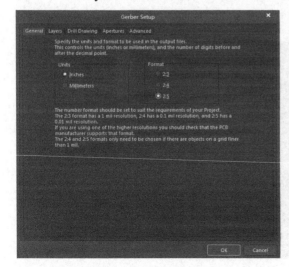

图7-125　"Gerber Setup"对话框

图7-126　"Layers"标签页

（3）切换到"Drill Drawing"标签页，如图 7-127 所示。在"Drill Drawing Plots"中选择"Bottom Layer-Top Layer"，单击该对话框右上方的"Configure Drill Symbols…"按钮，弹出钻孔图符号（Drill Symbols）对话框，将符号大小（Symbol Size）设置为"50 mil"。

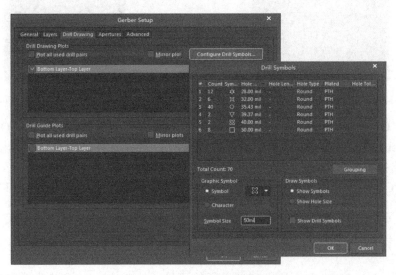

图 7-127 "Drill Drawing"标签页

（4）切换到"Apertures"标签页，取消选择"Embedded apertures（RS274X）"，如图 7-128 所示。此时系统将在输出加工数据时自动产生 D 码文件。

（5）切换到"Advanced"标签页，保持系统默认设置，如图 7-129 所示。

（6）单击"OK"按钮，得到系统输出的 Gerber 文件。同时系统输出各层的 Gerber 文件和钻孔文件，共 14 个。

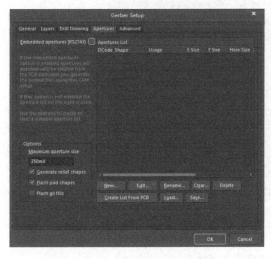

图 7-128 "Apertures"标签页

图 7-129 "Advanced"标签页

（7）执行菜单命令 File→Export→Gerber，弹出"Export Gerber(s)"对话框，如图 7-130 所示。单击"RS-274-X"按钮，再单击"Settings…"按钮，弹出"Gerber Export Settings"对话框，如图 7-131 所示。

图 7-130 "Export Gerber(s)" 对话框

图 7-131 "Gerber Export Settings" 对话框

（8）在"Gerber Export Settings"对话框中，保持系统默认设置，单击"OK"按钮。在"Export Gerber(s)"对话框中，还可以对需要输出的 Gerber 文件进行选择，单击"OK"按钮，系统将输出选择的所有 Gerber 文件。

（9）在 PCB 编辑器中，执行菜单命令 File→Fabrication Outputs→NC Drill Files，输出无电气连接钻孔图形文件，这里不再赘述。

7.4.4 智能 PDF 生成向导

Adobe 公司的 PDF 文件是当前最通行的可携式文件之一，许多公司和大专院校都将 Word 文档、AutoCAD 制图和电路原理图等转换为 PDF 文件，以方便携带和交流。

Altium Designer 18 中内置了智能的 PDF 生成器，用以生成完全可移植、可导航的 PDF 文件。本节以生成工程 PDF 文件为例介绍智能 PDF 生成向导。

（1）打开工程文件及相关原理图。执行菜单命令 File→Smart PDF，启动智能 PDF 生成向导，如图 7-132 所示。

图 7-132 智能 PDF 生成向导

（2）单击"Next"按钮，打开"Choose Export Target"对话框，如图 7-133 所示。在该对话框中，可将当前项目输出设置为 PDF 格式，或将当前文件输出设置为 PDF 格式，系统默认为当前项目。同时可设置输出 PDF 文件的名称和保存路径。

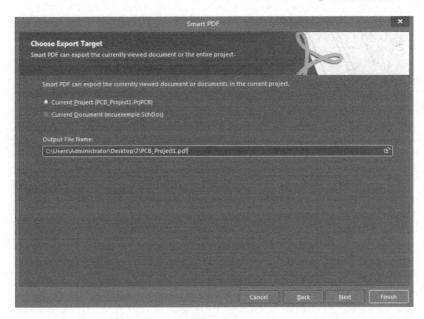

图 7-133 "Choose Export Target"对话框

（3）单击"Next"按钮，打开"Choose Project Files"对话框，如图 7-134 所示。该对话框用于选择要导出的文件，系统默认为全部选择，用户也可以根据需要选择输出文件。

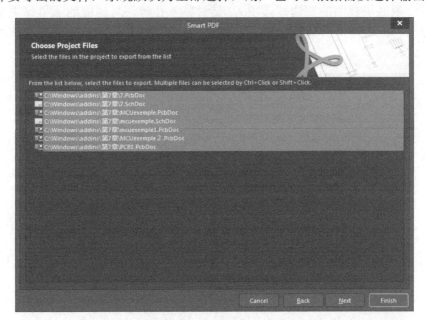

图 7-134 "Choose Project Files"对话框

（4）单击"Next"按钮，打开"Export Bill of Materials"对话框，如图 7-135 所示。在该对话框中可以选择输出 BOM 的类型和 BOM 模板，Altium Designer 18 提供了各种各样的模板，例如"BOM Purchase.XLT"一般是物料采购使用较多，"BOM Manufacturer.XLT"一般是生产使用较多，当然还有默认的通用 BOM 格式："BOM Default Template.XLT"等。用户可以根据需要选择相应的模板，当然也可以自己做一个适合自己的模板。

图 7-135 "Export Bill of Materials"对话框

（5）单击"Next"按钮，打开"PCB Printout Settings"对话框，如图 7-136 所示。在该对话框中可以选择 PCB 打印的层和区域，在打印层设置中，可以设置元器件的打印面，是否镜像（一般底层视图需要选择该项），是否显示孔等。对话框的下半部主要是设置打印的图样范围，可选择整张输出，或仅仅输出一个特定的区域，这对于模块化和局部放大很有用处。

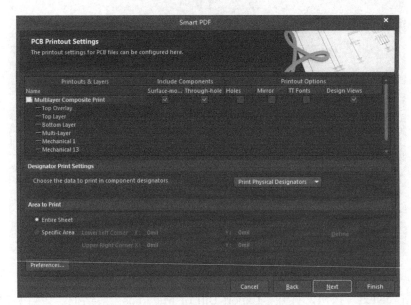

图 7-136 "PCB Printout Settings"对话框

（6）单击"Next"按钮，打开"Additional PDF Settings"对话框，如图 7-137 所示。在该对话框中可以设置 PDF 的详细参数，例如输出的 PDF 文件是否带网络信息、元器件、元器件引脚等书签，以及 PDF 的颜色模式（彩色打印、单色打印或灰度打印等）。

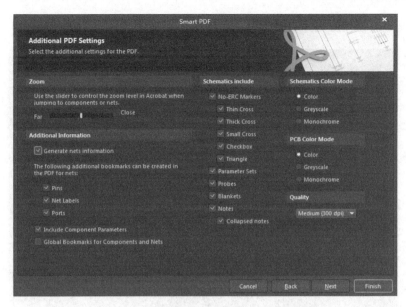

图 7-137 "Additional PDF Settings" 对话框

（7）单击"Next"按钮，打开"Structure Settings"对话框，如图 7-138 所示。若勾选上"Use Physical Structure"，则导出的原理图将由逻辑表转换为物理表。同时也可选择是否显示元器件编号、网络标号等参数。

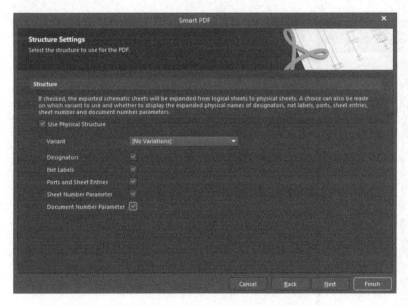

图 7-138 "Structure Settings" 对话框

（8）单击"Next"按钮，打开"Final Steps"对话框，如图 7-139 所示。该对话框显示已经完成了 PDF 输出的设置，其附带的选项是提示是否在输出 PDF 后自动查看文件以及是否保存此次的配置信息，以便后续的 PDF 输出可以继续使用该配置。

（9）在完成上述输出 PDF 设置向导后，单击"Finish"按钮，PDF 文件生成系统开始生成 PDF 文件，并默认显示在工作窗口中，生成的 PDF 文件如图 7-140 所示。在书签窗口中，单击某一选项即可使相应对象变焦显示。

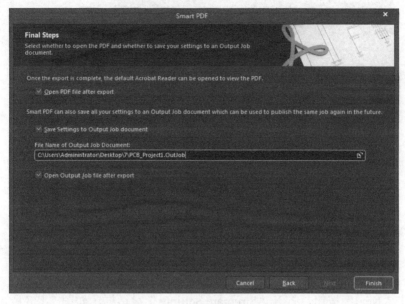

图 7-139 "Final Steps" 对话框

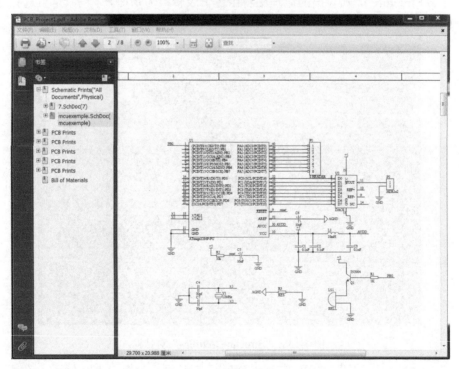

图 7-140 生成的 PDF 文件

（10）同时，批量输出文件也被默认打开，显示在输出文件编辑窗口中，如图 7-141 所示，相应设置可直接用于以后的批量文件输出。也可在文件中预览要打印的文件，生成打印输出文件等。

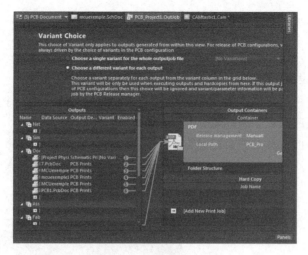

图 7-141　批量输出文件

7.4.5　面板设置

1. 面板的打开与隐藏

Altium Designer 18 为用户提供了利于文件操作和软件操作的各类面板，其控制面板菜单在主界面的右下角，如图 7-142 所示。

单击"Panels"按钮可以显示菜单选项，如图 7-143 所示。选择要打开的面板，打"√"的面板将被打开，图 7-144 为"Navigator"面板。

图 7-142　控制面板菜单

图 7-143　菜单选项

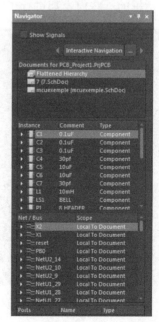

图 7-144　"Navigator"面板

单击"Navigator"面板中的 图标，图标变成 的形式，此时，面板镶嵌到边框处，移动鼠标指针到边框，对应的面板将弹出。

2．面板的嵌入设置

拖曳面板的标题栏可将面板拖曳成悬浮状态，此时软件显示镶嵌指示图标，如图 7-145 所示，拖曳面板到相应的指示按钮处，可实现面板镶嵌。

用鼠标右键单击面板标题栏，打开面板镶嵌方式菜单，如图 7-146 所示。在该菜单中可设置面板镶嵌方式，"Horizontally"表示在软件的左右边框处镶嵌，"Vertically"表示在软件的上下边框处镶嵌。

图 7-145　镶嵌指示图标

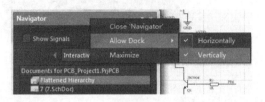

图 7-146　面板镶嵌方式菜单

7.4.6　汉化软件设置

Altium Designer 18 提供了软件菜单和对话框的汉化功能，可通过汉化软件设置来实现。执行菜单命令 Tools→Preferences…，弹出"Preferences"对话框，如图 7-147 所示。

选择"Use localized resources"，弹出警告窗口，提示软件需要重新启动后完成设置，如图 7-147 所示。

关闭软件并重新启动。打开任意对话框查看应用效果，如图 7-148 所示。可以看到软件的菜单还有对话框的一些内容都进行了汉化处理。

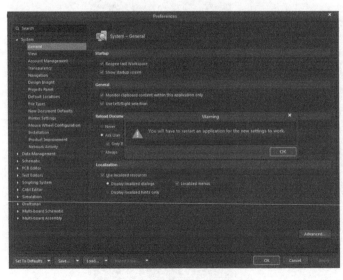

图 7-147　"Preferences"对话框

图 7-148　汉化后的界面

7.5 PCB 的尺寸概念

一方面，设计者对 PCB 设计中尺寸概念的理解，将直接影响到 PCB 的制作与使用，元器件的封装设计、尺寸设计若不合适，将影响到元器件的焊接；另一方面，对于带机壳的电路板，设计的 PCB 尺寸过大或过小都将影响到 PCB 的安装。基于上面的考虑，本节将针对封装设计和电路板设计中涉及的尺寸设计方法进行介绍。

电路板尺寸的设计，主要是从安装角度出发进行考虑。其中的一种情况是没有机壳的限制，根据给定的尺寸进行设计；另一种情况就是在选定机壳的基础上来设计电路板的大小。这两种情况中第一种比较容易实现，第二种就需要设计者进行全面的考虑并对机壳尺寸进行精确的测量，下面根据实例介绍如何测定机壳尺寸并设计安装孔。

7.5.1 元器件引脚尺寸与焊盘孔径

如图 7-149 和图 7-150 所示的功率三极管和二极管体现的是两种常见的元器件引脚形状，分别是片状和圆柱状。在制作封装时，设计者首先要考虑焊盘孔径的大小，其依据来自设计者所测量的引脚的大小。

图 7-149　功率三极管

图 7-150　二极管

（1）测量方法。

使用测量工具，如鼠标指针卡尺来测量元器件引脚的粗细，一般将卡尺卡住元器件引脚并旋转 360°，测量最宽的尺寸作为元器件引脚直径。

（2）孔径确定。

一般以测量得到的引脚直径为基准，孔径在此基础上增加 0.1～0.2 mm，例如：测到二极管的直径为 1 mm，则焊盘孔径可取 1.2 mm。

7.5.2 焊盘尺寸与孔径的关系

一般焊盘常采用的形状有圆形、矩形、八角形和圆角矩形等，如图 7-151 所示。

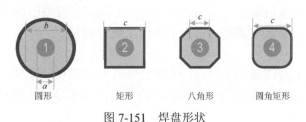
图 7-151　焊盘形状

图 7-151 中，a 为焊盘的孔径，b 为圆形焊盘外径，c 为焊盘的边长。对于焊盘外径与孔径的关系，其原则可遵循以下几点。

- 焊盘外径可取孔径的两倍，例如：孔径为 40 mil，焊盘外径取 80 mil。但若孔径过大，焊盘外径就不宜取得过大。
- 焊盘的大小也可在孔径的基础上增加 20～40 mil，可跟据具体情况而定。
- 焊盘应尽量大，原因有两个，一个是可增强其在电路板上的机械强度；另一个是有利于焊接。
- 这里的原则只是经验，针对实际 PCB 设计要根据具体情况来进行调整。

在实际应用中，多数的焊盘孔为圆形，一些特殊元器件存在着特殊的焊盘孔，特殊焊盘孔如图 7-152 所示。

方形孔

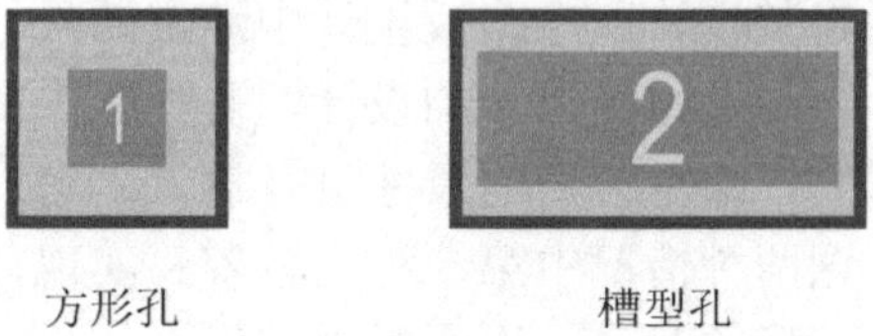

槽型孔

图 7-152　特殊焊盘孔

7.5.3　焊盘间距的测量方法

图 7-153 为 9 针的串口座，接下来以它为例说明如何测量焊盘的间距。

图 7-153 中的 1 为九针串口座的引脚，2 为安装卡簧。焊盘间距其实就是焊盘中心距，也就是元器件引脚中心距，如图 7-154 所示。

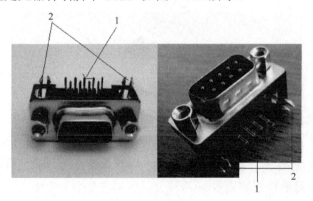

图 7-153　9 针的串口座

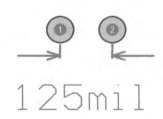

图 7-154　焊盘中心距

（1）测量方法。

9 针引脚分两排，一排 4 针，一排 5 针，一般引脚的排列都有规律可循，无论 5 针还是 4 针，引脚两两间距一样，且 4 针的引脚都处于 5 针排列的两引脚之间。了解这些之后，我们就可以进行测量。需要测量的数据有 4 个：①一个引脚的宽度；②4 针引脚的总宽度，从引脚外侧测量；③5 针引脚的总宽度，从引脚外侧测量；④4 针和 5 针前后排间距。

可用 4 针引脚的总宽度减去一个引脚的宽度，再除以 3 得到引脚中心距。这样就获得了焊盘放置的所有数据。安装卡簧孔可用类似的方法进行测量。

（2）放置焊盘。

焊盘的放置主要需要注意以下两点：①焊盘号从 1 号到 9 号排列；②要注意编号所对应的焊盘。因为 9 针串口每个位置的焊盘有特定的意义，尤其是在使用网络表方法新建 PCB 时尤为重要。

7.5.4 元器件外形尺寸的测量方法

元器件的外形尺寸常用来确定元器件在电路板上所占的空间位置，它也直接影响到了电路板设计的布局过程。

元器件外形尺寸的测量位置如图 7-155 所示，元器件外形尺寸的确定还要具体考虑其在电路板上的安放位置。

在图 7-155 中，由于 9 针串口座一般安放在电路板的边缘，其插接口需要探出，所以其在电路板上的外形应该是如图 7-156 所示的一个矩形。

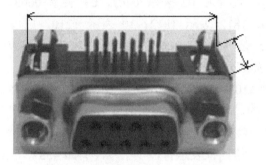
图 7-155 元器件外形尺寸测量位置

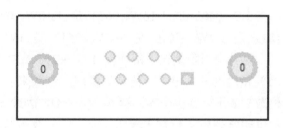
图 7-156 9 针串口座在电路板上的外形

7.5.5 贴片元器件封装尺寸

贴片封装的常见尺寸可以有公制和英制两种不同的表示方法，但相互之间都有对应的名称，设计者在使用时应了解贴片封装是按公制还是英制命名。贴片封装的常见尺寸见表 7-1。

表 7-1 贴片封装的常见尺寸

公制	3216	2012	1608	1005	0603	0402
英制	1206	0805	0603	0402	0201	01005

表格中应注意 0603 有公制和英制的区分，公制 0603 的英制是 0201，英制 0603 的公制是 1608；还要注意 1005 与 01005 的区分，1005 也有公制和英制的区分，英制 1005 的公制是 2512，公制 01005 的英制是 0402。

下面以贴片电阻的封装尺寸为例，说明元器件与元器件封装尺寸之间的关系。

（1）贴片电阻的封装和尺寸见表 7-2。

表 7-2 贴片电阻的封装和尺寸

英制	公制	长/mm	宽/mm	高/mm
0201	0603	0.60±0.05	0.30±0.05	0.23±0.05
0402	1005	1.00±0.10	0.50±0.10	0.30±0.10
0603	1608	1.60±0.15	0.80±0.15	0.40±0.10
0805	2012	2.00±0.20	1.25±0.15	0.50±0.10
1206	3216	3.20±0.20	1.60±0.15	0.55±0.10

(续表)

英制	公制	长/mm	宽/mm	高/mm
1210	3225	3.20±0.20	2.50±0.20	0.55±0.10
1812	4832	4.50±0.20	3.20±0.20	0.55±0.10
2010	5025	5.00±0.20	2.50±0.20	0.55±0.10
2512	6432	6.40±0.20	3.20±0.20	0.55±0.10

（2）国内贴片电阻的命名方法。

主要有两种精度，例如，5%精度的命名：RS-05K102JT；1%精度的命名：RS-05K1002FT。

其中 R 表示电阻；S 表示功率；05 表示尺寸（英寸）：02 表示 0402，03 表示 0603，05 表示 0805，06 表示 1206，1210 表示 1210，1812 表示 1812，10 表示 1210，12 表示 2512；0402 是 1/16W，0603 是 1/10W，0805 是 1/8W，1206 是 1/4W，1210 是 1/3W，1812 是 1/2W，2010 是 3/4W，2512 是 1W；K 表示温度系数，其数值为 100PPM。

贴片电阻阻值误差精度有±1％、±2％、±5％和±10％4 种，常规用得最多的是±1％和±5％，±5％精度的贴片电阻阻值常规是用三位数来表示的，例如 512，前面两位是有效数字，第三位数 2 表示有多少个零，基本单位是 Ω，因此 512 表示的就是 5100 Ω；为了区分±5％，±1％的电阻常规用 4 位数来表示，前三位是有效数字，第四位表示有多少个零，例如 4531 表示的是 4530Ω，也就等于 4.53kΩ。

（3）SMD 电阻元器件尺寸。

这里以贴片电阻 0201 封装尺寸为例进行说明，比较图 7-157（b）和图 7-157（d），电路板焊盘的宽度要比元器件焊盘的宽度略宽，这样做是为了在元器件焊接时能够可靠地进行连接。

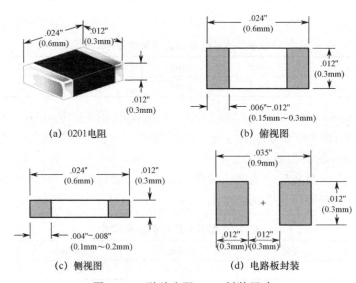

图 7-157　贴片电阻 0201 封装尺寸

7.5.6　根据机壳设计电路板尺寸

图 7-158 为长河机箱工控机壳 14-8。

1. 尺寸测量

以此工控机壳为例,介绍电路板设计尺寸的测量方法。图 7-159 为去掉顶盖的长河机箱工控机壳 14-8 的俯视图,图中给出的尺寸是长河机箱给出的官方尺寸,实际的电路板应该是卡装在机壳里,在制作电路板时要实际测量机壳的长和宽,实际测量的长和宽分别为 94 mm 和 88 mm。

图 7-158　长河机箱工控机壳 14-8

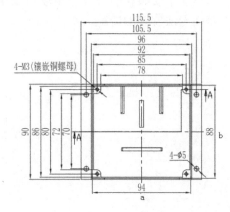

图 7-159　俯视尺寸

为确保电路板能够可靠地放置,实际尺寸要比测量尺寸略小,这里分别取 93 mm 和 87 mm。

2. 电路板规划

图 7-160 为电路板规划尺寸图,在进行尺寸规划时要熟练掌握软件操作和尺寸规划方法。

结合图 7-159 和图 7-160,为充分利用机壳空间,还可设计一块电路板放置于机壳内部。由于有铜螺母安装柱的存在,所以电路板要去掉四个角,测量得到机壳角到安装柱的边缘最长距离为 7 mm,这里挖去半径为 9 mm 的角。由图 7-159 可得机壳内壁的长和宽为 92 mm 和 86 mm,这里取 91 mm 和 85 mm。规划好的电路板如图 7-161 所示。

图 7-160　电路板规划尺寸图

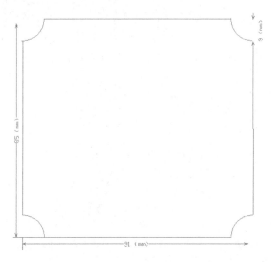

图 7-161　规划好的电路板

7.5.7 电路板安装孔的设计方法

以图 7-160 和图 7-161 两块电路板为例,在设计电路板安装孔时,一方面要考虑与机壳的安装,另一方面还要考虑两块电路板的连接。图 7-160 中电路板的 4 个角要有安装孔,因为机壳上 4 个角有镶嵌式铜螺母,直径为 3 mm。4 个角的安装孔对称,考虑机壳制造的误差,这里 4 个安装孔的直径至少取为 3.5 mm,若安装孔太小会发生由于机壳和电路板的制造误差而无法安装的情况。

1. 安装孔位置的确定

由图 7-160 的尺寸和图 7-161 电路板实际采用的尺寸,分别计算安装孔中心距离电路板边缘的距离。其中一侧距离为(93−85)/2=4 mm,另一侧距离为(87−80)/2=3.5 mm。根据这两个尺寸确定的电路板安装孔如图 7-162 所示。

两块电路板的连接可以采用铜柱的连接方式,其直径安装孔的放置需要考虑电路布局的需要。找到既能保证安装牢固,又能避免影响电路板布局的直径安装孔的位置。

图 7-162 电路板安装孔

2. 两块板连接孔的制作

假设需要放置两个两块板的连接孔,如图 7-163(a)和图 7-163(b)所示,由于两块板通过铜柱连接固定,之后要装入机壳内,这里需要注意两个安装孔距离每块电路板边缘的距离是不同的,并且是对称的。

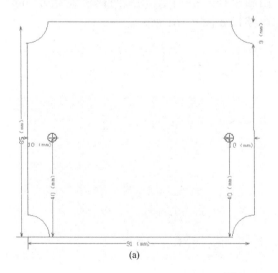
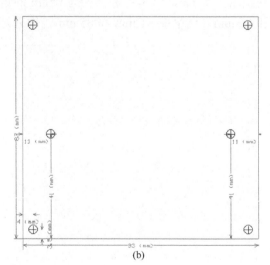

图 7-163 连接孔放置

对于设计者而言,电路板设计,包括封装、电路板大小和安装孔的尺寸,能够熟练掌握其设计方法固然重要,但更重要的是对尺寸的理解和设计经验的总结,这些都离不开设计者在长期的实践训练中的锻炼。

7.6 表面贴装技术(SMT)

SMT 是 Surface Mounting Technology 的简称,即表面贴装技术。它是目前最流行的电子产品组装方式之一,它将传统的电子元器件压缩成为体积只有原本几十分之一的元器件。从而实现电子产品组装的高密度、高可靠、小型化、低成本以及生产的自动化。

这种小型化的元器件称为 SMD 器件(或称为 SM 片式器件)。将元器件装配到 PCB 或其他基板上的工艺方法称为 SMT 工艺。相关的组装设备则称为 SMT 设备。表面贴装不是一个新的概念,它源于较早的工艺,如平装及混合安装。电子线路的装配,最初采用点对点的布线方法,而且根本没有基片。第一个半导体器件的封装采用放射形的引脚,将其插入已用于电阻和电容封装的单片电路板的过孔中。20 世纪 50 年代,平装的表面贴装元器件应用于军用产品,20 世纪 60 年代,混合技术被广泛应用,20 世纪 70 年代,受日本消费类电子产品的影响,无源元器件被广泛使用,而近十年来有源元器件开始被广泛使用。表 7-3 列出了传统 THT 工艺与 SMT 工艺的比较。图 7-164 和图 7-165 分别为表面贴装技术电路板和插入式封装技术电路板。

表 7-3 THT 工艺与 SMT 工艺的比较

类 型	THT	SMT
元器件	双列直插或 DIP,针阵列 PGA 有引线电阻,电容	SOIC,SOT,SSOIC,LCCC,PLCC,QFP,PQFP,片式电阻电容
基板	PCB 网格为 2.54 mm,Φ0.8 mm~0.9mm 通孔	PCB 网格为 1.27 mm 或更细,导电孔仅在层与层互连调用(Φ0.3mm~0.5 mm)。布线密度较 THT 高两倍以上,厚膜和薄膜电路为 0.5 mm 或更细的网格
焊接方法	波峰焊	再流焊
面积	大	小,缩小比约 1∶3~1∶10
组装方法	穿孔插入	表面安装(贴装)

图 7-164 表面贴装(Surface mount)技术电路板

图 7-165 插入式封装(Through-hole)技术电路板

从 1960 年中期在军用电子和航空电子方面应用开始至今,SMT 设备经历过手动到半自动到全自动的发展历程，精度由以前的毫米级提高到目前的微米级。SMT 元器件也逐渐向短、小、轻、薄化方向发展。SMT 设备的制造难度不断加深，制造技术也逐渐走向成熟。

目前，先进的电子产品，特别是计算机及通信类电子产品越来越追求小型化，以前使用的穿孔插件元器件已无法缩小。同时电子产品功能越来越完整，所采用的集成电路（IC）已无穿孔元器件。特别是大规模、高集成 IC 不采用表面贴装元器件。随着电子产品批量化、生产自动化，厂方要以低成本、高产量、出产优质产品迎合顾客需求，加强市场竞争力。在这样的背景下，SMT 工艺得到了普遍应用。国际上 SMD 器件产量逐年上升，而传统器件产量逐年下降。随着时间的推移，SMT 工艺将越来越普及。SMT 工艺与传统工艺相比，其优点包括以下几点。

- 组装密度高、电子产品体积小、重量轻，贴片元器件的体积和重量只有传统插装元器件的 1/10 左右，一般采用 SMT 工艺后，电子产品体积缩小 40%～60%，重量减轻 60%～80%，同时也能节省制造厂房空间。
- 可靠性高，抗震能力强，焊点缺陷率低。
- 高频特性好，减少了电磁和射频干扰。
- 易于实现自动化，具有多且快速的自动化生产能力，能提高生产效率。
- 大量节省元器件和装配成本，降低成本达 30%～50%。节省材料、能源、设备、人力和时间等，总成本降低。

7.6.1 SMT 元器件

SMT 所涉及的元器件种类繁多，样式各异，有许多已经成为业界通用的标准，主要包括一些芯片、电容、电阻等；还有许多仍在经历着不断的变化，尤其是 IC 类元器件，其封装形式的变化层出不穷，令人目不暇接，传统的引脚封装正在经受着新一代封装形式（BGA、FLIP CHIP 等）的冲击，本节将详细阐述标准元器件和 IC 类元器件。

1. 标准元器件

标准元器件是在 SMT 发展过程中逐步形成的，主要是针对用量比较大的元器件，本节只介绍目前常见的标准元器件，主要有以下几种：电阻（R）、排阻（RA 或 RN）、电感（L）、陶瓷电容（C）、排容（CP）、钽质电容（C）、二极管（D）和晶体管（Q）等。常见的 SMT 标准元器件如图 7-166 所示。在 PCB 上可根据代码来判定其元器件类型，一般说来，元器件代码与实际封装的元器件是相对应的。

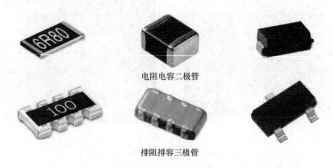

图 7-166　常见 SMT 标准元器件

(1) 元器件规格。

元器件规格即元器件的外形尺寸，SMT 发展至今，业界已经形成了一个标准元器件系列，各元器件供货商均按这一标准进行制造。

对于元器件厚度，因元器件不同而有所差异，在生产时应以实际测量为准。

SMT 发展至今，随着电子产品集成度的不断提高，标准元器件逐步向微型化发展，如今最小的标准元器件已经达到了"0201"。

(2) 钽质电容（Tantalum）。

钽质电容已经越来越多地被应用于各种电子产品上，属于比较贵重的元器件，发展至今，也有了一个标准尺寸系列，用英文字母 Y、A、X、B、C、D 来代表。

注：电容值相同但规格型号不同的钽质电容不可相互替代。如：10μF/16V "B" 型与 10μF/16V "C" 型不可相互替代。

2. IC 类元器件

IC 是集成电路块（Integrated Circuit）的缩写，业界一般以 IC 的封装形式来划分其类型，传统的 IC 类型有 SOP、SOJ、QFP 和 PLCC 等，现在比较新型的 IC 类型有 BGA、CSP、FLIP CHIP 等，这些元器件类型因其元器件脚（PIN）的多少、大小和元器件脚之间的间距不同，而呈现出各种各样的形状，本节我们将介绍常见 IC 类元器件的外形和常用称谓，常见的 SMT 的 IC 类元器件，如图 7-167 所示。

图 7-167　常见的 SMT 的 IC 类元器件

(1) 常见的 IC 类元器件类型。

- SOP（Small Outline Package）：元器件两面有引脚，引脚向外张开（一般称为鸥翼型引脚）
- SOJ（Small Outline J-lead Package）：元器件两面有引脚，引脚向元器件底部弯曲（J型引脚）。
- QFP（Quad Flat Package）：元器件四边有引脚，元器件引脚向外张开。
- PLCC（Plastic Leadless Chip Carrier）：元器件四边有引脚，元器件引脚向元器件底部弯曲。
- BGA（Ball Grid Array）：元器件表面无引脚，其引脚呈球状阵列排列于元器件底部。
- CSP（Chip Scale Package）：CSP 是芯片级封装的意思。CSP 最新一代的内存芯片封装技术，可以让芯片面积与封装面积之比超过 1:1.14，已经相当接近 1:1 的理想情况。

（2）IC 类元器件的命名方法。

业界对 IC 类元器件的命名一般采用"类型+脚数 PIN"的格式，例如，SOP14PIN、SOP16PIN、SOJ20PIN、QFP100PIN 和 PLCC44PIN 等。

7.6.2 表面贴装对 PCB 的要求

装载 SMD 器件的基板，根据 SMD 器件的装载形态，对基板的性能有以下几点要求。

- 外观的要求。外观要求光滑平整，不可有翘曲或高低不平，否则基板会出现裂纹、伤痕、锈斑等不良情况。
- 热膨胀系数的要求。元器件小于 3.2 mm×1.6 mm 时只遭受部分应力，元器件大于 3.2 mm×1.6 mm 时，必须注意。
- 导热系数的要求。贴装与基板上的集成电路等器件在工作时的热量主要通过基板进行扩散，在贴装电路密集、发热量大时，基板必须具有较高的导热能力。
- 耐热性的要求。耐焊接温度要达到 260℃，10 s 的实验要求，其耐热性应符合 150℃，60 min 后，基板表面无气泡和损坏。
- 铜箔的粘合强度。表面贴装元器件的焊区比原来带引线元器件（插件）的焊区要小，因此要求基板与铜箔具有良好的粘合强度，一般要达到 1.5 kg/cm^2。
- 弯曲强度。基板贴装后，受元器件的质量和外力作用，会产生翘曲。这将给元器件的结合点增加应力，或者使元器件产生微裂，因此要求基板的抗弯曲强度要达到要达到 25 kg/cm^2 以上。
- 电性能要求。由于电路传输速度的高速化，要求基板的介电常数、介电损耗角正切要小，同时随着布线密度的提高，基板的绝缘性能要达到规定的要求。
- 对清洁剂的反应。要求基板在液体中浸泡 5 min，表面不产生任何不良反应，并有良好的冲裁性。

装载 SMD 器件的基板，根据贴片机的性能要求需满足以下几点。

- 外形尺寸设计要求。受贴片机的性能要求，基板尺寸的范围为 50 mm×30 mm×0.3 mm～460 mm×400 mm×4.2 mm。外形尺寸偏差一般在±0.1mm 之间。
- 定位基准设计要求。由于贴片机的孔定位性能比外形定位性能要高，对于尺寸偏差较大的基板，一般设计定位孔来进行定位，这样对于发挥贴片机的性能有很大的帮助。
- Mark 点的设计要求，对于贴片要求较高或者多回路的基板，如超过 1 个回路，且有复杂元器件（QFP、BGA、CSP、SOP）贴装，那么整个基板和每一回路的对角都应设计 Mark 点，同时在复杂元器件的对角也应设计 Mark 点。
- PCB 边缘零件贴装位置要求在白色区域内，如图 7-168 所示。

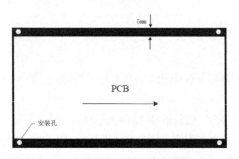

图 7-168　PCB 边缘零件贴装位置要求在白色区域内

注：黑色部分不设计装载 SMD 器件。

7.6.3 SMT 元器件分类和识别方法

1. SMT 元器件分类

对于 SMT 元器件，可按极性分类，一类是无极性元器件，如电阻、电容、排阻、排容、电感等；一类是有极性元器件，如二极管、钽质电容、IC 元器件等。SMT 元器件也可分为无源元器件和有源元器件，SMC 泛指无源表面安装元器件，SMD 泛指有源表面安装元器件。

无极性元器件在生产中不需进行极性的识别，在此不赘述；但有极性元器件的极性对产品有致命的影响，故下面将对有极性元器件进行详细介绍。

（1）二极管类。

在实际生产中二极管又有很多种类别和形态，常见的有 Glass tube diode、Green LED 和 Cylinder Diode 等几种。

- Glass tube diode：红色玻璃管一端为正极，黑色一端为负极。
- Green LED：一般在元器件表面用一黑点或在元器件背面用一正三角形做记号，元器件表面有黑点一端为正极（黑色一端为负极）；若在元器件背面做记号，则正三角形所指方向为负极。
- Cylinder Diode：有白色横线一端为负极。

（2）钽质电容。

元器件表面标有白色横线一端为正极。

（3）IC 元器件。

IC 元器件一般是在元器件面的一角标注一个向下凹的小圆点，或在一端标示一小缺口来表示其极性。

上文简述了常见元器件的极性标识，但在生产过程中，正确的极性指的是元器件的极性与 PCB 上标识的极性一致，一般在 PCB 上安装 IC 元器件的位置都有很明确的极性标识，IC 元器件的极性标识与 PCB 上的相应标识相吻合即可。

2. 阻容元器件的识别方法

这里所说的识别方法主要是指电阻值与电容值的换算，因为在 SMT 元器件上所用的电阻和电容都是尺寸非常小的元器件，表示其电阻值或电容值的时候不可能用常用的描述办法表述。如今在业界的标准是电容不标示电容值，而以颜色来区分不同值的电容，电阻则是把代码标示在元器件本体上，即用少量的数字或英文字母来表示电阻值，于是在代码与实际阻值之间，人们制定了一套换算规则，下面便详细介绍其换算关系。

在表 7-4 中分别列出了阻容元器件和集成电路的英制与公制换算关系，表中的数值均为近似关系。

表 7-4 换算关系

阻容元器件（Chip）		集成电路		阻容元器件（Chip）		集成电路	
英制名称	公制/mm	英制名称	公制/mm	英制名称	公制/mm	英制名称	公制/mm
1206	3.2×1.6	50	1.27	0402	1.0×0.5	20	0.5
0805	2.0×1.25	30	0.8	0201	0.6×0.3	12	0.3
0603	1.6×0.8	25	0.65				

在表 7-5 中列出了电阻与电容的常见表示方法，下面将分别介绍它们的识别方法，首先说明电阻在识别时应注意以下几点。

表 7-5 电阻与电容的常见表示方法

电阻		电容		电阻		电容	
标印值	电阻值	标印值	电容值	标印值	电阻值	标印值	电容值
2R2	2.2Ω	0R5	0.5pF	333	33kΩ	332	3300pF
5R6	5.6Ω	010	1pF	104	100kΩ	223	22000pF
102	1kΩ	110	11pF	564	560kΩ	513	51000pF
682	6800Ω	471	470pF				

（1）电阻单位为欧姆，符号为"Ω"。

（2）单位换算：1MΩ= 1000 kΩ=1000000Ω。

（3）电阻又分为一般电阻与精密电阻两类，其主要区别为元器件误差值和元器件表面表示码位位数不同。

- 一般电阻的误差值为±5%，其表示码为三码，例如，103。
- 精密电阻的误差值为±1%，其表示码为四码，例如，1002。

（4）换算规则如下：

- 一般电阻。数值（AB）×10^n=电阻值±误差值（5%），例如，103=10×10^3 =10kΩ±5%。
- 精密电阻。数值（ABC）×10^n=电阻值±误差值（1%），例如，1003=100×10^3 =100kΩ±1%。

（5）阻值换算的特殊状况。

- 当 n=8 或 9 时，10 的次方数分别为−2 或−1，即 10^{-2} 或 10^{-1}。
- 当代码中含字母"R"时，此"R"相当于小数点"."。例如，4R3=4.3Ω±5%，69R9=69.9Ω±1%。

（6）精密电阻除符合以上换算规则外，另有其他代码表示方法，而又因制造厂商的不同，其代码也不一样，对于这种电阻的换算，应根据厂商提供的代码对照表进行换算。

这里主要讲解电容常用单位之间的换算，因为在电子行业中电容的单位一般都比较小，同一种电容有时因供货商不一样，其表示方法也不一样，在生产时要能够快速地在各种单位之间转换。电容的基本单位为 1F、mF、μF、nF、pF；电容的常用单位为 μF、nF、pF，在实际生产中要对这 3 个单位相互间的转换熟练掌握。

3．IC 第一脚的的辨认方法

不论是在哪种集成电路的外壳上都有供识别引脚排序定位（或称第一脚）的标记。对于扁平封装的器件，一般在器件正面的一端标上小圆点（或小圆圈、色点）作标记。塑封双列直插式集成电路的定位标记通常是弧形凹口、圆形凹坑或小圆圈。进口 IC 的标记形式更多，包括有色线、黑点、方形色环和双色环等。

识别 IC 引脚的方法是：将 IC 正面的字母、代号对着自己，使定位标记朝左下方，则处于最左下方的引脚是第一脚，再按逆时针方向依次数引脚，便是第二脚、第三脚……对于各种单列直插 IC，在数引脚时把 IC 的引脚向下放置，这时定位标记在左侧（与双列直插一样），从左向右数，就得到引脚的排列序号。

为了便于使用者识别集成电路的引脚排列顺序，各种集成电路一般都有一定的标志，现介绍几种常见的标志和引脚顺序识别方法。

（1）缺口标志。

弧形缺口位于集成电路的一端，其外形如图 7-169（a）所示。引脚排列顺序的识别方法是，正视集成块外壳上所标的型号，弧形凹口下方左起第一脚为该集成电路的第一脚，以这个引脚开始沿逆时针方向依次是第二、三、四…脚。

（2）以圆点作为标志。

圆形凹坑、小圆圈、色条标记，双列直插型和单列直插型的集成电路多采用这种识别标志，其外形如图 7-169（b）和 7-169（c）所示。这种集成电路的引脚识别标志和型号都标在外壳的同一平面上。它的引脚排列顺序识别方法是，正视集成块的型号，圆形凹坑（或小圆圈、色条）的下方左起第一脚为集成电路的第一脚。从第一脚开始沿逆时针方向，依次是第二、三、四…脚。

（3）以文字作为标志。

也有少数的集成电路，外壳上没有以上所介绍的各种标记，而只有该集成电路的型号，对于这种集成电路引脚序号的识别，应把集成块上印有型号的一面朝上，正视型号，其左下方的第一脚为集成电路的第一脚，沿逆时针方向计数，依次是第二、三、四…脚，如图 12-169（d）所示。

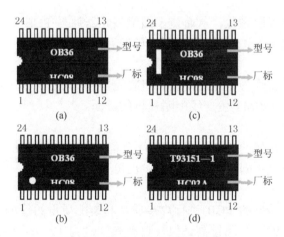

图 7-169　集成电路常见第一脚标志

7.6.4　SMT 元器件的主要组成部分和 SMT 元器件的制造工艺

1．SMT 元器件的主要组成部分

（1）表面组装元器件。

表面组装元器件部分主要指的是元器件的设计，即元器件的结构尺寸、端子形式、耐焊接热等的设计，以及各种元器件的制造技术和元器件的包装，包括编带式、棒式和散装式。

（2）电路基板。

电路基板多采用单（多）层 PCB、陶瓷和瓷釉金属板等。

（3）组装设计。

组装设计多采用电设计、热设计、元器件布局和基板图形布线设计等。

（4）组装工艺。

组装工艺部分包括：①组装材料，例如粘接剂、焊料、焊剂和清洁剂等；②组装技术，例如涂敷技术、贴装技术、焊接技术、清洗技术和检测技术等；③组装设备，例如涂敷设备、贴装机、焊接机、清洗机和测试设备等。

2. SMT元器件的制造工艺

（1）印刷。

印刷的作用是将焊接膏或贴片胶漏印到PCB的焊盘上，为元器件的焊接做准备。所用设备为印刷机（锡膏印刷机），该步骤位于SMT生产线的最前端。

（2）点胶。

由于现在所用的电路板大多是双层贴片，为防止在二次回炉时投入面的元器件因锡膏再次熔化而脱落，故在投入面加装点胶机，将胶水滴到PCB的固定位置上，其主要作用是使元器件固定到PCB上，该步骤位于SMT生产线的最前端或检测设备的后面。

（3）贴装。

贴装的作用是将表面组装元器件准确安装到PCB固定位置上。所用设备为贴片机，该步骤位于SMT生产线中印刷机的后面。

（4）固化。

固化的作用是将贴片胶融化，从而使表面组装元器件与PCB牢固粘贴在一起。所用设备为固化炉，该步骤位于SMT生产线中贴片机的后面。

（5）回流焊接。

回流焊接的作用是将焊膏熔化，使表面组装元器件与PCB牢固粘贴在一起。所用设备为回流焊炉，该步骤位于SMT生产线中贴片机的后面。

（6）清洗。

清洗的作用是将组装好的PCB上面对人体有害的焊接残留物去除（如助焊剂等）。所用设备为清洗机，位置可以不固定，可以在线，也可不在线。

（7）检测。

检测的作用是对组装好的PCB进行焊接质量和装配质量的检测。所用设备有放大镜、显微镜、在线测试仪（ICT）、飞针测试仪、自动光学检测（AOI）、X-RAY检测系统和功能测试仪等。根据检测的需要，可以在生产线合适的地方进行配置。

（8）返修。

返修的作用是对检测出故障的PCB进行返工。所用工具为烙铁、返修工作站等。

7.7 单面板设计

单面板由于电路简单、大批量生产和低产品成本等几方面优点，在电子产品中的应用具有一定的市场，例如在电子玩具中，甚至是在一些高端产品、家用电器中都经常会使用单面板。本节将从实例出发，介绍单面板的设计。

7.7.1 单面板设计准备工作

图 7-170 为 555 矩形波发生电路原理图。按以下步骤完成准备工作。

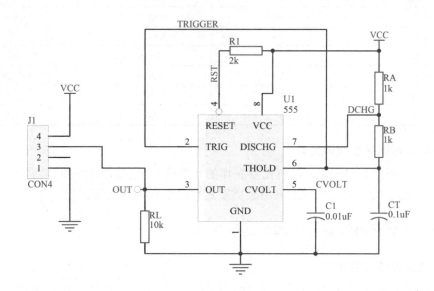

图 7-170 555 矩形波发生电路原理图

（1）新建原理图文件"danmian.ddb"，正确绘制原理图。
（2）给每个元器件添加正确的元器件封装。
（3）利用自动注释对原理图元器件进行编号。
（4）对原理图进行电气检查，查找原理图错误并修改。
（5）生成网络表文件"ShiLi3.NET"。

1．设计任务

（1）使用单层电路板。
（2）电源地线铜膜线的宽度为 30 mil。
（3）一般布线的宽度为 15 mil。
（4）人工布局元器件封装。
（5）自动布线生成 PCB。
（6）手动调整铜膜线。
（7）布线时考虑只能单层走线。

单层电路的顶层为元器件面，底层为焊接面，同时还需要有丝网层、底层阻焊膜层、禁止布线层和穿透层。本例只需在底层布线即可，而线宽可以在铜膜线属性中进行设置。

2．元器件参数

元器件参数见表 7-6。

表 7-6　元器件参数

元器件名称	元器件编号	封　装	元器件类型
RES	RA	AXIAL0.3	1k
RES	RB	AXIAL0.3	1k
RES	RL	AXIAL0.3	10k
RES	R1	AXIAL0.3	2k
CAP	C1	RAD0.1	0.01μF
CAP	CT	RAD0.1	0.1μF
555	U1	DIP-8	555
CON4	J1	SIP-4	CON4

3．绘制原理图并生成网络表

本例中的原理图相对简单，没有需要制作的元器件，在绘制原理图时只需注意元器件参数的添加和元器件的编号。生成的网络表需要进行检查并确保无误。

7.7.2　加载元器件封装库和电路板规划

1．加载元器件封装库

（1）按 5.4.1 节方法加载元器件封装库，如图 7-171 所示。从图中可看出软件默认的安装路径下的软件自动封装库的路径。

（2）加载"Miscellaneous Devices.IntLib"和"Miscellaneous Connectors.IntLib"两个封装库，这两个封装库中含有单稳电路所用到的封装，如果不添加，在载入网络表时将出现错误。

（3）元器件封装库加载完成后可以在元器件封装库添加界面看到已添加的元器件封装库，如图 7-172 所示。

图 7-171　加载元器件封装库

图 7-172　元器件封装库添加界面

2．电路板规划

（1）执行菜单命令 File→New，选择 PCB。

（2）设置机械层，在新建的 PCB 环境下，执行菜单命令 Design→Mechanical Layers…，选择要使用的机械层，这里选择"Mechanical4"。

（3）绘制电路板框，绘制坐标，在 PCB 编辑环境下，切换到"Mechanical4"层。使用绘制直线图标，设置坐标原点，执行菜单命令 Edit→Origin→Set。

（4）利用工具栏中的图标手动放置尺寸线，宽约为 35 mm，高约为 33 mm，如图 7-173 所示。

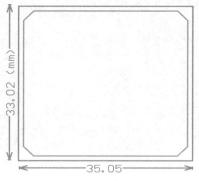

图 7-173　手动放置尺寸线

7.7.3　设置单面板和导入网络表

1. 设置单面板

（1）选择 PCB 类型，在 PCB 编辑环境下，执行菜单命令 Design→Layer Stack Manager…，打开"Layer Stack Manager"对话框，如图 7-174 所示。

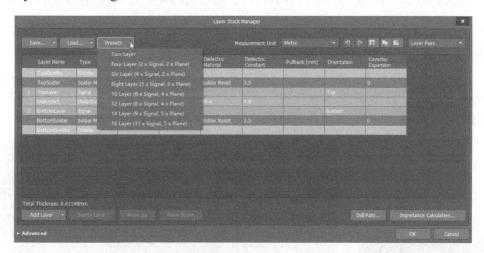

图 7-174　"Layer Stack Manager"对话框

（2）由图 7-174 可见，Altium Designer 18 中没有单面板设置选项，默认为双面板，要进行单面板布线，可通过布线规则来实现。

2. 导入网络表

执行菜单命令 Design→Netlist for project→Protel，所产生的网络表与原理图文件同名，后缀名为"NET"。在原理图编辑环境下，打开"danmianban.SchDoc"文件，执行菜单命令 Design→Update PCB Document danmianban.PcbDoc，更新原理图到 PCB，如图 7-175 所示。

图 7-175 更新原理图到 PCB

参照 6.1.2 节,更新原理图到 PCB,确保没有错误后,在 PCB 中导入网络表。

7.4.4 布局和自动布线

1. 布局

(1) 直接采用手动布局,需要设置布局规则。
(2) 根据布局对电路板的大小进行调整,手动布局结果如图 7-176 所示。

2. 自动布线

(1) 布线设计规则设置。

由于设计的是单层板,需要设置布线的板层。执行菜单命令 Design→Rules,单击"Routing"选项,打开 PCB 布线设计规则设置对话框,如图 7-177 所示。在"Name"列表框中选择"RoutingLayers"。在"Enabled Layers"下,取消选择"TopLayer"。

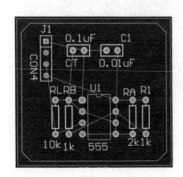

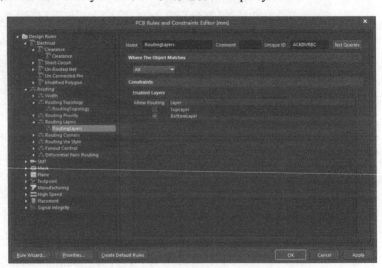

图 7-176 手动布局结果　　　　图 7-177 PCB 布线设计规则设置对话框

根据设计任务需要设置布线线宽，电源地线铜膜线的宽度为 30 mil，一般布线的宽度为 15 mil。执行菜单命令 Routing→Width，在 "Constraints" 区域中，标出了导线的 3 个宽度：最小线宽（Min Width）、最大线宽（Max Width）和优先线宽（Prferred Width），如图 7-178 所示。单击 "Properties" 按钮，分别设置电源和地线宽为 "30 mil"，其他为 "15 mil" 自动布线结果如图 7-179 所示。

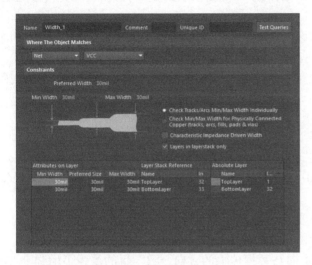

图 7-178　设置线宽

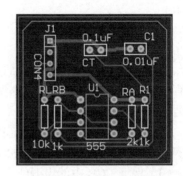

图 7-179　自动布线结果

7.8　PCB 设计原则

在 PCB 设计过程中，了解 PCB 的一些设计原则是十分必要的，因为这些设计原则对于开发出性能优良、结构清晰、稳定性好、可靠性强和有可测试性的 PCB 来说是十分有借鉴意义的。这些设计原则都是一些设计经验的经典总结，可以保证 PCB 设计的一次成功率，避免在设计中走弯路，可以缩短研发时间，降低人力和物力成本。

在 PCB 的制造和调试过程中，PCB 的可制造性和可测试性是必须考虑的重要因素。一般来说，PCB 的基本设计原则总结了 PCB 设计中的一些经验，对设计人员具有很强的指导作用。在设计过程中，设计人员根据自己的实际设计经验，再结合这些设计原则，基本上可以保证设计的成功率和产品的质量。本节将重点介绍 PCB 的抗干扰设计原则、热设计原则、抗震设计原则和可测试性设计原则。

7.8.1　抗干扰设计原则

PCB 的抗干扰设计原则与具体实现的电路有十分密切的关系，并且有一些设计原则可以遵循，下面对这些设计原则进行介绍。

1．地线的设计原则

（1）PCB 中的模拟地和数字地要尽量分开，最后通过电感连接。

（2）低频电路中的接地应该尽量采用单点接地，在实际布线有困难时，可将一部分串联后再并联单点接地；高频电路中的基地应该采用多点接地。

（3）PCB 中的接地线应该加宽，要求是使它能通过 3 倍于 PCB 上的允许电流，这样可以增强电路的抗噪声性能。一般来说，接地线应在 2～3 mm 以上。

（4）设计中应把 PCB 中的敏感电路连接到一个稳定的接地参考源上，这样可以避免敏感电路的不稳定性。

（5）对 PCB 或者电路系统进行分区时，要把高带宽的噪声电路和低频电路分开，同时要尽量使干扰电流不通过公共的接地回路，从而避免影响到其他电路。

（6）在进行接地布线过程中，应该尽量减小接地环路的面积，目的是降低电路中的感应噪声。

2．电源的设计原则

（1）电源是电路中所有元器件工作的能量来源，不同的元器件对电源的要求也不同，主要有功率要求、电位要求、频率要求和"干净度"要求等，因此应该根据具体的电路来选择合适的电源。

（2）根据各种元器件的资料和设计要求来估算相应电源线中的电流，以确定电源线的导线宽度，可在允许范围内尽量加宽电源线。

（3）保证 PCB 中的电源线、地线走向与数据传输的方向一致，目的是为了增强 PCB 的抗噪声能力。

（4）电源线中的关键地方要使用一些抗干扰元器件，例如磁珠、磁环、电源滤波器和屏蔽罩等，这样可以显著提高电路的抗干扰性能。

（5）PCB 中的电源输入端口应该接上一定的上拉电阻和去耦电容，通常去耦电容的电容值为 10～100 μF。

3．元器件配置原则

（1）PCB 中的相连板之间、同一板的相邻层面之间、同一层面相邻布线之间不能有过长的平行信号线。

（2）PCB 中的时钟发生器、晶振和 CPU 的时钟输入端等应尽量靠近，同时它们应该尽量远离其他低频器件。

（3）PCB 中的元器件应该围绕电路中的核心元器件来进行配置，同时应该尽量减小和缩短各元器件之间的引线和连接。

（4）PCB 的设计应该按照频率和电流开关特性进行分区，同时保证噪声元器件和非噪声元器件之间具有一定的距离。

（5）必须注意 PCB 在机箱中的位置和方向，保证发热量大的元器件处在上方。

（6）尽可能地缩短 PCB 中高频元器件之间的连线，同时设法减少分布参数和相互间的电磁干扰。

4．高频电路设计原则

（1）保证 PCB 上的高功率区至少有一块完整区域，同时最好保证上面没有过孔，接地的敷铜越多越好。

（2）对于射频 PCB 的设计来说，集成电路芯片和电源的去耦同样重要，都要进行考虑。

（3）尽可能缩短高频元器件之间的连线，减少它们的分布参数和相互间的电磁干扰。易受干扰的元器件不能挨得太近，输入和输出元器件应尽量远离。

（4）尽量把高功率放大器和低噪声放大器隔离开来，即让高功率射频发射电路远离低功率射频接收电路。如果 PCB 上的物理空间不允许，那么可以把它们放在 PCB 的两面，或者让它们交替工作而不是同时工作。

5．去耦电容的配置原则

（1）每 10 片左右的集成电路要加一片充放电电容（也可以称为蓄放电容），电容大小一般可选 10 μF。

（2）引线式电容适用于低频电路，贴片式电容寄生电感要比引线电容小很多，因此它适合用于高频电路。

（3）每个集成电路芯片都应包含不止一个 0.01 μF 的陶瓷电容。如果 PCB 的空间不够，那么可以每 4~8 个芯片布置一个 1~10 μF 的钽质电容。

（4）对于抗噪声能力弱、关断时电源变化的的器件，例如 RAM 和 ROM，应在电源线和地线之间接入高频去耦电容。

（5）电容之间不要共用过孔，可以考虑打多个过孔连接电源和地，此外电容的过孔尽量靠近焊盘。

（6）去耦电容的引线不能太长，尤其是高频电路的旁路电容不能带引线。

（7）电源输入端跨接 10~100 μF 的电解电容，如果能接 100 μF 以上的电容更好。

6．通用设计原则

（1）尽量采用 45°折线而不采用 90°折线，这种布线方式可以减小高频信号对外的发射与耦合。

（2）采用串联一个电阻的方法，可以降低控制电路上下沿的跳变速率。

（3）石英晶振的外壳一般要接地，石英晶振下面和对噪声特别敏感的元器件下面尽量不要进行布线。

（4）闲置不用的门电路的输出端尽量不要悬空，闲置不用的运放的正输入端要接地，负输入端接输出端。

（5）时钟线垂直于 I/O 线比平行于 I/O 线干扰小。

（6）尽量让时钟信号电路周围的电趋势接近于 0，采用地线将时钟区圈起来，同时时钟线要尽量短。

（7）I/O 驱动电路尽量靠近 PCB 的边缘，同时总线、时钟和片选信号等要尽量远离 I/O 线和接插件。

（8）PCB 中的任何信号都不要形成环路，如果不可避免地出现了环路，那么要尽量减小环路面积。

（9）对于高速 PCB 来说，电容的分布电感不可忽略，同时电感的分布电容一般也是不可忽略的。

（10）通常功率线、交流线要尽量布置在和信号线不同的 PCB 上，如果非要将它们布置在同一块 PCB 上，那么这时功率线、交流线应该和信号线分开布线。

（11）CMOS 的输入阻抗很高，而且易受感应，因此对未使用的引脚要通过电阻接地或接电源。

（12）对于 PCB 中的接触器、继电器、按钮等器件进行操作时均会产生较大的火花放电，因此必须采用 RC 电路来吸收放电流。

（13）PCB 中的数据总线、地址总线和控制总线需添加 10 kΩ 左右的上拉电阻，另外尽量保证布线一样长短并尽量短，这样做的好处是可以抗干扰。

（14）在数字电路中，采用全译码要比线译码具有更强的抗干扰性。

（15）元器件不使用的引脚可以通过上拉电阻（阻值一般为 10 kΩ）来接电源，或者与使用的引脚进行并接。

（16）多层 PCB 中两面的布线要尽量垂直，避免相互间的干扰。

（17）发热的元器件应避开易受温度影响的元器件，以保证电路的稳定性。

7.8.2　热设计原则

（1）温度敏感元器件应尽量远离热源，对于温度高于 30℃ 的热源，一般要求：在风冷条件下，电解电容等温度敏感元器件离开热源的距离要求不小于 2.5 mm；在自然冷条件下，电解电容等敏感元器件离开热源的距离要求不小于 4 mm。如果 PCB 上因为空间的原因不能达到要求的距离，那么应该通过温度测试来保证温度敏感元器件的温度变化在使用范围之内。

（2）风扇不同大小的进风口和出风口将会引起气流阻力的较大变化，通常风扇的入口开口越大越好。

（3）对于可能存在散热问题的元器件和集成电路芯片，尽量保留足够的实施改善方案的空间，目的是为了放置金属散热片和风扇等。

（4）对于能够产生高热量的元器件和集成电路芯片等，应该考虑将它们放置于出风口或者利于对流的位置。

（5）对于散热通风设计中的大开孔，一般可以采用大的长条孔来替代小圆孔或者网格，以降低通风阻力和噪声。

（6）对于发热量大的集成电路芯片，一般尽量将它们放置在主机板上，避免底壳过热；如果将它们放置在主机板下，那么需要在芯片与底壳之间保留一定的空间，这样可充分利用气体流动散热或者在该空间实施改善方案。

（7）对于 PCB 中较高的元器件，应该考虑将它们放置在出风口，但是一定要注意不要阻挡风路。

（8）对于大面积铜箔上的元器件焊盘，要求采用隔热带与焊盘相连，而对于需要通过 5 A 以上大电流的焊盘不能采用隔热焊盘。

（9）为了避免元器件回流焊接后出现偏位或者立碑等现象，对于 0805 或者 0805 以下封装的元器件，其两端焊盘应该保证散热对称性，焊盘与印制导线的连接部分的宽度一般不应该超过 0.3 mm。

（10）对于 PCB 中产生热量较大的元器件或者集成电路芯片以及散热元器件等，应尽量将它们靠近 PCB 边缘，目的是降低热阻。

（11）在规则允许之下，风扇等散热部件与需要进行散热的元器件之间的接触压力应该尽可能大，同时确认两个接触面之间完全接触。

（12）风扇入风口的形状和大小以及舌部和渐开线的设计一定要仔细，此外风扇入风口外应保留 3～5 mm 的空间没有任何阻碍。

（13）对于采用热管的散热解决方案来说，应该尽量加大和热管接触的面积，目的是利于发热元器件或者集成电路芯片等的热传导。

（14）空气的紊流一般会产生对电路性能有重要影响的高频噪声，因此应该尽量避免空间紊流的产生。

7.8.3 抗震设计原则

（1）在 PCB 设计的前期阶段就要充分考虑进行预防震动现象的设计，提高电路结构的抗震性能。

（2）PCB 的震动控制一般应该从降低震源强度、隔震和减震 3 方面入手，这样能够比较有条理地减小震动的影响。

（3）PCB 上的集成电路芯片要尽量采用 SMT 封装，这样可以降低安装高度，安装高度要控制在 7～9 mm。

（4）对于 PCB 上的震动敏感元器件、集成电路芯片或接插件，应尽量将其安装在受震动影响较小的区域。

（5）对于 PCB 上的接插件，一定要安装牢固，避免震动现象引起接插件的松动，从而对电路性能造成不可预测的影响。

（6）对于 PCB 上的离散元器件，应尽量缩短引线的长度，注意贴面焊接并采用环氧树脂胶或者聚氨酯胶将其点封在 PCB 上。

（7）通过改变 PCB 的尺寸大小、元器件或集成电路芯片的安装形式和布局来改善 PCB 上的震动环境，这样也可以减小震动的影响。

7.8.4 可测试性设计原则

（1）根据 PCB 的具体电路和功能，可以选择 PCB 的各个部分电路是否需要采用相应的测试点。一般来说，只有那些重要或者复杂的电路才需要设置测试点。

（2）PCB 上应该具有两个或者两个以上的定位孔，便于测试过程中的 PCB 定位。

（3）PCB 上定位孔的尺寸要求是在直径 3～5 cm 之间，另外定位孔的位置一般来说在 PCB 上应该是不对称的。

（4）PCB 上测试点的位置应该在焊接面上，这样可以方便测试工作的进行且不影响电路的性能。

（5）对于 PCB 上电源和地的测试点，要求每根测试针最大可以承受 2A 的电流。每增加 2A 电流，就需要对电源和地多提供一个测试点。

（6）对于数字 PCB，一般要求对每 5 个集成电路芯片提供一个地线测试点，这样可以很好地监测相应电路的工作状态。

（7）对于PCB上的表面贴装元器件，不能将它们的焊盘作为测试点。

（8）对于PCB上的元器件、集成电路芯片或者插接件，需要进行测试的引脚间的距离应该是2.54 mm的倍数。

（9）用来进行测试的PCB应该包括符合规范的工艺，同时对于板的长度或者宽度大于2 m的PCB，一般应该留有符合规范的压低杠点。

（10）PCB上的测试点形状和大小应该符合规范，一般建议选择方形焊盘或者圆形焊盘，焊盘尺寸不小于1 mm×1 mm。

（11）PCB上的测试点应该进行锁定，这样可以避免修改过程中测试点的移动现象；另外测试点应该具有特定的标志，目的是提供指示。

（12）PCB上测试的间距应该大于2.54 mm，测试点与焊接面上元器件的间距应该大于2.54 mm。

（13）PCB上测试点到定位孔的距离应该大于0.5 mm，测试点到PCB边缘的距离应该大于3.175 mm。

（14）PCB上低压测试点和高压测试点之间的间距应该符合安全规范要求，尽量避免危险现象的发生。

（15）PCB上测试点的密度不能大于4~5个/m^2，另外测试点要尽量均匀分布。

（16）根据具体的测试要求，有时候为了便于测试，需要将测试点引到接插件或者连接电缆上进行测试。

（17）PCB上焊接面的元器件高度一般不能超过3.81 mm，如果超过这个值，那么一般需要进行特殊处理。

（18）为了保证测试探针的接触可靠性，PCB上的测试点不能被其他焊盘或胶覆盖。

第 8 章 创建元器件封装库和集成库

Altium Designer 18 为 PCB 设计提供了比较齐全的各类直插元器件和 SMD 元器件的封装库，并可以通过下载不断更新元器件库，能够满足一般 PCB 的设计要求。但是在实际 PCB 的设计过程中难免会碰到这样的问题，部分元器件在封装库中没有收录或库中的封装与实际的元器件封装还有一定的差异，这就需要我们自己设计 PCB 封装库。本章结合实例介绍手动创建和利用向导创建元器件封装库的方法和技巧。手动创建的 PCB 封装的尺寸大小，并不一定准确，在实际应用时需要设计者根据元器件制造商提供的元器件数据手册进行检查。

【本章要点】
- 不规则封装的绘制。
- 手动绘制 3D 模型。
- 创建集成库。

8.1 创建元器件封装库

8.1.1 创建封装库文件

在 Altium Designer 18 中，封装库的扩展名为 PcbLib，它可以嵌入到一个集成库中，也可以在 PCB 编辑界面中直接调用其中的元器件，具体操作步骤如下。

（1）执行菜单命令 File→New→Library→PCB Library，创建一个 PCB 库并命名保存为"PcbLibl.PcbLib"，如图 8-1 所示。

（2）元器件封装编辑器的工作环境与 PCB 编辑器的编辑环境类似，元器件封装编辑器的左侧是"Projects"面板，右侧为元器件封装的绘图区。

（3）在绘图区可以利用元器件封装编辑器提供的绘图工具绘制元器件。

8.1.2 手动创建元器件封装

元器件封装由焊盘和描述性图形两部分组成，本节以七段数码管为例介绍手动创建元器件封装的方法。

1. 新建元器件封装

（1）执行菜单命令 Tools→New Blank Footprint，或在"PCB Library"对话框中的元器件

列表栏内单击鼠标右键,在弹出的菜单中选择"New Blank Footprint",新建一个元器件封装。

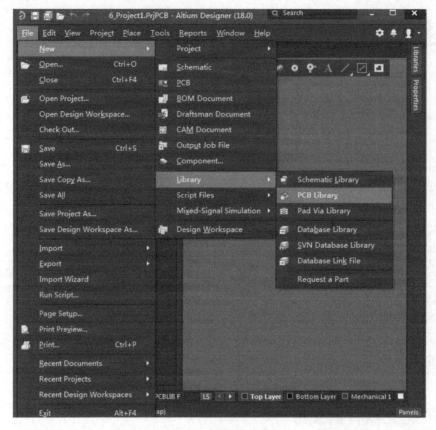

图 8-1 创建 PCB 库

(2)在元器件列表栏中双击新建元器件选项,弹出"PCB Library Footprint"对话框,修改元器件封装名称为"7LED",如图 8-2 所示。

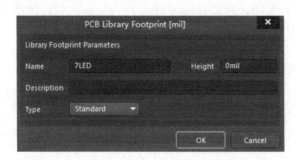

图 8-2 在"PCB Library Footprint"对话框中修改元器件封装名称

2. 放置焊盘

(1)执行菜单命令 Place→Pad,或单击工具栏中的 ◉ 图标,放置焊盘。放置前可按 Tab 键进入焊盘属性对话框,如图 8-3 所示。

(2)焊盘的属性设置方法参照 7.2.1 节,此处设置焊盘孔径为 40 mil,圆形焊盘,焊盘外径横向与纵向设置为 64 mil。设置焊盘所在的层、所属网络、电气特性、是否镀金和是否锁定等属性。

（3）在绘图区连续放置 10 个焊盘，焊盘排列和间距要与实际的元器件引脚一致，此处可借助坐标工具或阵列粘贴工具完成。放置后可双击焊盘修改焊盘属性。

（4）放置好的焊盘如图 8-4 所示，其中设置左下角焊盘为方形焊盘。

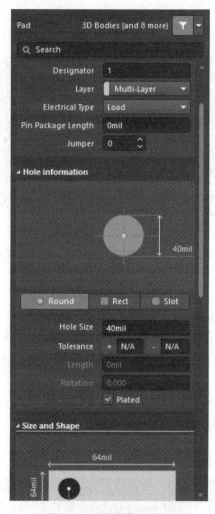

图 8-3　焊盘属性对话框

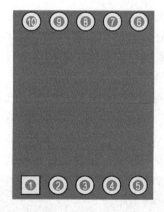

图 8-4　放置好的焊盘

3．放置文字

（1）执行菜单命令 Place→String，或单击工具栏中的 **A** 图标，在"Top Overlay"层给焊盘添加文字。

（2）按下 Tab 键进入属性编辑对话框，如图 8-5 所示，设置相应的文字属性。

（3）在每个焊盘旁放置说明性文字，如图 8-6 所示。

4．绘制图形

执行菜单命令 Place→Line，或单击工具栏中的 图标，在"Top Overlay"层给焊盘添加边框，如图 8-7 所示。

  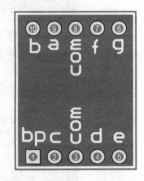

图 8-5　属性编辑对话框　　　图 8-6　在每个焊盘旁　　　图 8-7　在"Top Overlay"层
　　　　　　　　　　　　　　　　　　放置说明性文字　　　　　给焊盘添加边框

8.1.3　使用向导创建元器件封装

对于标准的 PCB 元器件封装，Altium Designer 18 为用户提供了 PCB 元器件封装向导——PCB Footprint Wizard，帮助用户完成 PCB 元器件封装的制作。PCB Footprint Wizard 使设计者在进行一系列设置后就可以创建一个元器件封装，接下来介绍利用向导为七段数码管建立 7LED-1 的封装的具体操作步骤。

（1）执行菜单命令 Tools→Footprint Wizard，或者直接在"PCB Library"对话框的"Component"列表中单击鼠标右键，在弹出的菜单中选择"Footprint Wizard…"命令，弹出"Component Wizard"对话框，如图 8-8 所示。

（2）单击"Next"按钮，打开模式和单位选择对话框，如图 8-9 所示。对所用到的选项

图 8-8　"Component Wizard"对话框　　　　图 8-9　模式和单位选择对话框

进行设置，模式选择为"Dual In-line Packages（DIP）"，单位选择"Imperial（mil）"。

（3）单击"Next"按钮，设置焊盘尺寸，如图 8-10 所示，设置圆形焊盘的外径为 64 mil，内径为 40 mil。

（4）单击"Next"按钮，设置焊盘间距，如图 8-11 所示。焊盘间距要满足元器件引脚间的距离关系。

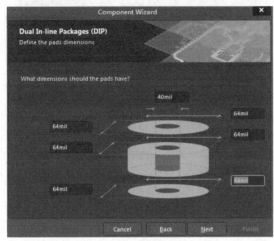

图 8-10 设置焊盘尺寸

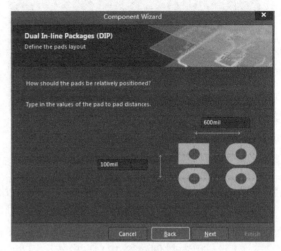

图 8-11 设置焊盘间距

（5）单击"Next"按钮，指定外框的线宽，设置用于绘制封装图形的轮廓线宽度，如图 8-12 所示。

（6）单击"Next"按钮，设置焊盘数目，如图 8-13 所示。

图 8-12 设置轮廓线宽度

图 8-13 设置焊盘数目

（7）单击"Next"按钮，设置封装名称，如图 8-14 所示。

（8）单击"Next"按钮打开最后一个对话框，如图 8-15 所示。单击"Finish"按钮结束向导，在"PCB Library"对话框的"Components"列表中会显示新建的封装名称 7LED-1，同时设计窗口会显示新建的封装，如有需要，可以对封装进行修改。

 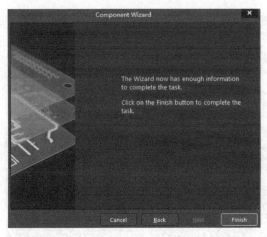

图 8-14 设置封装名称　　　　　　　　图 8-15 结束界面

8.1.4 不规则封装的绘制

电子工艺的不断进步促成了新型封装的出现，其中就包括一些包含不规则焊盘的封装，使用 PCB 库编辑器（PCB Library Editor）可以实现这类封装的设计要求。如图 8-16 所示，该不规则封装名称为"SOT23"，包含 3 个焊盘，它的绘制步骤如下。

（1）利用向导创建 SOP4 的封装，焊盘为方形，尺寸为 0.9 mm×0.9 mm；焊盘间距分别为 1.9 mm 和 2.35 mm；修改封装名称为"SOT23"，创建好的封装如图 8-17 所示。

（2）调整焊盘方向，去掉一个焊盘并调整其中一个焊盘的位置，调整焊盘号，如图 8-18 所示。

（3）删除原有边框，在"Top Overlay"层放置新的边框和辅助标志，如图 8-19 所示。

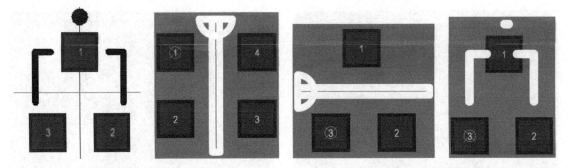

图 8-16 "SOT23"封装　　图 8-17 利用向导创建封装　　图 8-18 调整焊盘号　　图 8-19 放置新的边框和辅助标志

本节利用向导创建封装，再通过手动修改的方法完成了不规则封装的绘制。设计者也可通过手动放置焊盘的方法完成封装绘制，同样可达到使用效果。只不过借助向导修改的方法可以减少绘制的工作量。

8.2 3D 封装的绘制

考虑到元器件集成度的不断提高，PCB 设计人员必须考虑元器件水平间隙外的其他设计需求，如元器件高度的限制、多个元器件空间叠放的情况。此外需要将最终的 PCB 转换为一种机械 CAD 工具，以便用虚拟的产品装配技术全面验证元器件封装是否合格，这已逐渐成为一种趋势。Altium Designer 18 拥有许多功能，其中的三维（3D）模型可视化功能就是为满足这些需求而研发的。

8.2.1 封装高度属性的添加

设计者可以用一种最简单的方式为封装添加高度属性，双击"PCB Library"对话框中的"Footprints"列表中的封装，如图 8-20 所示。双击"7LED"选项，打开"PCB Library Footprint"对话框，在"Height"文本框中输入适当的高度值，如图 8-21 所示。

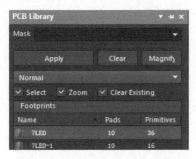
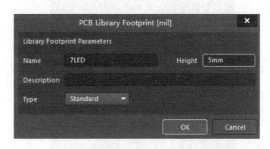

图 8-20　"PCB Library"对话框　　　图 8-21　在"Height"文本框中输入适当的高度值

可在电路板设计时定义设计规则，在 PCB 库编辑器中执行菜单命令 Design→Rules，弹出"PCB Rules and Constraints Editor"对话框，在"Placement"选项卡的"Component Clearance"处对某一类元器件的高度或空间参数进行设置。

8.2.2 手动制作 3D 模型

在 PCB 库编辑器中执行菜单命令 Place→3D Boay，可以手动放置 3D 模型，也可以在"3D Body Manager"对话框中执行菜单命令 Tools→Manage 3D Bodies for Library Current Component，设置自动为封装添加 3D 模型。

下面将演示如何为前面所创建的 7LED 封装添加 3D 模型，在 PCB 库编辑器中手动添加 3D 模型的步骤如下。

（1）在"PCB Library"对话框中双击"7LED"选项，打开"PCB Library Component"对话框，该对话框详细列出了元器件的名称、高度和描述信息。这里元器件的高度设置最重要，因为需要通过 3D 模型体现元器件的真实高度。如果元器件制造商能够提供元器件的尺寸信息，则尽量使用元器件制造商提供的信息。

（2）执行菜单命令 Place→3D Body，设置 3D 模型，如图 8-22 所示。在"3D Model Type"选项区域选择"Extruded"。

（3）设置"Properties"选项区域的各项参数，为 3D 模型对象定义（Identifier）一个名称，以标识该 3D 模型，在"Board Side"下拉列表中选择"Top"，该选项将决定 3D 模型垂直投影到电路板的哪一层。

（4）设置"Overall Height"为"6 mm"，设置 3D 模型底面到电路板的距离（Standoff Height）为"1 mm"。

（5）进入放置模式，在 2D 模式下，鼠标指针为十字形；在 3D 模式下，鼠标指针为蓝色锥形。

（6）移动鼠标指针到适当位置，单击选定 3D 模型的起始点，接下来连续单击选定若干个顶点，组成一个代表 3D 模型形状的多边形。选定好最后一个点后，单击鼠标右键或按 Esc 键，退出放置模式，系统会自动连接起始点和最后一个点，形成闭环多边形，添加了 3D 模型的封装如图 8-23 所示。

图 8-22 设置 3D 模型

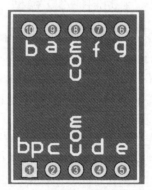

图 8-23 添加了 3D 模型的封装

当设计者选定一个扩展 3D 模型时，在该 3D 模型的每一个顶点会显示成可编辑点，当鼠标指针变为 ↖ 时，可单击并拖动鼠标指针到顶点位置。当鼠标指针在某个边沿的中点位置时，可通过单击并拖动的方式为该边沿添加一个顶点，并按需要进行位置调整。当鼠标指针移动到目标边沿，鼠标指针变为 ✥ 时，可以单击拖动该边沿。当鼠标指针移动到目标 3D 模型，鼠标指针变为 ✥ 时，可以单击拖动该 3D 模型。在拖动 3D 模型时，可以旋转或翻动 3D 模型，编辑 3D 模型的形状。

下面为 7LED 的引脚创建 3D 模型。

（1）执行菜单命令 Place→3D Body，设置引脚的 3D 模型，如图 8-24 所示，在"3D Model Type"选项区域选择"Cylinder"。

（2）设置"Properties"选项区域的各项参数，为 3D 模型对象定义（Identifier）一个名称，以标识该 3D 模型，在"Board Side"下拉列表中选择"Top"，该选项将决定 3D 模型垂直投影到电路板的哪一层。

（3）"Radius"表示焊盘孔径的一半，这里设置为"0.5 mm"；"Height"为引脚的长度，这里设置为"2 mm"；"Standoff Height"表示 3D 模型底面到电路板的距离，这里设置为"−1 mm"。

（4）进入放置模式，在 2D 模式下，鼠标指针变为十字形。按下 Page Up 键，将第一个引脚放大到足够大，在第一个引脚的孔内放置设置好的 3D 模型。

（5）选择小的正方形，通过快捷键 Ctrl+C 将它复制到剪贴板，然后通过快捷键 Ctrl+V，将它粘贴到其他引脚的孔内。

（6）3D 模型设计完成后，会显示在"3D Body"对话框中，设计者可以继续创建新的 3D 模型，也可以单击"Cancel"按钮或按 Esc 键关闭对话框。图 8-25 显示了在 Altium Designer 18 中建立的一个 7LED 的 3D 模型。

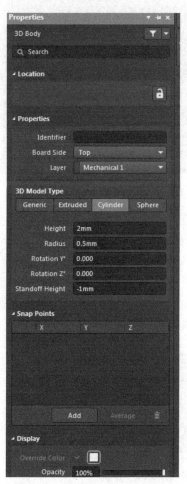

图 8-24　设置引脚的 3D 模型

图 8-25　7LED 的 3D 模型

8.2.3 制作交互式 3D 模型

使用交互式方式创建 3D 模型的方法与手动方式类似，最大的区别是在该方法中，Altium Designer 18 会检测闭环形状，这些闭环形状包含了封装的细节信息，可被扩展成 3D 模型，该方法通过设置"3D Body Manager"对话框实现。

接下来将介绍如何通过设置"3D Body Manager"对话框，为 VR5 封装创建 3D 模型，该方法比手动定义形状更简单。

（1）执行菜单命令 Tools→Manage 3D Bodies for Current Component，打开"Component Body Manager for component: VR5"对话框，如图 8-26 所示。

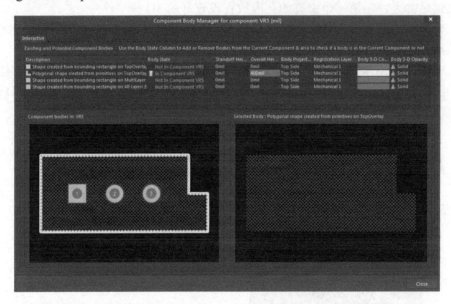

图 8-26 "Component Body Manager for component: VR5" 对话框

（2）依据元器件外形在 3D 模型中定义对应的形状，需要用到列表中的第二个选项："Polygonal shape created from primitives on TopOverlay"，将"Registration Layer"设置为 3D 模型对象所在的机械层（本例中为"Mechanical1"），为"Overall Height"选择合适的值，如 400 mil，设置"Body 3D Color"为合适的颜色。

（3）单击"Close"按钮，在元器件上会显示 3D 模型形状，如图 8-26 所示，保存库文件。图 8-27 给出了 VR5 封装的一个完整的 3D 模型图。

图 8-27 添加了 3D 模型后的 VR5 封装

根据封装轮廓建立一个基础性的 3D 模型对象（Overall Height：400 mil，Standoff Height：0 mil，Body 3D Color：Gray）。

放置一个圆，再以圆为基础生成闭环多边形，设计者可在"3D Body Manager"对话框中检测该闭环多边形。设置闭环多边形参数："Overall Height"为"200 mil"，"Standoff Height"为"0 mil"，"Color"为"Gray"。

其他 3 个对象对应于 3 个引脚，通过放置圆柱体的方法实现。执行菜单命令 Place→3D Body，弹出"3D Body"对话框，如图 8-28 所示，在"3D Model Type"选项区域选择圆柱体（Cylinder），选择圆柱体参数"Radius"（半径）为"15 mil"，"Height"为"450 mil"，"Standoff Height"为"-450 mil"，设置好后，单击"OK"按钮，鼠标指针处出现一个小方框，把它放在焊盘处，单击即可，单击鼠标右键或按 Esc 键退出放置状态。

设计者可以先只为其中一个引脚创建 3D 模型对象，再复制、粘贴两次，分别建立剩余两个引脚的 3D 模型对象。建好的 VR5 的 3D 模型如图 8-29 所示。

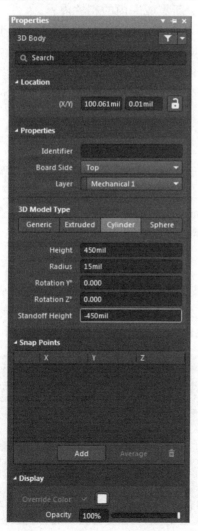

图 8-28　"3D Body"对话框

图 8-29　建好的 VR5 的 3D 模型

8.3 集成库的创建与维护

Altium Designer 18 提供的元器件库为集成库，即元器件库中的元器件具有整合的信息，包括原理图符号、PCB 封装、仿真和信号完整性分析等。本节将结合实例介绍集成库的创建与维护。

8.3.1 创建集成库

Altium Designer 18 的集成库将原理图元器件和与其关联的 PCB 封装方式、SPICE 仿真模型以及信号完整性模型有机结合起来，并以一个不可编辑的形式存在。所有的模型信息被复制到集成库内，存储在一起，而模型的源文件可以任意存放。如果要修改集成库，需要先修改相应的源文件库，然后重新编译集成库并更新集成库内的相关内容。

Altium Designer 18 集成库文件的扩展名为 INTLIB，按照生产厂家的名字分类，存放于软件安装目录"Library"文件夹中。原理图库文件的扩展名为 SchLib，PCB 封装库文件的扩展名为 PcbLib，这两个文件可以在打开集成库文件时被提取出来以供编辑。

使用集成库的优点就在于元器件的原理图符号、封装、仿真等信息已经通过集成库文件与元器件相关联，因此在后续的电路仿真、PCB 设计时不需要另外加载相应的库。

1．创建集成库工程

（1）执行菜单命令 File→New→Project→Intergrated Library，创建一个名为"Integrated Libraryl"的集成库工程文件。

（2）选择集成库工程文件"Integrated Libraryl"，执行"Save Project as"命令，在弹出的对话框中输入"my_Inte_Lib1.LibPkg"，保存文件，如图 8-30 所示。

2．添加源文件

（1）添加元器件库。如图 8-31 所示选择集成库工程并单击鼠标右键，在弹出的快捷菜单中选择"Add Existing to Project…"命令，找到元器件库所在文件夹，选择该文件并打开。此时便将名为"Mylib.SchLib"的元器件库添加到工程文件中了，如图 8-32 所示。

图 8-30　选择集成库工程

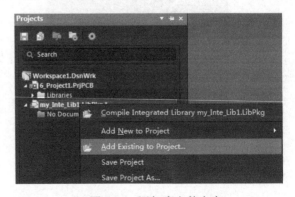

图 8-31　添加库文件命令

（2）添加 PCB 封装库。可新建 PCB 封装库，并制作对应元器件的封装。若已经有对应的封装库可直接添加。按照步骤（1）的方法添加 PCB 封装库到工程文件中，文件名为"Mylib.PcbLib"，如图 8-33 所示。

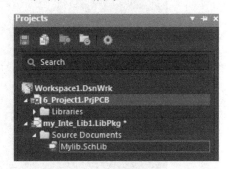

图 8-32　添加"Mylib.SchLib"元器件库到工程文件中

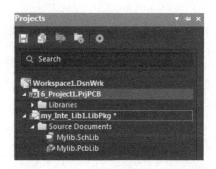

图 8-33　添加"Mylib.PcbLib"封装库到工程文件中

（3）添加封装至元器件库。单击"Mylib.SchLib"元器件库，打开"SCH Library"对话框，添加封装至元器件库，如图 8-34 所示。

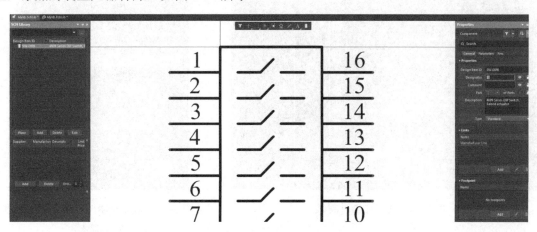

图 8-34　添加封装至元器件库

（4）单击"Properties"对话框下方的"Add"按钮，弹出"PCB Model"对话框，如图 8-35 所示。单击"Browse…"按钮，选择元器件封装，如图 8-36 所示。

（5）默认的封装库为当前集成库中所包含的元器件封装库，也可单击 图标，找到封装所在位置完成添加。

（6）以同样的方法，添加"Mylib.SchLib"元器件库中其他元器件的封装，完成后保存库文件。添加元器件封装后的元器件显示状态，如图 8-37 所示。图中显示了添加的元器件封装的名称和封装的图形等相关信息。单击垃圾箱图标 可以删除封装。

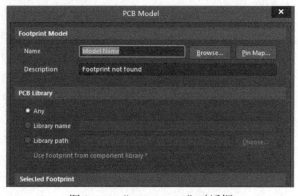

图 8-35　"PCB Model"对话框

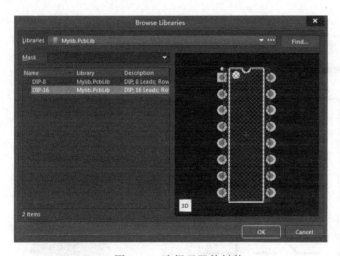

图 8-36 选择元器件封装

图 8-37 添加元器件封装后的元器件显示状态

图 8-38 生成元器件集成库"My_Inte_Lib1.IntLib"

3. 编译元器件集成库工程

接下来对元器件集成库工程进行编译,编译方法有两种:一种是执行菜单命令 Project→Compile Integrated Library my_Inte_Lib1.LibPkg;另一种是选中"my_Inte_Lib1. LibPkg"集成库工程,单击鼠标右键,在弹出的快捷菜单中选择"Compile Integra-ted Library my_Inte_Lib1. LibPkg.LibPkg"。

工程编译结束后,系统将在与"my_Inte_Lib1. LibPkg"集成库同一目录下新建名称为"Project Outputs for My_Inte_Lib1"的文件夹,打开该文件夹后可以发现已经生成了一个元器件集成库"My_Inte_Lib1.IntLib",如图 8-38 所示。

8.3.2 集成库的维护

集成库是不能直接编辑的,如果要维护集成库,需要先编辑源文件库,再重新编译。维护集成库的步骤如下。

(1)打开如图 8-38 所示的集成库文件"My_Inte_Lib1.IntLib"。

(2)提取源文件库。在弹出的"Extract Sources or Install"对话框中单击"Extract Sources"按钮,如图 8-39 所示。此时在集成库所在的路径下自动生成与集成库同名的文件夹,并将组成该集成库的.SchLib 文件和.PcbLib 文件置于此处以供用户修改。

(3)编辑源文件。在项目管理器对话框中打开原理图库文件,编辑完成后,执行菜单命令 File→Save As…,保存编辑后的元器件和库工程。

(4)重新编译集成库。执行菜单命令 Project→Compile Integrated Library,编译库工程,但是编译后的集成库文件并不能自动覆盖原集成库。若要覆盖,需执行菜单命令 Project→Project Options,在集成库选项对话框中修改编译输出路径即可,如图 8-40 所示。

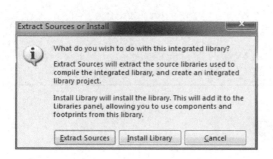

图 8-39 "Extract Sources or Install"对话框

图 8-40 修改编译输出路径

第 9 章 电路仿真系统

Altium Designer 18 不但可以绘制原理图和制作 PCB，而且还提供了电路仿真和 PCB 信号完整性分析工具。用户可以方便地对设计的电路和 PCB 进行信号仿真。随着计算机技术的迅速发展，各种各样的电路仿真软件纷纷涌现出来。Altium Designer 18 提供了非常强大的仿真功能，可以进行模拟、数字和模数混合仿真。软件采用集成库机制管理元器件，将仿真模型与原理图元器件关联在一起，使用起来非常方便。

【本章要点】
- 仿真激励源。
- 仿真通用参数设置。
- 元器件仿真参数设置。
- 特殊仿真元器件参数设置。
- 仿真分析形式。

9.1 电路仿真的基本概念和步骤

9.1.1 电路仿真的基本概念

图 9-1 和图 9-2 分别给出了仿真电路图和仿真结果（交流小信号），基本上体现了仿真过程中所涉及的电路仿真的基本概念。

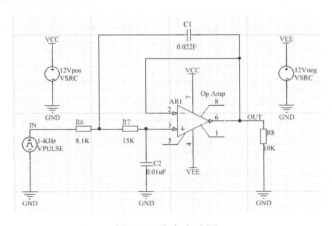

图 9-1 仿真电路图

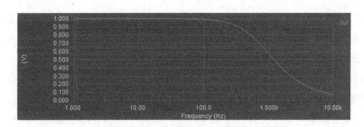

图 9-2　仿真结果（交流小信号）

（1）仿真元器件。用于进行电路仿真的元器件，要求具有仿真属性。Altium Designer 18 的仿真元器件在安装目录\Library\Simulation 下。

（2）仿真原理图。根据具体电路的设计要求，使用原理图编辑器和具有仿真属性的元器件所绘制而成的电路原理图。

（3）仿真激励源。用于模拟实际电路中的激励信号。

（4）节点网络标签。对一电路中要测试的多个节点，应该分别放置一个有意义的网络标签名，便于明确查看每一节点的仿真结果（电压或电流波形）。

（5）仿真方式。仿真方式有多种，在不同的仿真方式下有相应不同的参数设定，用户应根据具体的电路要求来设置仿真方式。

（6）仿真结果。仿真结果一般是以波形的形式给出，不局限于电压信号，每个元器件的电流及功耗波形都可以在仿真结果中观察到。

9.1.2　电路仿真的步骤

电路仿真的步骤如下。

（1）装载与电路仿真相关的元器件库。

（2）在电路图上放置仿真元器件（该元器件必须具有仿真属性），并设置元器件的仿真参数。

（3）放置连线，绘制仿真电路原理图，其绘制方法与绘制普通电路原理图的方法相同。

（4）在仿真电路原理图中添加仿真电源和激励源。

（5）设置仿真节点和电路的初始状态。

（6）对仿真电路原理图进行电气规则检查（ERC）。如果电路中存在错误，要先纠正错误才能进行仿真。

（7）设置仿真分析的参数。

（8）运行电路仿真，得到仿真结果。

（9）如果对仿真结果不满意，可修改仿真电路中的相应参数或更换仿真元器件，重复步骤（5）～步骤（8）。

9.2　电源和仿真激励源

Altium Designer18 提供了多种电源和仿真激励源，包含在 Altium Designer 18 安装目录\Library\Simulation\Simulation Sources.Intlib 下的集成库中，供用户选择使用。集成库中的仿

真激励源在使用时，均被默认为理想的激励源。仿真激励源就是仿真时输入到仿真电路中的测试信号，根据观察这些测试信号通过仿真电路后的输出波形，用户可以判断仿真电路中的参数设置是否合理。

常用的电源和仿真激励源有直流电压/电流源、正弦信号激励源、周期脉冲源、分段线性激励源、指数激励源和单频调频激励源等。下面介绍激励源的设置方法。

1. 直流源

库文件 Simulation Sources.IntLib 包含两个直流源元器件：VSRC 电压源和 ISRC 电流源。仿真库中的直流电压源和直流电流源符号如图 9-3 所示。这些直流源为激励电路提供了一个不变的电压或电流输出。

直流电压源和直流电流源需要设置的仿真参数是相同的，双击新添加的仿真直流电压源，在弹出的对话框中设置其属性参数，如图 9-4 所示。

单击图 9-4 "Models" 选项区域的 图标，在弹出的对话框中设置仿真直流电压源参数，如图 9-5 所示。设置完成后可在图 9-4 中 "Parameters" 选项区域显示。

图 9-3 直流电压源与直流电流源符号

图 9-4 设置仿真直流电压源属性参数

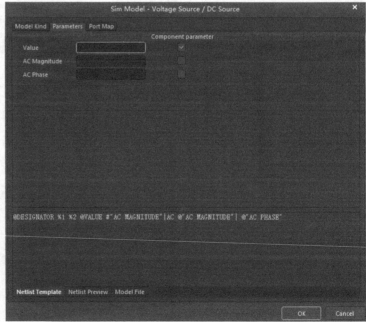

图 9-5 设置仿真直流电压源参数

需要设置的仿真直流电压源参数如下。
- Value：直流电压源值。
- AC Magnitude：交流小信号分析的电压值。
- AC Phase：交流小信号分析的相位值。

2．正弦信号激励源

库文件 Simulation Sources.IntLib 包含两个正弦信号源元器件：VSIN 正弦电压源和 ISIN 正弦电流源。仿真库中的正弦电压源和正弦电流源符号如图 9-6 所示。

打开元器件属性窗口，按前面类似方法打开正弦电压源仿真参数设置对话框，如图 9-7 所示。

图 9-6　正弦电压源和正弦电流源符号

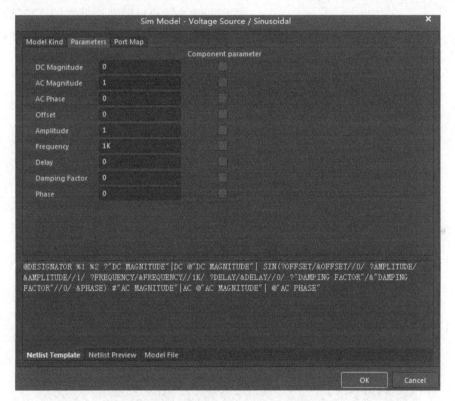

图 9-7　正弦电压源仿真参数设置对话框

需要设置的正弦电压源仿真参数如下。
- DC Magnitude：正弦信号的直流参数，通常设置为 0。
- AC Magnitude：交流小信号分析的电压值，通常设置为 1V，如果不进行交流小信号分析，可以设置为任意值。
- AC Phase：交流小信号分析的电压初始相位值，通常设置为 0。
- Offset：正弦波信号上叠加的直流分量，即幅值偏移量。
- Amplitude：正弦波信号的幅值。

- Frequency：正弦波信号的频率。
- Delay：正弦波信号初始的延迟时间。
- Damping Factor：正弦波信号的阻尼因子，影响正弦波信号幅值的变化。若设置为正值，正弦波的幅值将随时间的增长而衰减；若设置为负值，正弦波的幅值则随时间的增长而增长；若设置为 0，则意味着正弦波的幅值不随时间而变化。
- Phase：正弦波信号的初始相位值。

3．周期脉冲源

库文件 Simulation Sources.IntLib 包含两个周期脉冲源元器件：VPULSE 电压周期脉冲源和 IPULSE 电流周期脉冲源。电压周期脉冲源和电流周期脉冲源的符号如图 9-8 所示，利用这些周期脉冲源可以创建周期性的连续脉冲。

打开周期脉冲源仿真参数设置对话框，如图 9-9 所示。

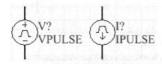

图 9-8　电压周期脉冲源和电流周期脉冲源符号

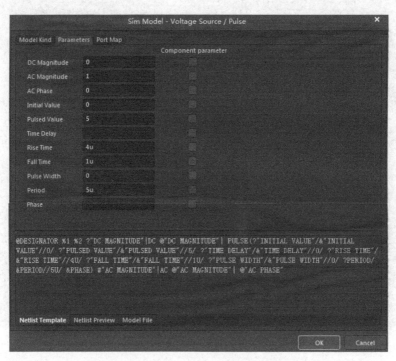

图 9-9　周期脉冲源仿真参数设置对话框

需要设置的周期脉冲源仿真参数如下。
- DC Magnitude：脉冲信号的直流参数，通常设置为 0。
- AC Magnitude：交流小信号分析的电压值，通常设置为 IV，如果不进行交流小信号分析，可以设置为任意值。
- AC Phase：交流小信号分析的电压初始相位值，通常设置为 0。
- Initial Value：脉冲信号的初始电压值。

- Pulsed Value：脉冲信号的电压幅值。
- Time Delay：初始时刻的延迟时间。
- Rise Time：脉冲信号的上升时间。
- Fall Time：脉冲信号的下降时间。
- Pulse Width：脉冲信号的高电平宽度。
- Period：脉冲信号的周期。
- Phase：脉冲信号的初始相位。

4．分段线性激励源

库文件 Simulation Sources.IntLib 包含两个分段线性激励源元器件：VPWL 分段线性电压源和 IPWL 分段线性电流源。分段线性电压源和分段线性电流源符号如图 9-10 所示。使用分段线性激励源可以创建任意形状的波形。

打开分段线性激励源仿真参数设置对话框，如图 9-11 所示。

图 9-10 分段线性电压源和分段线性电流源符号

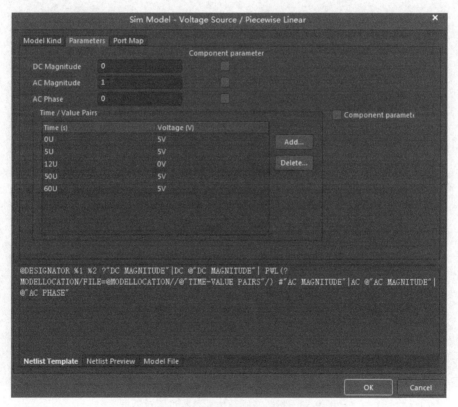

图 9-11 分段线性激励源仿真参数设置对话框

需要设置的分段线性激励源仿真参数如下。
- DC Magnitude：分段线性电压信号的直流参数，通常设置为 0。
- AC Magnitude：交流小信号分析的电压值，通常设置为 1V，如果不进行交流小信号分析，可以设置为任意值。
- AC Phase：交流小信号分析的电压初始相位值，通常设置为 0。
- Time/Value Pairs：分段线性电压信号在分段点处的时间值和电压值。其中时间为横坐标，电压为纵坐标。

5. 指数激励源

库文件 Simulation Sources.IntLib 包含两个指数激励源元器件：VEXP 指数激励电压源和 IEXP 指数激励电流源。指数激励电压源和指数激励电流源符号如图 9-12 所示，通过指数激励源可创建带有指数上升沿和下降沿的脉冲波形。

图 9-12 指数激励电压源和指数激励电流源符号

打开指数激励源仿真参数设置对话框，如图 9-13 所示。

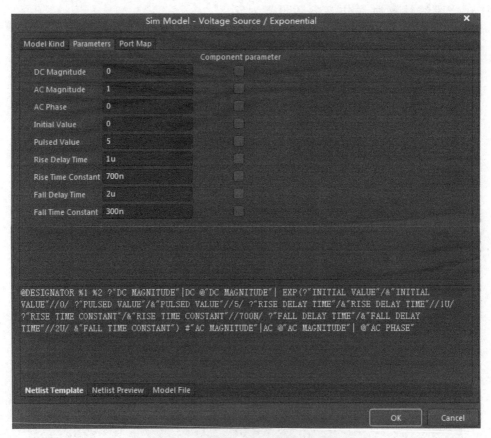

图 9-13 指数激励源仿真参数设置对话框

需要设置的指数激励源仿真参数如下。
- DC Magnitude：指数电压信号的直流参数，通常设置为 0。
- AC Magnitude：交流小信号分析的电压值，通常设置为 1 V，如果不进行交流小信号分析，可以设置为任意值。

- AC Phase：交流小信号分析的电压初始相位值，通常设置为 0。
- Initial Value：指数电压信号的初始电压值。
- Pulsed Value：指数电压信号的跳变电压值。
- Rise Delay Time：指数电压信号的上升延迟时间。
- Rise Time Constant：指数电压信号的上升时间。
- Fall Delay Time：指数电压信号的下降延迟时间。
- Fall Time Constant：指数电压信号的下降时间。

6. 单频调频激励源

库文件 Simulation Sources.IntLib 包含两个单频调频源元器件：VSFFM 单频调频电压源和 ISFFM 单频调频电流源。单频调频电压源和单频调频电流源符号如图 9-14 所示，通过这些源可创建一个单频调频波。

打开单频调频激励源仿真参数设置对话框，如图 9-15 所示。

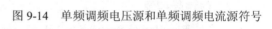

图 9-14 单频调频电压源和单频调频电流源符号

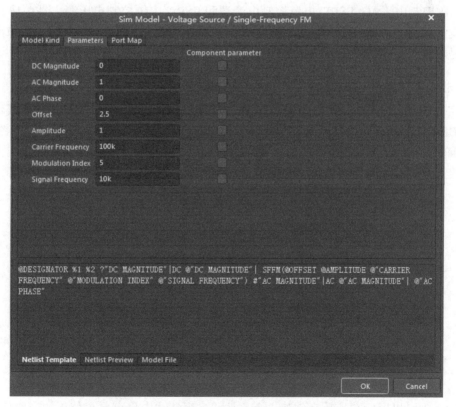

图 9-15 单频调频激励源仿真参数设置对话框

需要设置的单频调频激励源仿真参数如下。

- DC Magnitude：单频调频电压信号的直流参数，通常设置为 0。
- AC Magnitude：交流小信号分析的电压值，通常设置为 1 V，如果不进行交流小信号分析，可以设置为任意值。
- AC Phase：交流小信号分析的电压初始相位值，通常设置为 0。
- Offset：调频电压信号上叠加的直流分量，即幅值偏移量。
- Amplitude：调频电压信号的载波幅值。
- Carrier Frequency：调频电压信号的载波频率。
- Modulation Index：调频电压信号的调制系数。
- Signal Frequency：调制信号的频率。

根据以上的参数设置，输出的调频信号表达式为

$$V(t) = V_O + V_A \times \sin[2\pi F_C t + M \sin(2\pi F_S t)]$$

式中，V_O 表示幅值偏移量（Offest），V_A 表示调频电压信号的载波幅值（Amplitude），F_C 表示调频电压信号的载波频率（Carrier Frequency），M 表示调频电压信号的调制系数（Modulation Index），F_S 表示调制信号的频率（Signal Frequency）。

7．线性受控源

库文件 Simulation Sources.IntLib 包含 4 个线性受控源元器件：HSRC 电流控制电压源、GSRC 电压控制电流源、FSRC 电流控制电流源和 ESRC 电压控制电压源。图 9-16 中是标准的线性受控源符号，每个线性受控源都有两个输入节点和两个输出节点。输出节点间的电压或电流是输入节点间的电压或电流的线性函数，一般由源的增益、跨导等决定。

8．非线性受控源

库文件 Simulation Sources.IntLib 包含两个非线性受控源元器件：BVSRC 非线性受控电压源和 BISRC 非线性受控电流源。非线性受控电压源和非线性受控电流源符号如图 9-17 所示。标准的 SPICE 非线性电压或电流源，有时被称为方程定义源，因为它的输出由设计者的方程定义，并且经常引用电路中其他节点的电压或电流值。

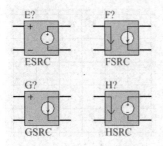

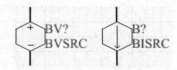

图 9-16　线性受控源符号　　　　图 9-17　非线性受控电压源和非线性受控电流源符号

电压或电流波形的表达方式如下：V=表达式或 I=表达式，其中，表达式是在定义仿真属性时输入的方程。

在设计中可以用标准函数来创建一个表达式，表达式中也可包含如下的一些标准函数：ABS、LN、SQRT、LOG、EXP、SIN、ASIN、ASINH、COS、ACOS、ACOSH、COSH、TAN、ATAN、ATANH、SINH。为了在表达式中引用所设计的电路中节点的电压和电流值，设计者必须先在原理图中为该节点定义一个网络标号。这样设计者就可以使用如下的语法来引用该节点。

- V（NET）表示在节点 NET 处的电压。
- I（NET）表示在节点 NET 处的电流。

9.3 仿真分析的参数设置

在电路仿真分析中，首先需要选择合适的仿真方式，并对相应的参数进行合理的设置，仿真方式的参数设置包含两部分，一是各种仿真方式都需要的通用参数设置，二是具体的仿真方式所需要的特定参数设置。其次是针对仿真电路的每个仿真对象，在所选仿真方式下进行参数设置。这些都是仿真能够正确运行并获得良好仿真效果的关键保证。

9.3.1 通用参数设置

在原理图编辑环境中，执行菜单命令 Design→Simulate→Mixed Sim，弹出"Analyses Setup"对话框，如图 9-18 所示。

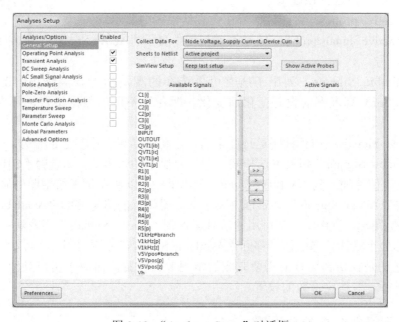

图 9-18 "Analyses Setup"对话框

在"Analyses/Options"列表框中，列出了若干选项供用户选择，包括各种具体的仿真方式。而对话框的右侧则用来显示与选项相对应的具体设置内容。系统的默认选项为"General Setup"，即仿真方式的常规参数设置。

（1）Collect Data For：用于设置仿真程序需要计算的数据类型，有以下几种。
- Node Voltage：节点电压。
- Supply Current：电源电流。
- Device Current：流过元器件的电流。
- Device Power：在元器件上消耗的功率。

- Subcircuit VARS：支路端电压与支路电流。
- Active Signals/Probes："Active Signals"列表中列出的信号或探针信号。

选择上述参数将直接影响仿真程序的运行时间，因为参数多，在计算上要花费的时间就多，因此在进行电路仿真时，用户应该尽可能少地设置需要计算的数据，仅选择关键节点的一些关键信号波形进行观测。

在数据组合选择中，一般应设置为"Active Signals"，这样一方面可以灵活选择所要观测的信号，另一方面也可以减少仿真的计算量，提高效率。

（2）Sheets to Netlist：用于设置仿真程序的作用范围，包括以下两个选项。
- Active sheet：当前的电路。
- Active project：当前的整个项目。

（3）SimView Setup：用于设置仿真结果的显示内容。
- Keep last setup：按照上一次仿真操作的设置在仿真结果图中显示信号波形，忽略"Active Signals"列表中所列出的信号。
- Show active signals：按照"Active Signals"列表中所列出的信号，在仿真结果图中进行显示。一般选择该选项。
- Show active probes：将探针信号在仿真结果图中显示。
- Show active signals/probes：在仿真结果图中显示"Active Signals"列表中列出的信号/探针信号。

（4）Available Signals：列出了所有可供选择的观测信号，具体内容随着收集数据（Collect Data For）列表框的设置变化而变化，即对于不同的数据组合，可以观测的信号是不同的。

（5）Active Signals：仿真程序运行结束后，在仿真结果图中显示的信号。

在"Available Signals"列表中选择某一个需要显示的信号后，如选择"C1[i]"，单击 图标，可以将该信号加入到"Active Signals"列表框中，以便在仿真结果图中显示；单击 图标则可以将"Active Signals"列表框中某个不需要显示的信号移回"Available Signals"列表框；单击 图标，直接将全部可用的信号加入到"Active Signals"列表框中；单击 图标，则将全部处于激活状态的信号移回"Available Signals"列表框中。

上面讲述的是在仿真运行前需要完成的常规参数设置，而对于用户具体选用的仿真方式，还需要进行一些特定参数的设置。

9.3.2 元器件仿真参数设置

Altium Designer 18集成库Miscellaneous Devices.IntLib为用户提供了常用的仿真元器件，下面介绍一些常用元器件的参数设置。

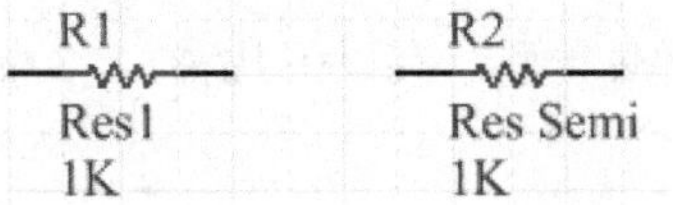

1. 电阻

仿真元器件库提供了两种类型的电阻：固定电阻（Res）和半导体电阻（Res Semi），它们的符号如图9-19所示。

图9-19 固定电阻和半导体电阻的符号

打开电阻属性对话框，如图9-20所示。双击"Models"选项区域的"Simulation"属性，在弹出的对话框中选择"Parameters"选项卡,打开电阻仿真参数设置对话框,如图9-21所示。

图9-20 电阻属性对话框

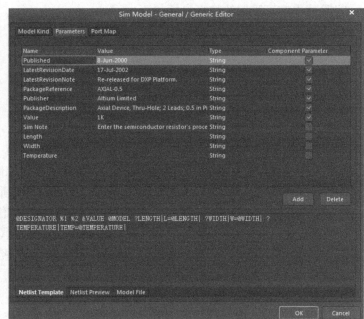

图9-21 电阻仿真参数设置对话框

对于半导体电阻,由于其阻值受长度、宽度和环境温度等三方面影响,可以设置相关参数。对于不同元器件,由于其特性不同,"Parameters"参数设置对话框也不同,但打开的方式一样。

我们在设计中常会用到的可变电阻(Res Adj)和电位器(Res Tap)的符号如图9-22所示。

需要设置的仿真参数如下。
- Value:电阻阻值,单位为Ω。
- Set Position:电位器动点的位置,值的范围为0~1,0.5表示电位器的动点在中间位置。

2. 电容

仿真元器件库提供了几种类型的电容:无极性电容(Cap)、极性电容(Cap Pol)和半导体电容(Cap Semi),其符号如图9-23所示。

图9-22 可变电阻和电位器的符号　　　　图9-23 电容符号

无极性电容和极性电容需要设置的仿真参数如下。
- Value：电容容量值，单位为 F。
- Initial Voltage：电容的初始电压值，单位为 V。

半导体电容可设置的仿真参数如下。
- Value：电容容量值，单位为 F。
- Length：电容长度，单位为 m。
- Width：电容宽度，单位为 m。
- Initial Voltage：电容的初始电压值，单位为 V。

3．电感

仿真元器件库提供了几种类型的电感：普通电感（Inductor）、可调电感（Inductor Adj）和耦合电感（Trans Cupl），其符号如图 9-24 所示。

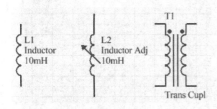

图 9-24 电感符号

普通电感需要设置的仿真参数如下。
- Value：电感值，单位为 H。
- Initial Current：电感初始时刻的电流值，单位为 A。

可调电感需要设置的仿真参数如下。
- Value：电感值，单位为 H。
- Set Position：电感动点的位置，值的范围为 0～1，0.5 表示电感动点在中间位置。
- Initial Current：电感初始时刻的电流值，单位为 A。

耦合电感需要设置的仿真参数如下。
- Inductance A：Inductance A 电感值，单位为 H。
- Inductance B：Inductance B 电感值，单位为 H。
- Coupling Factor：耦合系数，范围为 $0<C\leqslant 1F$。

4．二极管

二极管（Diode）符号如图 9-25 所示。

二极管需要设置的仿真参数如下。
- Area Factor：区域系数。
- Starting Condition：初始工作条件，在静态工作点工作时，关闭该项使二极管电压为 0。
- Initial Voltage：初始电压，单位为 V。
- Temperature：工作温度，单位为 ℃，默认值为 27℃。

5．晶体管

PNP 型晶体管和 NPN 型晶体管的符号如图 9-26 所示。

晶体管需要设置的仿真参数如下。
- Area Factor：晶体管的面积因子。
- Starting Condition：晶体管的初始工作条件。
- Initial B-E Voltage：晶体管的基极—发射极之间的初始电压，单位为 V。
- Initial C-E Voltage：晶体管的集电极—发射极之间的初始电压，单位为 V。

- Temperature：工作温度，单位为℃，默认值为27℃。

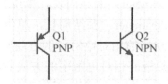

图 9-25　二极管符号　　　　　图 9-26　PNP 型晶体管和 NPN 型晶体管的符号

6．场效应晶体管（MOS）

结型场效应管（JFET）和金属半导体场效应管（MESFET）的符号如图 9-27 和图 9-28 所示。

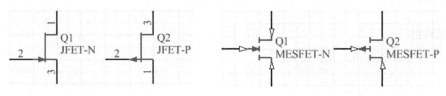

图 9-27　结型场效应管符号　　　　　图 9-28　金属半导体场效应管符号

结型场效应管和金属半导体场效应管需要设置的仿真参数如下。
- Area Factor：区域因数，指定了所定义模型下的并行器件数。该项将影响定义模型下的许多参数。
- Starting Condition：初始工作条件。若设置关闭，则在静态工作点分析期间端子电压为 0，对收敛有一定的作用。
- Initial D-S Voltage：初始时漏—源间的电压，单位为 V。
- Initial G-S Voltage：初始时栅—源间的电压，单位为 V。
- Temperature：工作温度，单位为℃，默认值为27℃。

金属氧化物半导体场效应管（MOSFET）的符号如图 9-29 所示。

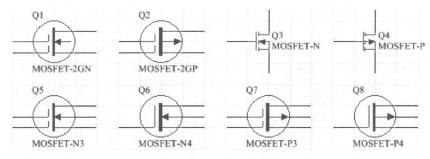

图 9-29　金属氧化物半导体场效应管的符号

金属氧化物半导体场效应管需要设置的仿真参数如下。
- Length：沟道长度，单位为 m。
- Width：沟道宽度，单位为 m。
- DrainArea：漏区扩散面积，单位为 m^2。

- SourceArea：源区扩散面积，单位为 m²。
- Drain Perimeter：漏结周长，单位为 m，默认值为 0。
- Source Perimeter：源结周长，单位为 m，默认值为 0。
- NRD：漏极的相对电阻率的方块数，默认值为 1。
- NRS：源极的相对电阻率的方块数，默认值为 1。
- Starting Condition：初始工作条件。若设置关闭，则在静态工作点分析期间端子电压为 0，对收敛有一定的作用。
- Initial D-S Voltage：初始时漏—源间的电压，单位为 V。
- Initial G-S Voltage：初始时栅—源间的电压，单位为 V。
- Initial B-S Voltage：初始时衬底—源间的电压，单位为 V。
- Temperature：工作温度，单位为℃，默认值为 27℃。

7．保险丝

保险丝符号如图 9-30 所示。

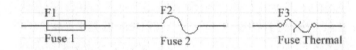

图 9-30　保险丝符号

保险丝需要设置的仿真参数如下。
- Resistance：电阻丝的电阻阻值，单位为 Ω。
- Current：电阻丝的熔断电流，单位为 A。

8．继电器

常见的继电器符号如图 9-31 所示。

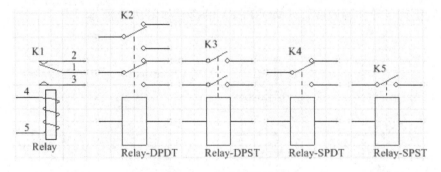

图 9-31　继电器符号

继电器需要设置的仿真参数如下。
- Pullin：触点的吸合电压，单位为 V。
- Dropoff：触点的释放电压，单位为 V。
- Contact：继电器的铁心吸合时间，单位为 s。
- Resistance：继电器线圈电阻，单位为 Ω。

- Inductance：继电器线圈电感，单位为 H。

9. 晶振

晶振符号如图 9-32 所示。

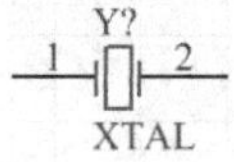

图 9-32 晶振符号

晶振需要设置的仿真参数如下。
- FREQ：晶振频率，单位为 MHz，默认值为 2.5。
- RS：串联阻抗，单位为 Ω。
- C：等效电容，单位为 F。
- Q：等效电路的品质因数。

9.3.3 特殊仿真元器件的参数设置

1. .IC 元器件

.IC 元器件的主要功能是在进行瞬态特性分析时，用来设置电路上某个节点的电压初始值。其设置方法是：从 Simulation Sources.IntLib 库中找到.IC 元器件，并将其放置到需要设置电压初始值的节点上，其符号如图 9-33 所示。

图 9-33 .IC 元器件符号

打开其参数设置对话框，其仿真参数设置只有一个初始节点电压的幅度（Initial Voltage），单位为 V。

使用.IC 元器件为电路中的一些节点设置电压初始值后，用户在采用瞬态特性分析的仿真方式时，若选择了"Use Intial Conditions"，则仿真程序将直接使用.IC 元器件所设置的初始值作为瞬态特性分析的初始条件。

当电路中有储能元器件（如电容）时，如果在电容两端设置了电压初始值，而同时在与该电容连接的导线上也放置了.IC 元器件，并设置了参数值，那么若在此时进行瞬态特性分析，系统将使用电容两端的电压初始值，而不会使用.IC 元器件的设置值，即一般元器件的设置优先级高于.IC 元器件。

2. .NS 元器件

在对双稳态或单稳态电路进行瞬态特性分析时，.NS 元器件可用来设定某个节点的电压预收敛值。如果仿真程序计算出该节点的电压小于预设的收敛值，则去掉.NS 元器件所设置的收敛值，继续计算，直到算出真正的收敛值为止，即.NS 元器件是求节点电压收敛值的一个辅助手段，其符号如图 9-34 所示。

图 9-34 .NS 元器件符号

打开其参数设置对话框，其仿真参数设置只有一个初始节点电压的幅度（Initial Voltage），单位为 V。若在电路的某一节点处，同时放置了.IC 元器件与.NS 元器件，则在仿真时，.IC 元器件的设置优先级将高于.NS 元器件。

9.3.4 仿真数学函数放置

在 Altium Designer 18 的仿真器中还提供了若干仿真数学函数，它们同样作为一种特殊的仿真元器件，可以放置在电路仿真原理图中使用。主要用于对仿真原理图中的两个节点信号进行各种合成运算，以达到一定的仿真目的，包括节点电压的加、减、乘、除，以及支路电流的加、减、乘、除等运算，也可以用于对一个节点信号进行各种变换，如正弦变换、余弦变换和双曲线变换等。

仿真数学函数存放在 Simulation Math Function.IntLib 仿真库中，只需要把相应的函数功能模块放到仿真原理图中需要进行信号处理的地方即可，仿真参数不需要用户自行设置。

9.3.5 常用仿真传输元器件

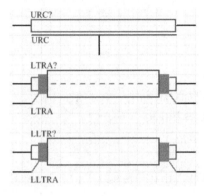

图 9-35 仿真传输元器件符号

仿真传输元器件存放在 Simulation Transmission Line.IntLib 仿真库中，包括 3 个元器件：均匀分布传输线（URC）、有损耗传输线（LTRA）和无损耗传输线（LLTRA），其符号如图 9-35 所示。

1. URC

URC 传输线模型（即 URC 模型）是在 L. Gertzberrg 于 1974 年所提出的模型基础上导出的。该模型由 URC 传输线的子电路模型扩展成内部产生节点的集总 RC 分段网络而获得，RC 各段在几何上是连续的。URC 传输线必须严格地由电阻段和电容段构成。

URC 需要设置的仿真参数如下。
- Length：RC 传输线的长度，单位为 m，默认值为 1。
- No.Segments：RC 传输线模型使用的段数，默认值为 6。

2. LTRA

单一的损耗传输线将使用两端口响应模型，这个模型的属性包含了电阻值、电感值、电容值和长度，这些参数不可能直接在原理图文件中设置，但设计者可以自己创建和引用自己的模型文件。

LTRA 需要设置的仿真参数如下。
- R：单位长度电阻，单位为 Ω，默认值为 0。
- L：单位长度电感，单位为 H，默认值为 0。
- G：单位长度电导，单位为 S，默认值为 0。
- C：单位长度电容，单位为 F，默认值为 0。
- LEN：传输线长度。
- REL：断点控制，默认值为 1。
- ABS：断点控制，默认值为 1。

3. LLTRA

无损耗传输线（LLTRA）是一个理想的延迟线，有两个端口。节点定义了端口正电压的极性。

LLTRA 需要设置的仿真参数如下。

- Char.Impedance：特性阻抗，单位为 Ω，默认值为 50。
- Transmission Delay：传输延迟，单位为 ns，默认值为 10。
- Frequency：频率，单位为 Hz。
- Normalised Length：在频率为 F 时相对于传输线波长归一化的传输线电学长度。
- Port 1 Voltage：时间零点时传输线在端口 1 的电压，单位为 V。
- Port 1 Current：时间零点时传输线在端口 1 的电流，单位为 A。
- Port 2 Voltage：时间零点时传输线在端口 2 的电压，单位为 V。
- Port 2 Current：时间零点时传输线在端口 2 的电流，单位为 A。

9.4 仿真形式

9.4.1 静态工作点分析

静态工作点分析（Operating Point Analysis）通常用于对放大电路进行分析，当放大器处于输入信号为零的状态时，电路中各节点的状态就是电路的静态工作点。最典型的是放大器的直流偏置参数。在进行静态工作点分析的时候，不需要设置参数。本节将通过一个实例介绍使用静态工作点分析的方法。

（1）新建一个空白原理图文件，命名为"Siml. SchDoc"。绘制放大电路的仿真原理图，如图 9-36 所示。

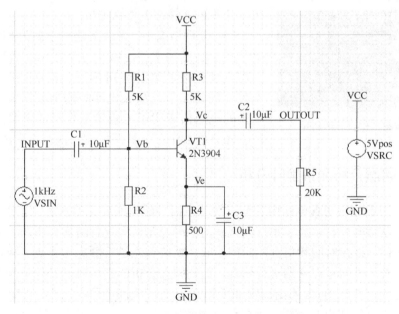

图 9-36　绘制放大电路的仿真原理图

（2）电源采用 5 V 的直流电压源和频率为 1 kHz 的交流电压源，分别放置网络节点 INPUT、OUTOUT、Vb、Vc 和 Ve，用于静态工作点分析观测。其他元器件参数按图 9-36 设置。

（3）完成对原理图的编译，执行菜单命令 Design→Simulate→Mixed Sim，弹出如图 9-37

所示对话框。在"Available Signals"区域选择观测网络节点，将 INPUT、OUTOUT、Vb、Vc、Ve 添加到"Active Signals"列表中。

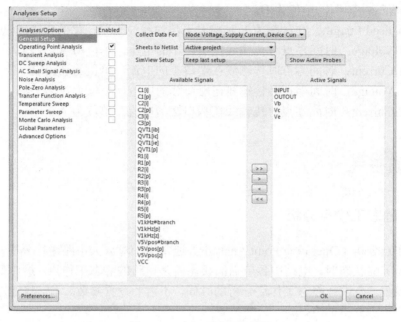

图 9-37　选择观测网络节点

（4）选择"Analyses/Options"列表中的"Operating Point Analysis"项，单击"OK"按钮，开始进行静态工作点分析。

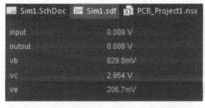

图 9-38　静态工作点分析结果

（5）分析结束后，系统新建一个名为"PCB_Project1.sdf"的分析结果文件，将其另存为 Sim1.sdf 文件。静态工作点分析结果如图 9-38 所示。该分析结果表明，在输入为 0 的情况下，放大电路的输出电压为 0。三极管三个极的电压值表明了三极管工作于放大状态。

（6）单击保存工具图标 ，保存仿真结果和原理图。

9.4.2　瞬态分析和傅里叶分析

瞬态分析用于分析仿真电路中各节点的动态信号随时间变化的状态，使用瞬态分析就像利用示波器观察信号一样，显示系统测试点的信号波形。在进行瞬态分析前，需要设置瞬态分析的起始时间、终止时间和仿真的时间步长，系统首先进行静态工作点分析，确定系统的直流偏置，接着从时间零点开始进行仿真，直到瞬态分析的起始时间开始记录仿真结果，到仿真的终止时间后停止仿真，显示起始时间和终止时间之间的仿真结果。对瞬态分析结果中的周期数据可以进行傅里叶分析，观察信号的频域波形，具体操作步骤如下。

（1）打开 9.4.1 节创建的原理图文件 Siml.SchDoc。

（2）双击名称为"1 kHz"的正弦电压源，弹出"Properties"对话框，单击对话框下方"Model"列表中的 图标，打开"Sim Model-Voltage Source/ Sinusoidal"对话框。

（3）单击对话框中的"Parameters"标签页，设置正弦电压源参数，如图 9-39 所示。

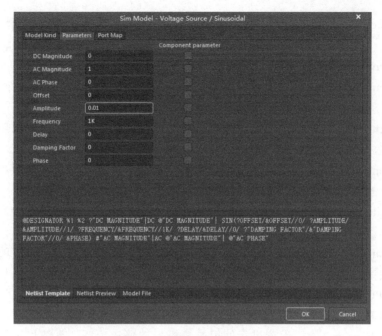

图 9-39 设置正弦电压源参数

（4）设置"Amplitude"为 0.01V，单击"OK"按钮，关闭"Sim Model-Voltage Source/Sinusoidal"对话框。

（5）执行菜单命令 Design→Simulate→Mixed Sim，只添加"INPUT"和"OUTOUT"到"Active Signals"列表中。

（6）选择"Analyses/Options"列表中的"Transient Analysis"项，打开"Transient Analysis Setup"设置界面，如图 9-40 所示。

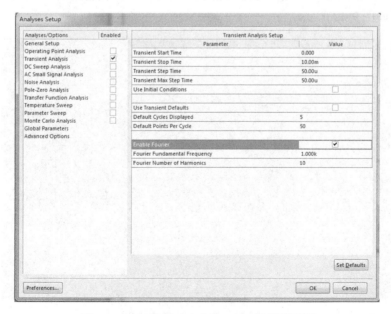

图 9-40 "Transient Analysis Setup"设置界面

在"Transient Analysis Setup"设置界面中共有 11 项参数需要进行设置，各参数的含义如下。

- Transient Start Time：用于设置瞬态分析的起始时间。
- Transient Stop Time：用于设置瞬态分析的终止时间，当仿真到该时间时，系统停止仿真。
- Transient Step Time：用于设置瞬态分析的时间步长，该参数设置得越小，仿真过程越细致，但仿真花费的时间越长。
- Transient Max Step Time：用于设置瞬态分析的最大时间步长，该参数要求不小于瞬态分析的时间步长。
- Use Initial Conditions：用于设置电路仿真的初始状态，选择该项后，仿真开始时将调用设置的电路初始参数。
- Use Transient Defaults：用于设置使用默认的瞬态分析设置，选择该项后，列表中的前 4 项参数将处于不可修改状态。
- Default Cycles Displayed：用于设置默认的显示周期数。
- Default Points Per Cycle：用于设置默认的每周期仿真点数。
- Enable Fourier：用于设置进行傅里叶分析，选择该项后，系统将进行傅里叶分析，显示频域参数。
- Fourier Fundamental Frequency：用于设置进行傅里叶分析的基频。
- Fourier Number of Harmonics：用于设置进行傅里叶分析的谐波次数。

（7）取消选择"Use Transient Defaults"，手动设置瞬态分析的仿真参数。

（8）设置瞬态分析的起始时间为"0.000"，终止时间为"10.00 m"，仿真步长和最大仿真步长为"50.00μ"，选择"Enable Fourier"项，设置傅里叶分析的基频为"1.000 k"，谐波次数为"10"，单击"OK"按钮开始进行仿真。瞬态分析仿真结果如图 9-41 所示，傅里叶分析仿真结果如图 9-42 所示。

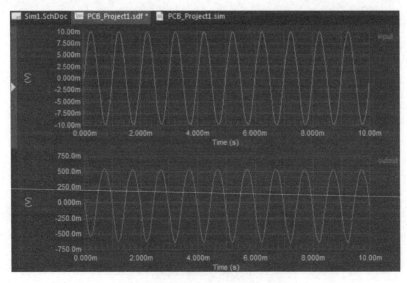

图 9-41　瞬态分析仿真结果

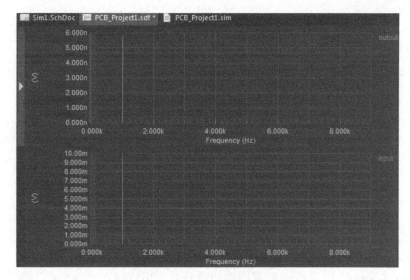

图 9-42　傅里叶分析仿真结果

9.4.3　直流传输特性分析

直流扫描分析会执行一系列的直流工作点分析,从用户设置的直流信号源的起始值开始,以预定义的步长修改信号源,绘制出直流传递曲线。进行直流扫描分析之前要设置进行扫描的直流信号源,以及扫描的起始直流参数、终止直流参数和扫描步长,Altium Designer 18 支持同时对两个信号源进行直流扫描分析,具体操作步骤如下。

(1)新建一个空白原理图文件,命名为 Sim2.SchDoc。绘制低通滤波器电路的仿真原理图,如图 9-43 所示。

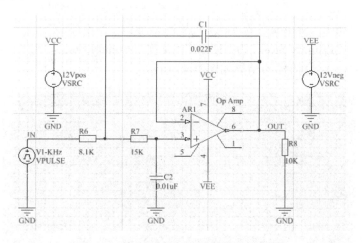

图 9-43　低通滤波器电路的仿真原理图

(2)执行菜单命令 Design→Simulate→Mixed Sim,打开"Analyses Setup"对话框。选择仿真电路节点 IN 和 OUT 作为仿真节点。

(3)选择"Analyses/Options"列表中的"DC Sweep Analysis"项,并单击该项,在"Analyses Setup"对话框中打开"DC Sweep Analysis Setup"设置界面,如图 9-44 所示。

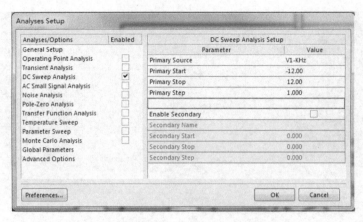

图 9-44 "DC Sweep Analysis Setup" 设置界面

"DC Sweep Analysis Setup"中需要设置的参数含义如下。
- Primary Source：用于设置直流扫描的信号源，用户可在"Value"列表中选择电路原理图中的信号源。
- Primary Start：用于设置进行直流扫描的起始值。
- Primary Stop：用于设置进行直流扫描的终止值。
- Primary Step：用于设置进行直流扫描的步长。
- Enable Secondary：用于设置对第二个信号源进行直流扫描，选择该项后，该项下方的 4 个选项即被激活。
  ➢ Secondary Name：用于设置第二个信号源的名称。
  ➢ Secondary Start：用于设置对第二个信号源进行直流扫描的起始值。
  ➢ Secondary Stop：用于设置对第二个信号源进行直流扫描的终止值。
  ➢ Secondary Step：用于设置对第二个信号源进行直流扫描的步长。

（4）设置"Primary Source"为 1 kHz 的脉冲信号源"V1-KHz"，设置"Primary Start"为"-12.00"，设置"Primary Stop"为"12.00"，设置"Primary Steup"为"1.000"，单击"OK"按钮进行直流扫描。直流扫描的结果如图 9-45 所示。

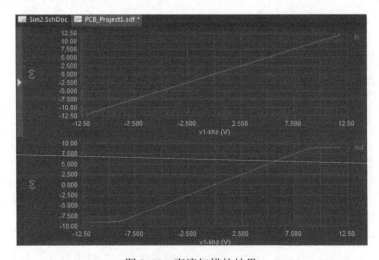

图 9-45 直流扫描的结果

通过直流扫描，可以发现所分析的电路输出幅度范围为-9 V~9 V。

（5）单击保存工具图标，保存仿真结果和原理图。

9.4.4 交流小信号分析

交流小信号分析用于对系统的交流特性进行分析，从而在频域响应方面考察系统的性能，该分析功能对于滤波器的设计相当有用，通过设置交流信号分析的频率范围，系统将显示该频率范围内的增益。本节介绍进行交流小信号分析的方法，具体操作步骤如下。

（1）打开原理图文件 Sim2.SchDoc。执行菜单命令 Design→Simulate→Mixed Sim，打开"Analyses Setup"对话框。选择仿真电路节点 IN 和 OUT 作为仿真节点。

（2）选择"Analyses/Options"列表中的"AC Small Signal Analysis"项，在"Analyses Setup"对话框中打开"AC Small Signal Analysis Setup"设置界面，如图 9-46 所示。

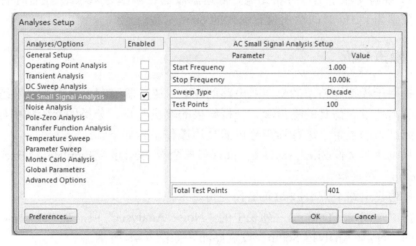

图 9-46 "AC Small Signal Analysis Setup"设置界面

"AC Small Signal Analysis Setup"中需要设置的参数含义如下。
- Start Frequency：用于设置进行交流小信号分析的起始频率。
- Stop Frequency：用于设置进行交流小信号分析的终止频率。
- Sweep Type：用于设置交流小信号分析的频率扫描方式，系统提供了 3 种频率扫描方式。"Linear"表示对频率进行线性扫描；"Decade"表示采用 10 的指数方式进行扫描；"Octave"表示采用 8 的指数方式进行扫描。
- Test Points：用于设置进行测试的点数。
- Total Test Points：用于设置总的测试点数。

（3）设置"Start Frequency"为"1.000"，"Stop Frequency"为"10.00 k"，在"Sweep Type"处选择"Decade"，设置"Test Points"为"100"，单击"OK"按钮，开始交流小信号分析。交流小信号分析的结果如图 9-47 所示。

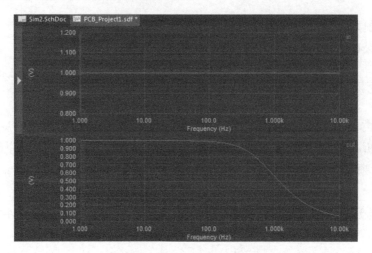

图 9-47 交流小信号分析结果

从图 9-47 观察交流小信号分析结果,低通滤波器在频率为 10 kHz 左右时的输出就接近于 0 了,在频率为 1kHz 时的输出只有输入的 60% 左右。

9.4.5 噪声分析

噪声分析用于模拟电路中的噪声对电路的影响,仿真器绘制出噪声的功率谱密度,使用噪声分析之前需要设置仿真的噪声源、分析结果的输出节点、分析的起始频率与终止频率、扫描方向和测试点的数量。进行噪声分析的具体操作步骤如下。

(1)打开原理图文件 Sim2.SchDoc。执行菜单命令 Design→Simulate→Mixed Sim,打开"Analyses Setup"对话框。

(2)选择仿真电路节点 IN 和 OUT 作为仿真节点。

(3)选择"Analyses/Options"列表中的"Noise Analysis"项,在"Analyses Setup"对话框中打开的"Noise Analysis Setup"设置界面,如图 9-48 所示。

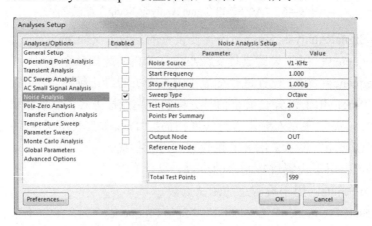

图 9-48 "Noise Analysis Setup"设置界面

"Noise Analysis Setup"中需要设置的参数含义如下。

- Noise Source:用于设置噪声源。

- Start Frequency：用于设置进行噪声分析的起始噪声频率。
- Stop Frequency：用于设置进行噪声分析的终止噪声频率。
- Sweep Type：用于设置噪声分析的频率扫描的方式，系统提供了3种频率扫描方式。"Linear"表示对频率进行线性扫描；"Decade"表示采用10的指数方式进行扫描；"Octave"表示采用8的指数方式进行扫描。
- Test Points：用于设置进行测试的点数。
- Output Node：用于设置测试的受噪声影响的电路输出节点。
- Reference Node：用于设置噪声测试的参考点，如果以地电压作为参考点，则设置该参数为0。

（4）设置"Noise Source"为"Vl-KHz"，"Start Frequency"为"1.000"，"Stop Frequency"为"1.000g"，即设置频率范围为1Hz～10^9Hz，在"Sweep Type"处选择"Octave"，设置"Test Points"为"20"，在"Output Node"处选择"OUT"，单击"OK"按钮，开始噪声分析。噪声分析的结果如图9-49所示。

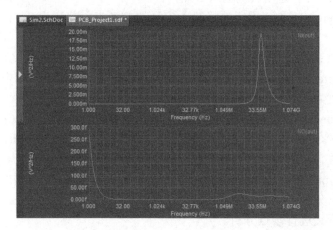

图9-49　噪声分析结果

噪声分析结果是采用噪声功率谱密度曲线的形式体现的，纵坐标的单位是V^2/Hz。结果中的NO（out）表示噪声作用到输入端后，输出端的输出噪声强度；NI（out）表示为获得输出端的噪声，输入端需要的噪声功率密度。在进行噪声分析前，系统会自动加载静态工作点分析和交流小信号分析。

9.4.6　零—极点分析

零—极点分析通过计算单输入单输出线性系统传递函数的零点和极点，分析系统的稳定性，其具体操作步骤如下。

（1）打开原理图文件Siml.SchDoc。

（2）双击5V直流电压源，打开"Properties"对话框，设置"Value"为"30"并更改电压源的名称为"30V"。

（3）执行菜单命令Design→Simulate→Mixed Sim，打开"Analyses Setup"对话框。

（4）选择"Analyses/Options"列表中的"Pole-Zero Analysis"项，在"Analyses Setup"对话框中打开"Pole-Zero Analysis Setup"设置界面，如图9-50所示。

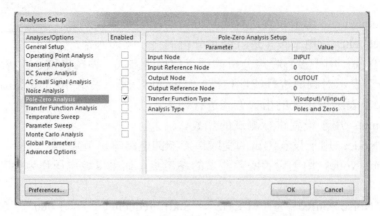

图 9-50 "Pole-Zero Analysis Setup"设置界面

"Pole-Zero Analysis Setup"中需要设置的参数含义如下。

- Input Node：用于选择系统输入节点。
- Input Reference Node：用于选择输入信号的参考点，默认为 0，表示以地电压作为参考电位。
- Output Node：用于选择系统的输出节点。
- Output Reference Node：用于设置噪声测试的参考点，如果以地电压作为参考点，则设置该参数为 0。
- Transfer Function Type：用于选择传递函数的类型，该参数有两个选项，其中"V(output)/V(input)"表示使用电压增益传递函数；"V(output)/I(input)"表示使用阻抗传递函数。
- Analysis Type：用于选择分析的类型，该参数有 3 个选项，其中"Poles Only"表示仅进行极点分析；"Zeros Only"表示仅进行零点分析；"Poles and Zeros"表示既进行极点分析又进行零点分析。

（5）选择"INPUT"作为输入节点，"0"作为输入参考节点，"OUTOUT"作为输出节点，"0"作为输出参考节点，"V(output)/V(input)"作为传递函数，单击"OK"按钮进行零—极点分析，零—极点分析结果如图 9-51 所示。

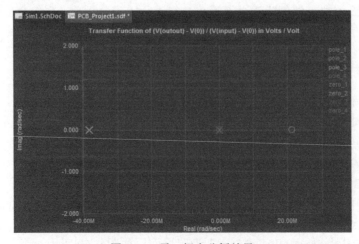

图 9-51 零—极点分析结果

9.4.7 传递函数分析

传递函数分析用于计算电路的直流传递函数，得到输入阻抗、输出阻抗和增益。本节通过实例介绍进行传递函数分析的方法，具体操作步骤如下。

（1）新建一个名为 Sim3.SchDoc 的原理图文件。绘制反相放大器电路原理图，如图 9-52 所示。

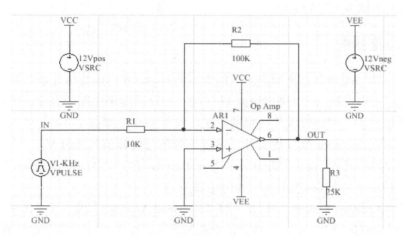

图 9-52　反相放大器电路原理图

（2）执行菜单命令 Design→Simulate→Mixed Sim，打开"Analyses Setup"对话框。选择仿真电路节点 OUT 作为仿真节点。

（3）选择"Analyses/Options"列表中的"Transfer Function Analysis"项，在"Analyses Setup"对话框中打开"Transfer Function Analysis Setup"设置界面，如图 9-53 所示。

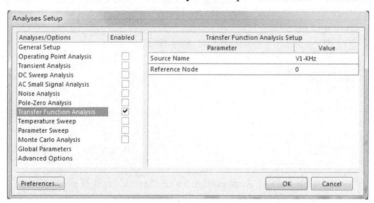

图 9-53　"Transfer Function Analysis Setup"设置界面

"Transfer Function Analysis Setup"中需要设置的参数含义如下。
- Source Name：用于选择系统的输入源的节点。
- Reference Node：用于设置系统的输入源的参考节点，默认为 0，表示以地电位作为参考电位。

（4）将"Source Name"设置为"V1-KHz"，设置"Reference Node"为"0"，单击"OK"

按钮，进行传递函数分析。传递函数分析的结果如图 9-54 所示。

```
IN(OUT)_V1-KHZ        10.00k : Input resistance at V1-KHZ
OUT_V(OUT)            4.325m : Output resistance at OUT
TF_V(OUT)/V1-KHZ     -10.000 : Transfer Function for V(OUT)/V1-KHZ
```

图 9-54　传递函数分析结果

通过传递函数分析可知，该反向放大电路的增益为–10，信号源"V1-KHZ"的输入阻抗为 10 kΩ，输出阻抗为 4.325 mΩ。

9.4.8　温度扫描

温度扫描用于模拟电路在不同温度下的电气特性，温度扫描要与其他分析方法结合起来使用，以确定温度对电路各方面的影响。进行温度扫描需要确定起始温度、终止温度和扫描步长。本节通过实例介绍进行温度扫描的方法，具体操作步骤如下。

（1）打开 Sim1.SchDoc 原理图文件。设置正弦信号的幅值为 0.01 V。

（2）执行菜单命令 Design→Simulate→Mixed Sim，打开"Analyses Setup"对话框。

（3）选择仿真电路节点 OUTOUT 作为仿真节点。

（4）选择"Analyses/Options"列表中的"Transient Analysis"项，设置瞬态分析的起始时间为"0 m"，终止时间为"5 m"，仿真步长和最大仿真步长为"5μ"，取消选择傅里叶分析项。

（5）选择"Analyses/Options"列表中的"Temperature Sweep"项，打开"Temperature Sweep Setup"设置界面，如图 9-55 所示。

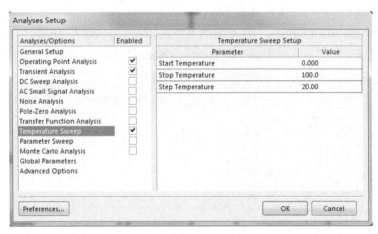

图 9-55　"Temperature Sweep Setup"设置界面

"Temperature Sweep Setup"中需要设置的参数含义如下。
- Start Temperature：进行温度扫描的起始温度。
- Stop Temperature：进行温度扫描的终止温度。
- Step Temperature：进行温度扫描的温度步长。

（6）设置"Start Temperature"为"0.000"，设置"Stop Temperature"为"100.0"，设置"Step Temperature"为"20.00"，单击"OK"按钮，进行温度扫描，结果如图 9-56 所示。

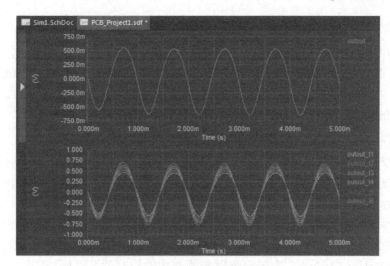

图 9-56 温度扫描结果

直接观察温度扫描结果曲线容易发现，温度对电路输出信号的影响无法直接分辨，需要使用鼠标放大局部曲线。

（7）在温度扫描结果曲线中合适位置单击鼠标，拖曳鼠标指针框出需要放大的区域，释放鼠标后鼠标指针框出的区域将被放大到整个曲线图，局部放大后的曲线图如图 9-57 所示。观察放大后的温度扫描曲线图可以发现，随着温度的提高，输出电压有升高的趋势，温度升高 100℃，输出电压提高 0.16 V，占输出幅度的 16%，可见温度升高对系统性能的影响不可忽略。

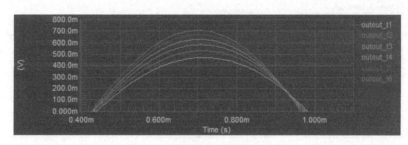

图 9-57 局部放大后的曲线图

9.4.9 参数扫描

参数扫描用于确定电路中的元器件参数对电路的影响，需要与其他分析方法结合起来使用，以确定参数变化对电路各方面的影响。Altium Designer 18 支持对两个元器件进行参数扫描。本节通过对二阶滤波器电路进行参数扫描的实例介绍进行参数扫描的方法，具体操作步骤如下。

（1）打开原理图文件 Sim2.SchDoc。

（2）执行菜单命令 Design→Simulate→Mixed Sim，打开"Analyses Setup"对话框。

（3）选择仿真电路节点 OUTOUT 作为仿真节点。

（4）选择"Analyses/Options"列表中的"AC Small Signal Analysis"项，设置交流小信

号分析的起始频率"Start Frequency"为"1.000",终止频率"Stop Frequency"为"100.0 k",扫描方式"Sweep Type"为"Linear",测试点数为"100"。

(5)选择"Analyses/Options"列表中的"Parameter Sweep"项,在"Analyses Setup"对话框中打开"Parameter Sweep Setup"设置界面,如图9-58所示。

"Parameter Sweep Setup"中需要设置的参数含义如下。

- Primary Sweep Variable:用于设置进行第一参数扫描的元器件。
- Primary Start Value:用于设置第一参数扫描元器件进行参数扫描的起始值。
- Primary Stop Value:用于设置第一参数扫描元器件进行参数扫描的终止值。
- Primary Step Value:用于设置第一参数扫描元器件进行参数扫描的步长值。
- Primary Sweep Type:用于设置第一参数扫描元器件进行参数扫描的方式,共有两种方式可供选择,其中选择"Absolute Values"表示根据设置的参数值直接进行扫描,选择"Relative Values"表示根据设置的参数的相对关系进行扫描。
- Enable Secondary:用于设置同时进行第二个元器件的参数扫描,选择该项后,其下方的其他选项将被激活,用于设置第二个元器件的参数扫描值。

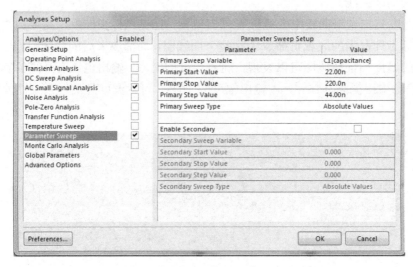

图9-58 "Parameter Sweep Setup"设置界面

第二个元器件的参数扫描值的设置参数含义与第一参数扫描元器件的相同,在这里就不再赘述。

(6)在"Primary Sweep Variable"中选择元器件"C1[capacitance]",设置"Primary Start Value"为"22.00n",设置"Primary Stop Value"为"220.0n",设置"Primary Step Value"为"44.0n",在"Primary Sweep Type"项中选择"Absolute Values"。执行参数扫描的结果如图9-59所示。

通过对参数扫描结果的分析可以发现,随着C1的增大,频率衰减的速度加快,频率特性变陡,但频域出现尖峰。单击参数扫描结果右侧的对应曲线名称,例如"out_p2",系统会自动淡化其他曲线,而突出显示该曲线,右下方会显示该曲线的对应扫描参数,如图9-60所示。

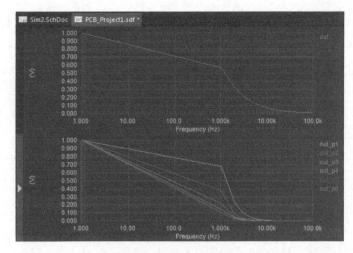

图 9-59　参数扫描结果

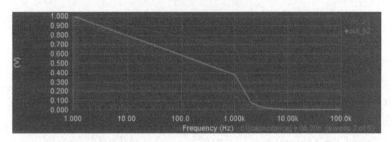

图 9-60　突出显示"out_p2"曲线并显示该曲线的对应扫描参数

9.4.10　蒙特卡洛分析

在批量生产电子产品时，每个电子元器件的公差会对电路的性能造成影响，蒙特卡洛分析采用数理统计方法，分析元器件参数的随机公差对电路的影响。该分析方法需要与其他分析方法结合起来使用，以确定参数的随机变化对电路各方面的影响。本节通过对二阶滤波器电路进行蒙特卡洛分析的实例介绍进行蒙特卡洛分析的方法，具体操作步骤如下。

（1）打开原理图文件 Sim2.SchDoc。

（2）执行菜单命令 Design→Simulate→Mixed Sim，打开"Analyses Setup"对话框。

（3）选择仿真电路节点 OUTOUT 作为仿真节点。

（4）选择"Analyses/Options"列表中的"AC Small Signal Analysis"项，设置交流小信号分析的起始频率"Start Frequency"为"1.000"，终止频率"Stop Frequency"为"100.0 k"，扫描方式"Sweep type"为"Decade"，测试点数为"100"。

（5）选择"Analyses/Options"列表中的"Monte Carlo Analysis"项，打开"Monte Carlo Analysis Setup"设置界面，如图 9-61 所示。

"Monte Carlo Analysis Setup"中需要设置的参数含义如下。

- Seed：用于设置在进行蒙特卡洛分析时，生成元器件参数随机数的种子值，默认值为−1。
- Distribution：用于设置元器件参数的公差随机分布的统计规律，系统提供了 3 个选项，"Uniform"表示元器件的参数在公差范围内是均匀分布的；"Gaussian"表示元器件的参数在公差范围内满足高斯分布;"Worst Case"表示元器件总是按照最糟糕的状态,即公差最大的状态分布。

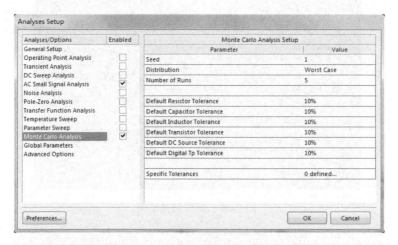

图 9-61 "Monte Carlo Analysis Setup"设置界面

- Number of Runs:用于设置进行蒙特卡洛分析的次数。
- Default Resistor Tolerance:用于设置默认的电阻的公差范围。
- Default Capacitor Tolerance:用于设置默认的电容的公差范围。
- Default Inductor Tolerance:用于设置默认的电感的公差范围。
- Default Transistor Tolerance:用于设置默认的晶体管的公差范围。
- Default DC Source Tolerance:用于设置默认的直流源的公差范围。
- Default Digital Tp Tolerance:用于设置默认的数字元器件的公差范围。
- Specific Tolerances:用于独立设置具体的元器件的公差范围。

(6)设置"Seed"为"1",在"Distribution"中选择"Worst Case",设置"Number of Runs"为"5",其他的公差选项全部设置为"10%",单击"OK"按钮,进行蒙特卡洛分析。蒙特卡洛分析的结果如图 9-62 所示。

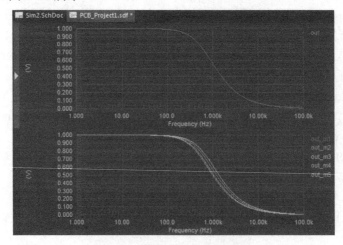

图 9-62 蒙特卡洛分析的结果

通过蒙特卡洛分析可以发现,二阶滤波器性能受元器件公差的影响比较明显。

第 10 章

原理图与电路板综合设计实战

设计者对电路板设计的真正掌握,要通过实际制作 PCB 来实现。只有通过 PCB 制作训练,包括熟练地掌握软件操作和电路设计流程,从失败中总结经验,才能不断提高 PCB 设计能力。本章通过微处理器最小系统的 7 个实战案例介绍设计和制作 PCB 的过程。

【本章要点】
- 熟练掌握 PCB 设计流程。
- 熟练掌握 PCB 的规划。
- 熟练掌握电子元器件封装的制作。
- 熟练掌握 PCB 布局与布线。

10.1 单片机(基于 51)最小系统电路板设计

10.1.1 单片机(基于 51)最小系统原理

单片机开发板是设计者进行工程开发经常涉及的硬件电路,本节通过对经济实用型单片机 AT89S51 的最小系统设计,介绍原理图设计和 PCB 设计的常见操作。AT89S51 中集成了中央处理器(CPU)、数据存储器(RAM)、程序存储器(ROM)、定时器/计数器和多种功能的输入/输出(I/O)接口等基本功能部件,从而可以完成复杂的运算、逻辑控制和通信等功能。单片机的最小系统就是让单片机能正常工作并发挥其功能所必需的组成部分,也可理解为是用最少的元器件组成的,可以工作的单片机系统。对 MCS-51 系列单片机来说,最小系统一般应该包括:复位与时钟电路、通信接口电路、数码管和液晶接口电路、输入和输出设备等。最小系统包括单片机内部资源的利用和外部资源的扩展,通过本节的学习设计者将对电路板的工程应用有一个整体的认识。

1. 复位与时钟电路

在设计时钟电路之前,需要先了解 51 单片机上的时钟引脚:XTAL1(19 脚)是芯片内部振荡电路的输入端;XTAL2(18 脚)是芯片内部振荡电路的输出端。

XTAL1 和 XTAL2 是独立的输入和输出反相放大器,它们可以被配置为使用石英晶振的片内振荡器,或者直接由外部时钟驱动。图 10-1 中的复位、晶振电路采用的是内时钟模式,即利用芯片内部的振荡电路,在 XTAL1、XTAL2 的引脚上外接定时元器件(一个石英晶体和两个电容),内部振荡器便能产生自激振荡。一般来说晶振可以在 1.2~12 MHz 之间任选,甚

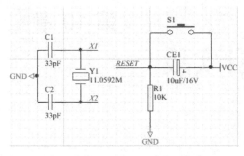

图 10-1 复位、晶振电路

至可以达到 24 MHz 或者更高，但是频率越高功耗也就越大。在本例中采用 11.0592 MHz 的石英晶振。和晶振并联的两个电容的大小对振荡频率有微小影响，可以起到频率微调作用。当采用石英晶振时，电容可以在 20～40 pF 之间选择；当采用陶瓷谐振器件时，电容要适当地增大一些，在 30～50 pF 之间，通常选取 33 pF 的陶瓷电容就可以了。

在设计单片机系统的印制电路板（PCB）时，晶体和电容应尽可能与单片机芯片靠近，以减少引线的寄生电容，保证振荡器可靠工作。可以通过示波器能否观察到 XTAL2 输出的十分漂亮的正弦波判断晶振是否起振，也可以使用万用表测量（把挡位调到直流挡，这时测得的是有效值）XTAL2 和地之间的电压，若测到 2 V 左右的电压则表示晶振起振。

在单片机系统中，复位电路是非常关键的，当程序跑飞（运行不正常）或死机（停止运行）时，就需要进行复位。若 MCS-51 系列单片机的复位引脚 RESET（9 脚）出现 2 个机器周期以上的高电平，单片机就执行复位操作。如果引脚 RESET 持续为高电平，单片机就处于循环复位状态。复位操作通常有两种基本形式：上电自动复位和开关复位。图 10-1 中的复位电路就包括了这两种复位方式。在上电瞬间，电容两端电压不能突变，此时电容的负极和 RESET 相连，电压全部加在了电阻上，RESET 的输入为高电平，芯片被复位。随后+5V 电源给电容充电，电阻上的电压逐渐减小，最后约等于 0，芯片正常工作。并联在电容两端的为复位按键，当复位按键没有被按下时，电路实现上电复位，在芯片正常工作后，通过按下复位按键使 RESET 出现高电平，达到手动复位的效果。一般来说，只要 RESET 上保持 10 ms 以上的高电平，就能使单片机有效复位。图 10-1 中的复位电阻和电容为经典值，在实际制作中可以用同一数量级的电阻和电容代替，读者也可自行计算 RC 充电时间或在工作环境中实际测量，以确保单片机的复位电路可靠。

2. 通信接口电路

通信接口电路通过 MAX232ACPE 芯片来完成，如图 10-2 所示。通信接口是最小系统的必备硬件，能够实现单片机与外部的数据交换。

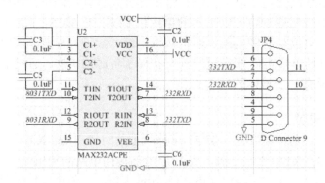

图 10-2 通信接口电路

3. 数码管和液晶接口电路

输出显示常采用的几种电路，如图 10-3～图 10-5 所示。一种是数码管输出电路，另一种是发光二极管电路,还有一种是液晶接口电路。数码管输出电路和发光二极管电路适用于简单的显示,而液晶接口电路适用于输出较多信息的情况。

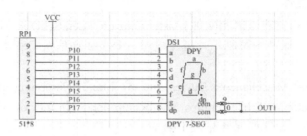

图 10-3　数码管输出电路

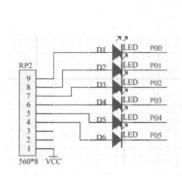

图 10-4　发光二极管电路

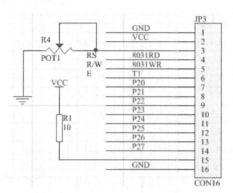

图 10-5　液晶接口电路

4. 输入和输出设备

输入和输出设备主要完成系统的控制和指令的执行,保证最小系统的可操作性和指令的可执行性,使最小系统能够更直观地表现出其功能。常见的输入设备(按钮)和输出设备(蜂鸣器、继电器)原理图如图 10-6 和图 10-7 所示。

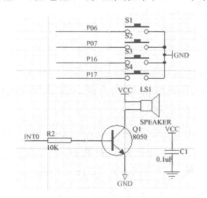

图 10-6　按钮与蜂鸣器电路

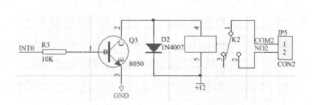

图 10-7　继电器输出电路

10.1.2　单片机(基于 51)最小系统原理图设计

电路板设计常采用将电路分成三部分设计的方法,因此在原理图设计时就将电路分开绘制,其中包括主控板原理图、LCD 液晶与继电器输出板原理图和按键与 LED 液晶板原理图。

这样设计的好处是：①满足硬件设计的需求。②能够明确每部分电路的具体功能。

1．新建原理图文件

在工程列表下分别新建原理图文件 Master.SchDoc、Led.SchDoc 和 Lcd.SchDoc。

"Master.SchDoc"原理图绘制单片机、电源、RS232 通信接口和电路板间的接口电路，操作步骤如下。

（1）添加元器件库 Miscellaneous Devices.IntLib、Maxim Communication Transceiver.IntLib、Miscellaneous Connectors.IntLib 和 Philips Microcontroller 8-Bit.IntLib，所用元器件均可在这 4 个元器件库中查找到，元器件属性见表 10-1。

表 10-1 元器件属性

编号	封装	元器件名称	元器件类型
U1	SOT129-1	P80C31SBPN	89S51
U2	PE16A	MAX232ACPE	MAX232ACPE
U3	TO-220	VOLTREG	7805
Y1	R38	CRYSTAL	11.0592M
S1	KEEE	SW-PB	SW-PB
R1	AXIAL-0.4	RES2	10K
R2	AXIAL-0.4	RES2	560
CE1	LED5	ELECTRO1	10μF/16V
CE2	rb.2/.4	ELECTRO1	1000μF/25V
CE3	rb.2/.4	ELECTRO1	1000μF/16V
C1、C4	CAPP	CAP	33pF
C2、C3、C5、C6	CAPP	CAP	0.1μF
JP1、JP3	HDR2X13	Header 13X2	Header 13X2
JP2	HDR1X2	Header 2	Header 2
JP4	DB9FL	D Connector 9	D Connector 9
JP5	DC_PORT	Header 2	DCIN
D3	LED5	LED0	LED
D1、D2、D4、D5	DIODE-0.4	DIODE	1N4007

（2）将所用元器件按照功能放置到原理图中，"Master.SchDoc"原理图如图 10-8 所示。

（3）实现电气连接，可采用直接连线的方法，也可采用网络标号的方法，在本例的原理图设计中，采用的是两种方法的结合，可使原理图设计更加灵活。

（4）由于系统采用三部分设计，所以电路间应有相应的连接电路，在图 10-8 中的数据接口部分，有两个接口元器件分别与"Led.SchDoc"和"Lcd.SchDoc"的数据接口连接。

（5）连接好电路原理图后，对元器件进行自动标注，执行菜单命令 Tools→Annotation→Annotate Schematics…，在"Schematic Annotation Configuration"对话框中设置标注。

"Led.SchDoc"原理图绘制数码管、按键、蜂鸣器电路和电路板间的接口电路，操作步骤如下。

（1）添加元器件库 Miscellaneous Devices.IntLib、Miscellaneous Connectors.IntLib、Agilent LED Display 7-Segment，1-Digit.IntLib 和 TI Logic Gate 1.IntLib，所用元器件均可在这 4 个元器件库中查找到，元器件属性见表 10-2。

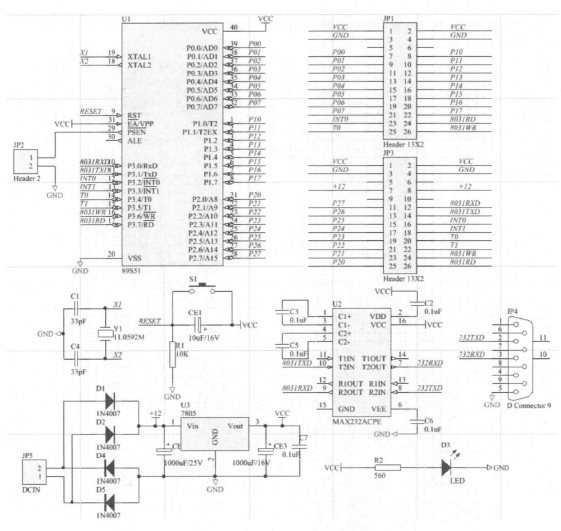

图 10-8 "Master.SchDoc"原理图

表 10-2 元器件属性

编 号	封 装	元器件名称	元器件类型
U4	DIP-14	SN7407N	7407
RP1	HDR1X9	Header 9	51*8
RP2	HDR1X9	Header 9	560*8
JP6	HDR2X13	Header 13X2	Header 13X2
LS1	LSS	Speaker	SPEAKER
Q1	TO-92A	NPN	8050
R3	AXIAL-0.4	RES2	10K
C8	CAPP	CAP	0.1uF
DS1-DS6	LED8	Dpy Amber-CC	DPY_7-SEG
D6-D11	LED5	LED	LED
S2-S5	KEEE	SW-PB	SW-PB

（2）将所用元器件按照功能放置到原理图中，如图 10-9 所示。

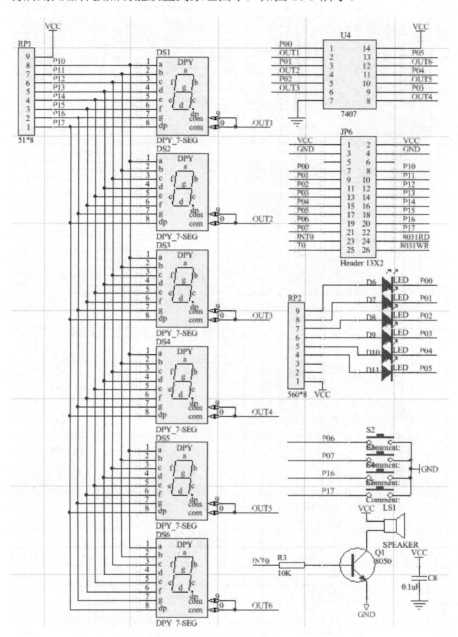

图 10-9 "Led.SchDoc" 原理图

（3）实现电气连接，可采用直接连线的方法，也可采用网络标号的方法，在本例的原理图设计中，采用的是两种方法的结合，可使原理图设计更加灵活。

（4）由于系统采用三部分设计，所以电路间应有相应的连接电路，在图 10-9 中的数据接口部分，有一个接口元器件可与 "Master.SchDoc" 原理图的数据接口连接。

（5）连接好电路原理图后，对元器件进行自动标注，执行菜单命令 Tools→Annotation→Annotate Schematics…，在 "Schematic Annotation Configuration" 对话框中设置标注。

"Lcd.SchDoc"原理图绘制 LCD 接口、继电器输出接口和电路板间的接口电路,操作步骤如下。

(1)添加元器件库 Miscellaneous Devices.IntLib 和 Miscellaneous Connectors.IntLib,所用元器件均可在这两个元器件库中查找到。元器件属性见表 10-3。

表 10-3 元器件属性

编 号	封 装	元器件名称	元器件类型
JP8	HDR2X13	Header 13X2	Header 13X2
JP7	HDR1X16	Header 16	Header 16
JP9	HDR1X2	Header 2	Header 2
JP10	HDR1X2	Header 2	Header 2
R5-R7	AXIAL-0.4	RES2	10K
R4	HDR1X3	RPot	POT1
Q2、Q3	TO-92A	NPN	8050
K1、K2	RELAY	RELAY-SPDT	RELAY-SPDT
D12、D13	DIODE-0.4	DIODE	1N4007

(2)将所用元器件按照功能放置到原理图中,如图 10-10 所示。

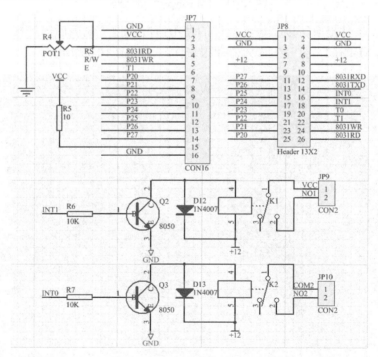

图 10-10 "Lcd.SchDoc"原理图

(3)实现电气连接,可采用直接连线或网络标号的方法,使原理图设计更加灵活。

(4)由于系统采用三部分设计,所以电路间应有相应的连接电路,在图 10-10 中的数据接口部分,有一个接口元器件可与"Master.SchDoc"原理图的数据接口连接。

（5）连接好电路原理图后，对元器件进行自动标注，执行菜单命令 Tools→Annotation→Annotate Schematics…，在"Schematic Annotation Configuration"对话框中设置标注。

2. 工程编译和生成元器件报表文件

（1）执行菜单命令 Project→Compile PCB Project Ducuments.PrjPcb，进行工程编译操作，在"Messages"对话框中，显示各封装网络存在的错误和警告情况，如图 10-11 所示。按照提示进行修改，直至正确为止。

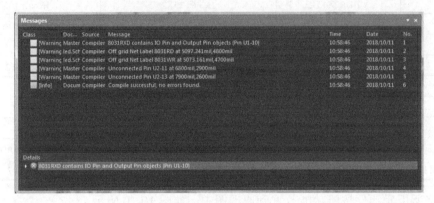

图 10-11 "Messages"对话框

（2）生成元器件报表可以了解元器件的使用情况，便于制版后的焊接。执行菜单命令 Report→ Bill of Material，打开生成元器件报表向导，如图 10-12 所示。

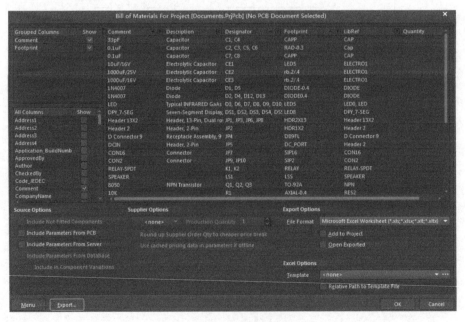

图 10-12 生成元器件报表向导

（3）单击"Export…"按钮，弹出元器件报表保存对话框，指定保存路径即可。生成的元器件报表如图 10-13 所示。

Comment	Description	Designator	Footprint	LibRef	Quantity
33pF	Capacitor	C1, C4	CAPP	CAP	2
0.1uF	Capacitor	C2, C3, C5, C6	RAD-0.3	Cap	4
0.1uF	Capacitor	C7, C8	CAPP	CAP	2
10uF/16V	Electrolytic Capacitor	CE1	LED5	ELECTRO1	1
1000uF/25V	Electrolytic Capacitor	CE2	rb.2/.4	ELECTRO1	1
1000uF/16V	Electrolytic Capacitor	CE3	rb.2/.4	ELECTRO1	1
1N4007	Diode	D1, D5	DIODE-0.4	DIODE	2
1N4007	Diode	D2, D4, D12, D13	DIODE0.4	DIODE	4
LED	Typical INFRARED GaAs	D3, D6, D7, D8, D9, D10	LED5	LED0, LED	7
DPY_7-SEG	Seven-Segment Display,	DS1, DS2, DS3, DS4, DS5	LED8	DPY_7-SEG	6
Header 13X2	Header, 13-Pin, Dual row	JP1, JP3, JP6, JP8	HDR2X13	Header 13X2	4
Header 2	Header, 2-Pin	JP2	HDR1X2	Header 2	1
D Connector 9	Receptacle Assembly, 9	JP4	DB9FL	D Connector 9	1
DCIN	Header, 2-Pin	JP5	DC_PORT	Header 2	1
CON16	Connector	JP7	SIP16	CON16	1
CON2	Connector	JP9, JP10	SIP2	CON2	2
RELAY-SPDT		K1, K2	RELAY	RELAY-SPDT	2
SPEAKER		LS1	LSS	SPEAKER	1
8050	NPN Transistor	Q1, Q2, Q3	TO-92A	NPN	3
10K		R1	AXIAL-0.4	RES2	1
560		R2	AXIAL-0.4	RES2	1
10K		R3, R6, R7	AXIAL0.4	RES2	3
POT1	Potentiometer	R4	SIP3	POT1	1
10		R5	AXIAL0.4	RES2	1
51*8	Connector	RP1	HDR1X9	CON9	1
560*8	Connector	RP2	SIP9	CON9	1
SW-PB		S1	KEEE	SW-PB	1
		S2, S3, S4, S5	KEEE	SW-PB	4
89S51	80C51 8-Bit Microcontro	U1	SOT129-1	P80C31SBPN	1
MAX232ACPE	+5V Powered, Multi-Ch	U2	PE16A	MAX232ACPE	1
7805		U3	TO-220	VOLTREG	1
7407		U4	DIP14	7407	1
11.0592M	Crystal	Y1	R38	CRYSTAL	1

图 10-13 生成的元器件报表

10.1.3 单片机（基于 51）最小系统 PCB 设计

1. 规划 PCB

（1）规划 PCB 需执行菜单命令 File→New，选择"PCB Document"图标，新建"8051.PcbDoc"文件。

（2）在新建的 PCB 环境下，按下快捷键 L，弹出"View Configuration"对话框，在对话框中可进行板层的设置。

（3）绘制电路板框和坐标，在 PCB 编辑环境下，切换到 Mechanical1 层。使用直线绘制图标设置原点，执行菜单命令 Edit→Origin→Set 进行设置。

（4）利用工具栏中的图标放置尺寸线，"Master.SchDoc"原理图的 PCB 线宽为 102.5 mm，高为 68 mm；"Led.SchDoc"原理图的 PCB 线宽为 92.5 mm，高为 59 mm；"Lcd.SchDoc"原理图的 PCB 线宽为 84.2 mm，高为 70.5 mm，如图 10-14～图 10-16 所示。

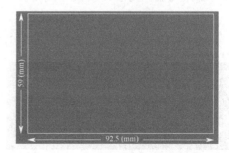

图 10-14 "Master.SchDoc"原理图的 PCB 尺寸　　图 10-15 "Led.SchDoc"原理图的 PCB 尺寸

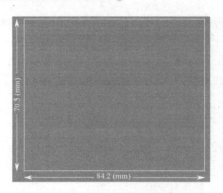

图 10-16 "Lcd.SchDoc" 原理图的 PCB 尺寸

2. 新建个人封装库

（1）执行菜单命令 File→New→Library→PCB Library，新建封装库文件。

（2）双击打开文件，执行菜单命令 Tool→Footprint Wizard，打开元器件封装制作向导。若不用向导则单击"Cancel"按钮，打开"PCB Library"对话框，新建封装，进入元器件封装编辑环境。

（3）放置焊盘需要注意焊盘的外径和孔径，孔径应满足元器件引脚能够插入，选择菜单命令 Place→Pad，放置焊盘，双击焊盘弹出"Properties"对话框，进行焊盘尺寸的设置。

（4）放置 1 号焊盘后，可继续放置 2 号焊盘，这时可借助尺寸线图标，放置一条 100 mil 的尺寸线，来调整焊盘之间的间距，如图 10-17 所示。放置完成后可将尺寸线删除。

（5）单击工作区下面的"Top Overlay"标签，将顶层丝印层切换为当前工作层。利用工具栏的直线绘制图标或圆弧绘制图标，绘制封装的轮廓线。如图 10-18 所示。

图 10-17 放置尺寸线调整焊盘之间的间距

图 10-18 绘制封装的轮廓线

（6）为了方便使用，在制作完封装后要设置元器件封装的参考点。设置参考点可执行菜单命令 Edit→Set Reference。

（7）制作元器件封装需要设置的部分及其尺寸如图 10-19～图 10-24 所示。

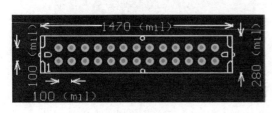
图 10-19 数据接口

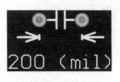
图 10-20 电容

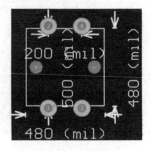
图 10-21 按钮

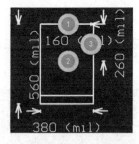 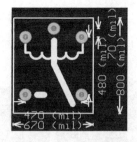 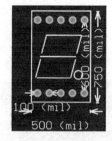

图 10-22　电源接口　　　　　图 10-23　继电器　　　　　图 10-24　数码管

3．加载网络

打开"8051.PcbDoc"文件，执行菜单命令 Design→Import Changes From Documents.PrjPcb，弹出"Engineering Change Order"对话框，如图 10-25 所示。对话框中列出了元器件封装和网络标号等信息，单击"Validate Changes"按钮，检查元器件封装和网络标号是否存在问题。

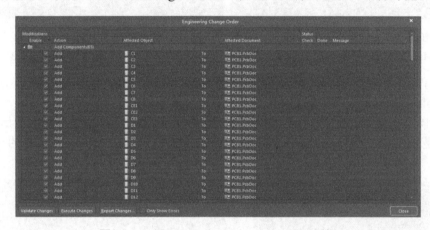

图 10-25　"Engineering Change Order"对话框

如果出现错误，需要在原理图中修改后，重复上一步的操作。如果没有错误，则单击"Engineering Change Order"对话框中的"Execute Changes"按钮便可加载元器件封装和网络，如图 10-26 所示。

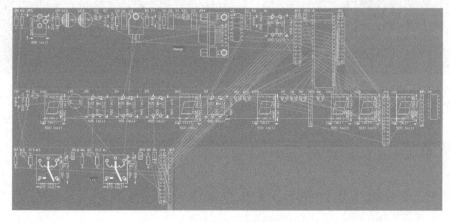

图 10-26　加载元器件封装和网络

4．布局与布线

布局与布线的方法在上文已做详细介绍，按照设计要求完成布局与布线的 PCB 如图 10-27～图 10-29 所示。

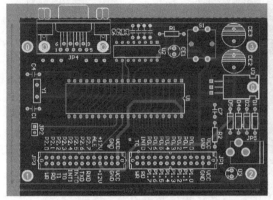

图 10-27　完成布局与布线的
"Master.SchDoc"原理图的 PCB

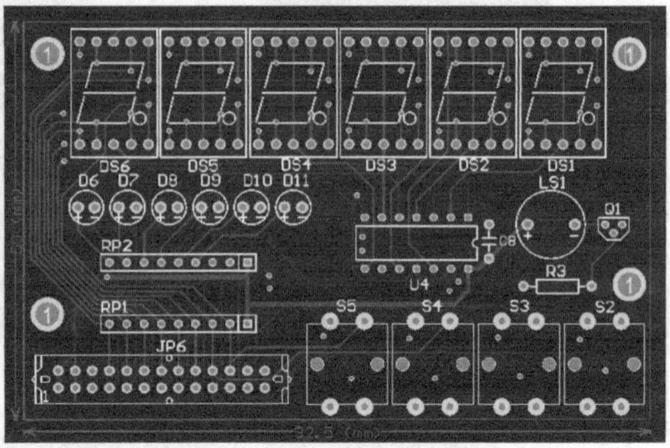

图 10-28　完成布局与布线的
"Led.SchDoc"原理图的 PCB

补泪滴实际上就是将焊盘与铜膜线之间的连接点加宽，保证连接的可靠性。通过执行菜单命令 Tools→Teardrops 可完成设置。

在 PCB 设计中，正确地接地可阻止大部分的干扰问题，而将电路板中的地线与敷铜结合使用是抗干扰的最有效手段，"Master.SchDoc"原理图添加泪滴和敷铜的 PCB 如图 10-30 所示。

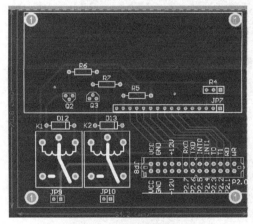

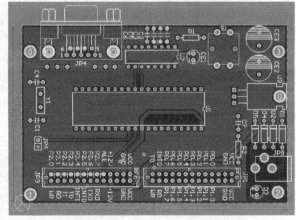

图 10-29　完成布局与布线的
"Lcd.SchDoc"原理图的 PCB

图 10-30　"Master.SchDoc"
原理图添加泪滴和敷铜的 PCB

10.2　单片机（基于 AVR）最小系统电路板设计

10.2.1　单片机（基于 AVR）最小系统原理

相对于出现较早也较为成熟的 51 系列单片机，AVR 系列单片机片内资源更为丰富，接口也更为强大，同时由于其价格低等优势，在很多场合可以替代 51 系列单片机。AVR 单片机可使用 ISP 在线下载编程方式，其 I/O 口是真正的 I/O 口，能正确反映输入/输出的真实情况。AVR 单片机内包含模拟比较器，可将 I/O 口用于 A/D 转换，组成廉价的 A/D 转换器。AVR 单片机可重设启动复位，以提高单片机工作的可靠性。AVR 单片机还内置看门狗定时器，实行安全保护，防止程序走乱，可提高产品的抗干扰能力。AVR 单片机还内置有功能强大的定时器/计数器、片内 EEPROM 和通信接口。本节以 ATMega128 为例，介绍构成最小系统的基本硬件电路，主要部分包括复位电路、晶振电路、A/D 转换滤波电路、ISP 下载接口、外部时钟电路和通信接口电路等。

1. 复位电路

ATMega128 已经内置了上电复位设计，并且在熔丝位里可以控制复位时的额外时间，故 AVR 外部的复位线路在上电时，可以设计得很简单。如图 10-31 所示，直接连接一只 10kΩ 的电阻(R8)到 VCC 即可。为了可靠，再加上一个 0.1μF 的电容（C9）以消除干扰和杂波。二极管 D2(1N4148)的作用有两个：①将复位输入的最高电压控制在 VCC+0.5V 左右。②当系统断电时，将 R8（10kΩ）短路，让 C9 快速放电，当下一次来电时，能产生有效的复位。在 AVR 工作时，按下按钮开关，复位脚变成低电平，触发 AVR 芯片复位。在实际应用中，如果不需要复位按钮，则复位脚可以不接任何的元器件，AVR 芯片也能稳定工作。

2. 晶振电路

ATMega128 已经内置 RC 振荡线路，可以产生 1MHz、2MHz、4MHz、8MHz 的振荡频率。不过，内置的毕竟是 RC 振荡，在一些要求较高的场合，例如与 RS232 通信，需要比较精确的波特率，建议使用外部的晶振线路。

51 系列单片机的晶振两端均需要接 30 pF 左右的电容。而 Mega 系列在实际使用时，不接这两只小电容也能正常工作。不过为了线路的规范化，建议接上。

在实际应用中，如果不需要太高精度的频率，可以使用内部 RC 振荡。外部晶振电路如图 10-32 所示。

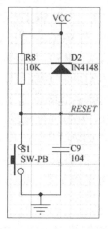

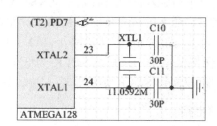

图 10-31　复位电路　　　　图 10-32　外部晶振电路

3. A/D 转换滤波电路

为减小 A/D 转换的电源干扰，ATMega128 芯片有独立的 AD 电源供电。官方文档推荐在 VCC 处串联一个 10 μH 的电感（L1），再接一个 0.1 μF 的电容（C8）到地。

ATMega128 内置 2.56 V 的标准参考电压。也可以从外面输入参考电压，例如在外面使用 TL431 基准电压源。不过一般的应用使用内部自带的参考电压已经足够。习惯上在 AREF 脚接一个 0.1 μF 的电容（C7）到地。

跳线 J2 为 A/D 转换跳线，当使用 A/D 转换时可将此处连接，否则将此处断开。在实际应用中，若要简化线路，可以将 AVCC 直接接到 VCC，将 AREF 悬空。A/D 转换滤波电路如图 10-33 所示。

4. ISP 下载接口

ISP 下载接口不需要任何的外围元器件，接口电路使用双排 2×5 的插座。由于没有外围元器件，故 PB2（MOSI）、PB3（MISO）、PB1（SCK）和复位脚仍可以正常使用，不受 ISP 的干扰。

5 脚连接到 RESET（20）。在实际应用中，如果想简化零件，可以不焊接双排插座。但在 PCB 设计时最好保留这个空位，以便以后升级 AVR 内的软件。ISP 下载接口电路如图 10-34 所示。

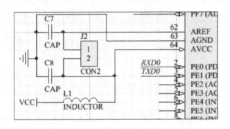
图 10-33　A/D 转换滤波电路

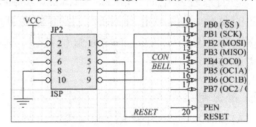
图 10-34　ISP 下载接口电路

5. 外部时钟电路

DS1302 是美国 DALLAS 公司推出的一种高性能、低功耗、带 RAM 的实时时钟电路，它可以对年、月、日、周日、时、分、秒进行计时，具有闰年补偿功能，工作电压为 2.5～5.5 V。采用三线接口与 CPU 进行同步通信，并可采用突发方式一次传送多个字节的时钟信号或 RAM 数据。对于 DS1302 的引脚，其中 VCC1 为后备电源，VCC2 为主电源。在主电源关闭的情况下，也能保持时钟的连续运行。DS1302 由 VCC1 或 VCC2 两者中的较大者供电。当 VCC2 大于 VCC1＋0.2 V 时，VCC2 给 DS1302 供电。当 VCC2 小于 VCC1 时，DS1302 由 VCC1 供电。X1 和 X2 是振荡源，外接 32.768 kHz 晶振。RST 是复位/片选线，通过把 RST 输入驱动置高电平来启动所有数据的传送。RST 输入有两种功能：①RST 接通控制逻辑，允许地址/命令序列送入移位寄存器；②RST 提供终止单字节或多字节数据的传送手段。当 RST 为高电平时，所有的数据传送被初始化，允许对 DS1302 进行操作。如果在传送过程中 RST 被置为低电平，则此次数据传送终止，I/O 引脚变为高阻态。上电运行时，在 VCC≥2.5V 之前，RST 必须保持低电平。只有在 SCLK 为低电平时，才能将 RST 置为高电平。I/O 为串行数据输入输出端(双向)。SCLK 始终是输入端。外部时钟电路如图 10-35 所示。

6. 通信接口电路

ATMega128 具有两个 USART 接口，此处设计两个通信接口电路：RS232 通信电路和 RS485 通信电路。

RS232 通信电路如图 10-36 所示，外围电路只需要 4 个 0.1 μF 电容，传输速率较低，在异步传输时，波特率为 20 kbps，接口使用一根信号线和一根信号返回线构成共地的传输形式，这种共地传输容易产生共模干扰，所以抗噪声干扰性弱。传输距离有限，最大传输距离标准值为 50 ft（英尺），实际上也只能达到 15 m 左右。所以此通信电路适合近距离传输使用。

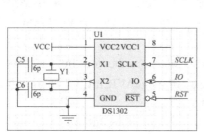

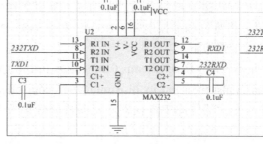

图 10-35　外部时钟电路　　　　　　　　图 10-36　RS232 通信电路

RS485 通信电路如图 10-37 所示，该电路采用了光耦隔离的方式，所以电路需要增加光耦元器件来完成，并且需要两个隔离电源来连接 VCC1 和 VCC。在很多工程应用中常采用光耦隔离的方式进行通信，可提高通信的稳定性和可靠性。

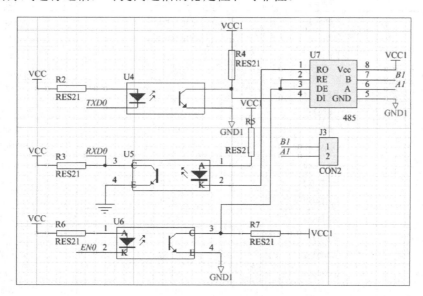

图 10-37　RS485 通信电路

RS485 的电气特性：采用差分信号负逻辑，逻辑"1"以两线间的电压差（-(2~6)V）表示；逻辑"0"以两线间的电压差（+(2~6)V）表示。接口信号电平比 RS232 降低了，不易损坏接口电路的芯片，且该电平与 TTL 电平兼容，可方便与 TTL 电路连接。RS485 的数据最高传输速率为 10 Mbps。RS485 接口采用平衡驱动器和差分接收器的组合，抗共模干扰能力增强，即抗噪声干扰性好。RS485 最大的通信距离约为 1219 m，最大传输速率为 10 Mbps，传输速率与传输距离成反比，在 100 kbps 的传输速率下，才可以达到最大通信距离，如果需传输更长的距离，需要增加 485 中继器。RS485 总线一般最大支持 32 个节点，如果使用特制的 485 芯片，可以达到 128 个或者 256 个节点，最大可以支持 400 个节点。因此，在进行远距离通信时可以采用 RS485 通信电路。

10.2.2 单片机（基于 AVR）最小系统原理图设计

1. 新建原理图文件

在工程列表下新建原理图文件"AVR.SchDoc"。绘制"AVR.SchDoc"原理图包括绘制 ATMega128 单片机复位和晶振电路、RS232 和 RS485 通信电路、A/D 转换滤波电路和外部时钟电路，操作步骤如下。

（1）添加元器件库 Miscellaneous Connectors.IntLib、Miscellaneous Devices.IntLib、Maxim Communication Transceiver.IntLib 和 Atmel Microcontroller 8-Bit megaAVR.IntLib，所用元器件多数均可在这 4 个元器件库中查找到，元器件属性见表 10-5。

表 10-5 元器件属性

编　号	封　装	元器件名称	元器件类型
U1	DIP-8	DS1302(8)	DS1302
U2	DIP-16	MAX232ACPE(16)	MAX232
U3	TQFP-64	ATMEGA128	ATMEGA128
U4	DIP-4	OPTOISO1	521-1
U5	DIP-4	OPTOISO1	521-1
U6	DIP-4	OPTOISO1	521-1
U7	DIP-8	485	485
XTL1	R38	CRYSTAL	11.0592M
Y1	RAD-0.1	CRYSTAL	32.768K
D1	LED5	LED	LED
D2	DD10	DIODE	IN4148
L1	AXIAL-0.3	INDUCTOR	INDUCTOR
C1～C4	RAD-0.1	CAP	0.1μF
C5、C6	RAD-0.1	CAP	6p
C7、C8	RAD-0.1	CAP	CAP
C9	RAD-0.1	CAP	104
C10、C11	RAD-0.1	CAP	30P
R1	6-0805_L	RES2	0.1K
R2～R8	6-0805_L	RES2	1K
R8	6-0805_L	RES2	10K
S1	KG	SW-PB	SW-PB
J2、J3	HDR1X2	CON2	CON2
J1	HDR1X4	CON4	CON4
JP1	DB9FL	DB9	DB9/F
JP2	HDR2X5	HEADER 5X2	ISP

（2）将所用元器件按照功能放置到原理图中，如图 10-38 所示。

（3）实现电气连接，可采用直接连线的方法，也可采用网络标号的方法，在本例的原理图设计中，采用的是两种方法的结合，可使原理图设计更加灵活。

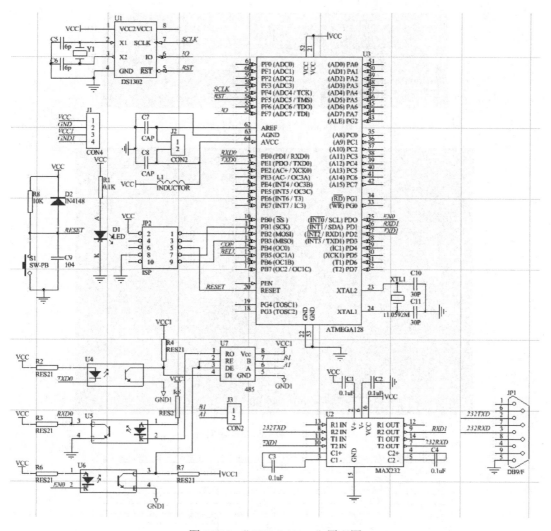

图 10-38 "AVR.SchDoc"原理图

（4）原理图设计中新建的元器件是 AVR 单片机，可在已有的单片机元器件的基础上进行修改。

（5）连接好电路原理图后，对元器件进行自动标注，执行菜单命令 Tools→Annotation→Annotate Schematics…，在"Schematic Annotation Configuration"对话框中设置标注。

2．工程编译和元器件报表文件

（1）执行菜单命令 Project→Compile PCB Project Ducuments.PrjPcb，进行工程编译操作，在"Messages"对话框中显示的是网络存在的各种错误和警告信息，如图 10-39 所示。按照提示进行修改，直至正确为止。

（2）生成元器件报表可以了解元器件的使用情况，便于制版后的焊接。执行菜单命令 Report→ Bill of Material，打开生成元器件报表向导，如图 10-40 所示。

（3）单击"Export…"按钮，弹出元器件报表保存对话框，指定保存路径即可。生成的元器件报表如图 10-41 所示。

图 10-39 "Messages"对话框

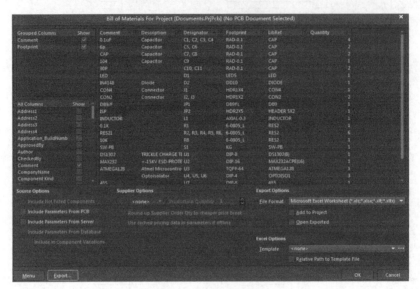

图 10-40 生成元器件报表向导

Comment	Description	Designator	Footprint	LibRef	Quantity
0.1uF	Capacitor	C1, C2, C3, C4	RAD-0.1	CAP	4
6p	Capacitor	C5, C6	RAD-0.1	CAP	2
CAP	Capacitor	C7, C8	RAD-0.1	CAP	2
104	Capacitor	C9	RAD-0.1	CAP	1
30P		C10, C11	RAD-0.1	CAP	2
LED		D1	LED5	LED	1
IN4148	Diode	D2	DD10	DIODE	1
CON4	Connector	J1	HDR1X4	CON4	1
CON2	Connector	J2, J3	HDR1X2	CON2	2
DB9/F		JP1	DB9FL	DB9	1
ISP		JP2	HDR2X5	HEADER 5X2	1
INDUCTOR		L1	AXIAL-0.3	INDUCTOR	1
0.1K		R1	6-0805_L	RES2	1
RES21		R2, R3, R4, R5, R6,	6-0805_L	RES2	6
10K		R8	6-0805_L	RES2	1
SW-PB		S1	KG	SW-PB	1
DS1302	TRICKLE CHARGE TI	U1	DIP-8	DS1302(8)	1
MAX232	+-15KV ESD-PROTE	U2	DIP-16	MAX232ACPE(16)	1
ATMEGA128	Atmel Microcontrol	U3	TQFP-64	ATMEGA128	1
	Optoisolator	U4, U5, U6	DIP-4	OPTOISO1	3
485		U7	DIP-8	485	1
11.0592M		XTL1	R38	CRYSTAL	1
	Crystal	Y1	RAD-0.1	CRYSTAL	1

图 10-41 生成的元器件报表

10.2.3 单片机（基于 AVR）最小系统 PCB 设计

1. 规划 PCB

（1）规划 PCB 需执行菜单命令 File→New，选择"PCB Document"图标，新建

"AVR.PcbDoc"文件。

（2）在新建的 PCB 环境下，按下快捷键 L，弹出"View Configuration"对话框，在对话框中可进行板层的设置。

（3）绘制电路板框和坐标，在 PCB 编辑环境下，切换到 Mechanical1 层。使用绘制直线工具≈设置原点，执行菜单命令 Edit→Origin→Set 进行设置。

（4）单击工具栏中的 图标，放置尺寸线，PCB 线宽为 80 mm，高为 75 mm，如图 10-42 所示。

2．新建个人封装库

（1）执行菜单命令 File→New→Library→PCB Library，新建封装库文件。

（2）双击打开文件，执行菜单命令 Tool→Footprint Wizard，打开元器件封装制作向导。若不用向导则单击"Cancel"按钮，打开"PCB Library"对话框，新建封装，进入元器件封装编辑环境。

（3）为了方便使用，在制作完封装后要设置元器件封装的参考点。设置参考点可执行菜单命令 Edit→Set Reference。

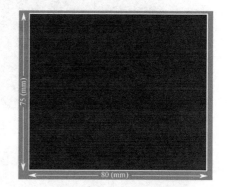

图 10-42 "AVR.PcbDoc"原理图的 PCB 尺寸

（4）制作元器件封装需要设置的部分及其尺寸如图 10-43～图 10-47 所示。

图 10-43 电容

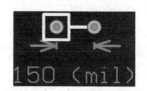
图 10-44 二极管 4148

图 10-45 发光二极管

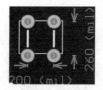
图 10-46 按钮

图 10-47 AVR 单片机

3．加载网络

打开"AVR.PcbDoc"文件，执行菜单命令 Design→Import Changes From Documents.PrjPcb，弹出"Engineering Change Order"对话框，如图 10-48 所示。对话框中列出了元器件封装和网络标号等信息，单击"Validate Changes"按钮，检查元器件封装和网络标号是否存在问题。

如果出现错误，需要在原理图中修改后，重复上一步的操作。如果没有错误，单击"Engineering Change Order"对话框中的"Execute Changes"按钮，便可加载元器件封装和网络，如图 10-49 所示。

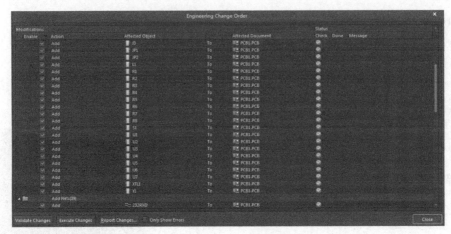

图 10-48 "Engineering Change Order"对话框

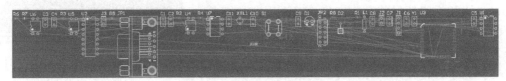

图 10-49 加载元器件封装和网络

4. 布局与布线

布局与布线的方法在上文中已进行了详细介绍，按照设计要求完成布局与布线的"AVR.PcbDoc"原理图的 PCB，如图 10-50 所示。

注：485 通信电路采用光耦隔离，电源包括 VCC 和 VCC1，布局时要注意两个电源不能交叉。

补泪滴实际上就是将焊盘与铜膜线之间的连接点加宽，保证连接的可靠性。通过执行菜单命令 Tools→Teardrops 可完成设置。

在 PCB 设计中，正确地接地可阻止大部分的干扰问题，而将电路板中的地线与敷铜结合使用是抗干扰的最有效手段，添加泪滴和敷铜的 PCB 如图 10-51 所示。

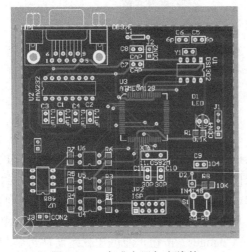

图 10-50 完成布局与布线的
"AVR.PcbDoc"原理图的 PCB

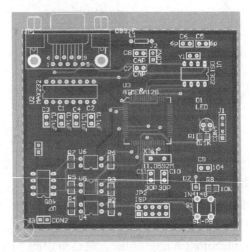

图 10-51 添加泪滴和敷铜的 PCB

10.3 单片机（基于 MSP430）最小系统电路板设计

10.3.1 单片机（基于 MSP430）最小系统原理

对于 MSP430 系列单片机来说，最小系统一般应该包括：电源电路、晶振电路和复位电路。本节以 MSP430F149 单片机为例，介绍构成 MSP430 最小系统的电源电路、晶振电路、复位电路、通信接口电路和单片机扩展接口等电路原理图，并介绍各部分的功能。

1. 电源电路

本系统需要使用+5 V 和+3.3 V 的直流稳压电源，其中 MSP430F149 和部分外围元器件需要使用+3.3 V 电源，其余部分需要使用+5 V 电源。在本系统中，以+5 V 直流电压作为输入电压，+3.3 V 电源由+5 V 电源直接线性降压得到。电源电路如图 10-52 所示。

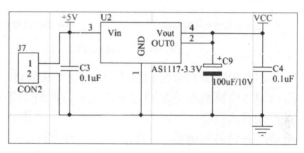

图 10-52 电源电路

2. 晶振电路

MSP430 系列单片机时钟模块包括数控振荡器(DCO)、高速晶体振荡器和低速晶体振荡器等 3 个时钟源。这是为了解决系统的快速处理数据要求和低功耗要求的矛盾，通过设计多个时钟源或为时钟设计各种不同工作模式，从而解决某些外围部件实时应用的时钟要求，如低频通信、LCD 显示、定时器和计数器等。DCO 已经集成在 MSP430 内部，在系统中只需设计低速晶体振荡器和高速晶体振荡器两部分电路。

低速晶体振荡器(LFXT1)满足了低功耗和使用 32.768 kHz 晶振的要求。LFXT1 默认工作在低频模式，即 32.768 kHz，也可以通过外接 450 kHz～8 MHz 的高速晶体振荡器或陶瓷谐振器工作在高频模式，在本电路中我们使用低频模式，晶振外接 2 个 22 pF 的电容，通过 XIN 和 XOUT 连接到 MCU（微控制单元）。

高速晶体振荡器也称为第二振荡器（XT2），它为 MSP430F149 工作在高频模式提供时钟，XT2 最高可达 8 MHz。在系统中 XT2 采用 8 MHz 的晶体，XT2 外接 2 个 22 pF 的电容，通过 XT2IN 和 XT2OUT 连接到 MCU。晶振电路如图 10-53 所示。

3. 复位电路

手动复位是最小系统常用的功能，如图 10-54 所示，直接连接一个 100kΩ 的电阻(R1)到 VCC 即可。为了可靠，再加上一个 0.1 μF 的电容（C1）以消除干扰和杂波。二极管 D1（1N4148）的作用有两个：①将复位输入的最高电压控制在 VCC+0.5 V 左右。②当系统断电时，将 R8（10kΩ）短路，让 C1 快速放电，当下一次来电时，能产生有效的复位。

4. 通信接口电路

通信接口担负着与外围的串行主机交换数据和支持打印等任务。串行通信只需较少的端口就可以实现单片机和 PC 的互通,具有无可比拟的优势。串行通信有两种方式:异步模式和同步模式。MSP430 系列都有 USART 模块来实现串行通信。在本例中,MSP430F149 的 USART0 模块通过 RS232 串行接口与外围的串行主机进行通信。

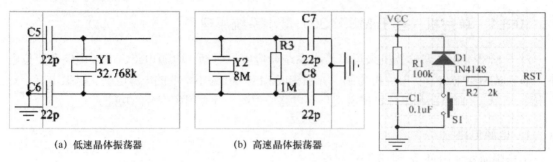

图 10-53　晶振电路　　　　　　　　　　图 10-54　复位电路

EIA-RS232 标准是由美国电子工业协会(EIA)制定的串行数据传输总线标准。早期它被应用于计算机和终端通过电话线和调制解调器进行远距离的数据传输,随着微型计算机和微控制器的发展,近距离数据传输也开始采用该通信方式。在近距离通信系统中,不再使用电话线和调制解调器,而直接进行端到端的连接。RS232 标准采用负逻辑方式,标准逻辑"1"对应-5 V~-15 V 电平,标准逻辑"0"对应+5 V~+15 V 电平。显然,两者间要进行通信必须经过信号电平的转换。

本系统采用专用电平转换芯片 MAX232 来实现。MAX232 芯片是 MAXIM 公司生产的电平转换芯片,包含两路接收器和驱动器,性能可靠。通信接口电路如图 10-55 所示。

5. 单片机扩展接口

MSP430F149 单片机的引脚较多,此最小系统中由于多引脚未被使用,为使单片机资源能够得到充分利用,使其具有扩展性,常采用将所有引脚引出的方式,J2 为单片机扩展接口,如图 10-56 所示。

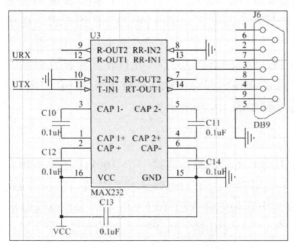

图 10-55　通信接口电路

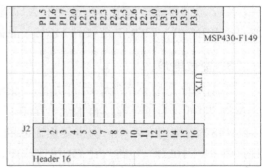

图 10-56　单片机扩展接口

10.3.2 单片机（基于MSP430）最小系统原理图设计

1. 新建原理图文件

在工程列表下新建原理图文件"MSP430.SchDoc"。绘制"MSP430.SchDoc"原理图包括绘制 MSP430F149 单片机复位和晶振电路、RS232 通信接口电路、JTAG 接口电路、扩展接口和电源电路，操作步骤如下。

（1）添加元器件库 Miscellaneous Connectors.IntLib、Miscellaneous Devices.IntLib、Maxim Communication Transceiver.IntLib，所用元器件多数均可在这 3 个元器件库中查找到。

（2）在工程列表下新建元器件库文件"MSP430.SchLib"，绘制 MSP430-F149 单片机，如图 10-57 所示，绘制电源芯片 AMS1117，如图 10-58 所示。

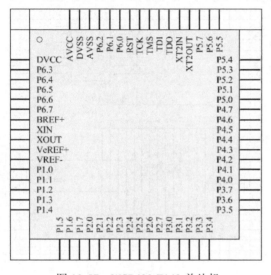
图 10-57　MSP430-F149 单片机

图 10-58　电源芯片 AMS1117

（3）原理图元器件属性见表 10-6。

表 10-6　元器件属性

编　号	封　　装	元器件名称	元器件类型
U1	LQFP64-PM-PAG	MSP430-F149	MSP430-F149
U2	SOT223	AS1117	AS1117-3.3V
U3	NSO16_N	MAX232	MAX232
J1～J4	HDR1X16	Header 16	Header 16
J5	JTAG	Header 7X2	JTAG
J6	DB9FL	DB9	DB9
J7	HDR1X2	Header 2	CON2
S1	KG	SW-PB	SW-PB
Y1	Y-S	XTAL	32.768k
Y2	Y-S	XTAL	8M
R1	6-0805_N	Res2	100k

(续表)

编　号	封　装	元器件名称	元器件类型
R2	6-0805_N	Res2	2 k
R3	6-0805_N	Res2	1 M
D1	DD10	DIODE	IN4148
C1～C4	6-0805_N	CAP	0.1 μF
C5～C8	6-0805_N	CAP	22 p
C9	CAP-3528	CAP-ELE	100μF/10V
C10～C14	6-0805_N	CAP	0.1 μF

（4）将所用元器件按照功能放置到原理图中，如图 10-59 所示。

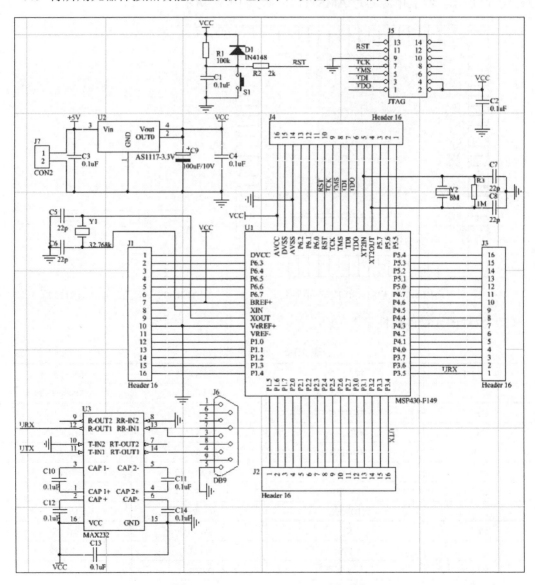

图 10-59 "MSP430.SchDoc" 原理图

（5）实现电气连接，可采用直接连线的方法，也可采用网络标号的方法，在本例的原理图设计中，采用的是两种方法的结合，可使原理图设计更加灵活。

（6）连接好电路原理图后，对元器件进行自动标注，执行菜单命令Tools→Annotation→Annotate Schematics…，在"Schematic Annotation Configuration"对话框中设置标注。

2．工程编译和生成元器件报表文件

（1）执行菜单命令 Project→Compile PCB Project Ducuments.PrjPcb，进行工程编译操作，在"Messages"对话框中显示的是网络存在的各种错误和警告信息，如图 10-60 所示。按照提示进行修改，直至正确为止。

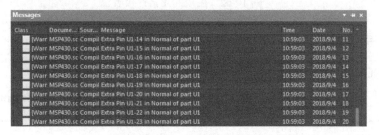

图 10-60　"Messages"对话框

（2）生成元器件报表可以了解元器件的使用情况，便于制版后的焊接。执行菜单命令 Report→ Bill of Material，打开生成元器件报表向导，如图 10-61 所示。

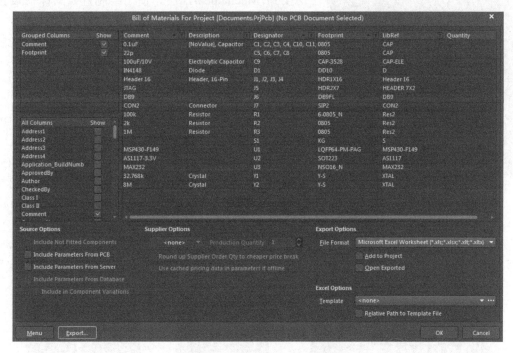

图 10-61　生成元器件报表向导

（3）单击"Export…"按钮，弹出元器件报表保存对话框，指定保存路径即可。生成的元器件报表如图 10-62 所示。

Comment	Description	Designator	Footprint	LibRef	Quantity
0.1uF	[NoValue], Capacitor	C1, C2, C3, C4, C10, C11	0805	CAP	9
22p		C5, C6, C7, C8	0805	CAP	4
100uF/10V	Electrolytic Capacitor	C9	CAP-3528	CAP-ELE	1
1N4148	Diode	D1	DD10	D	1
Header 16	Header, 16-Pin	J1, J2, J3, J4	HDR1X16	Header 16	4
JTAG		J5	HDR2X7	HEADER 7X2	1
DB9		J6	DB9FL	DB9	1
CON2	Connector	J7	SIP2	CON2	1
100k	Resistor	R1	6-0805_N	Res2	1
2k	Resistor	R2	0805	Res2	1
1M	Resistor	R3	0805	Res2	1
		S1	KG	S	1
MSP430-F149		U1	LQFP64-PM-PAG	MSP430-F149	1
AS1117-3.3V		U2	SOT223	AS1117	1
MAX232		U3	NSO16_N	MAX232	1
32.768k	Crystal	Y1	Y-S	XTAL	1
3M	Crystal	Y2	Y-S	XTAL	1

图 10-62　生成的元器件报表

10.3.3　单片机（基于 MSP430）最小系统 PCB 设计

1．规划 PCB

（1）规划 PCB 需执行菜单命令 File→New，选择"PCB Document"图标，新建"MSP430.PcbDoc"文件。

（2）在新建的 PCB 环境下，按下快捷键 L，弹出"View Configuration"对话框，在对话框中可进行板层的设置。

（3）绘制电路板框和坐标，在 PCB 编辑环境下，切换到 Mechanical1 层。使用绘制直线图标设置原点，执行菜单命令 Edit→Origin→Set 进行设置。

（4）单击工具栏中的图标放置尺寸线，PCB 线宽为 75 mm，高为 85 mm，如图 10-63 所示。

2．新建个人封装库

（1）执行菜单命令 File→New→Library→PCB Library，新建封装库文件。

（2）双击打开文件，执行菜单命令 Tool→Footprint Wizard，打开元器件封装制作向导。若不用向导则单击"Cancel"按钮，打开"PCB Library"对话框，新建封装，进入元器件封装编辑环境。

图 10-63　"MSP430.PcbDoc"原理图的 PCB 尺寸

（3）为了方便使用，在制作完封装后要设置元器件封装的参考点。设置参考点可执行菜单命令 Edit→Set Reference。

（4）制作元器件封装需要设置的部分及其尺寸如图 10-64～图 10-69 所示。

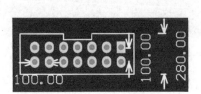

图 10-64　JTAG 接口

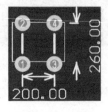

图 10-65　按钮

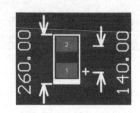

图 10-66　电容

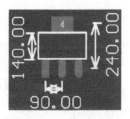 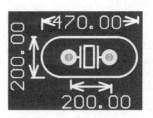 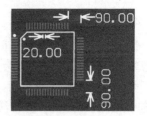

图 10-67　稳压源接口　　　图 10-68　晶振接口　　　图 10-69　MSP430F149 单片机

3．加载网络

打开"MSP430.PcbDoc"文件，执行菜单命令 Design→Import Changes From Documents.PrjPcb，弹出"Engineering Change Order"对话框，如图 10-70 所示。对话框中列出了元器件封装和网络标号等信息，单击"Validate Changes"按钮，检查元器件封装和网络标号是否存在问题。

图 10-70　"Engineering Change Order"对话框

如果出现错误，需要在原理图中修改后，重复上一步的操作。如果没有错误，单击"Engineering Change Order"对话框中的"Execute Changes"按钮便可加载元器件封装和网络，如图 10-71 所示。

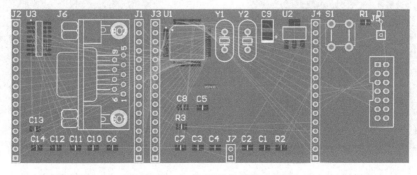

图 10-71　加载元器件封装和网络

4. 布局与布线

按照设计要求完成布局与布线。"MSP430.PcbDoc"初步布局如图 10-72 所示，此电路中需要考虑单片机与扩展接口的预布线，以便于后面的布线。预布线采用手动布线的方法，由于单片机封装焊盘间距为 20 mil，所以这里的布线线宽采用 8 mil 的铜膜线，对"MSP430.PcbDoc"手动布线后如图 10-73 所示。

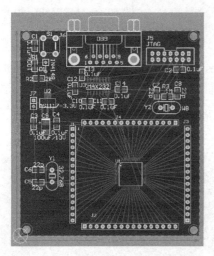 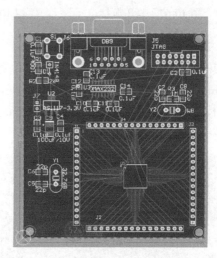

图 10-72　"MSP430.PcbDoc"初步布局　　　图 10-73　对"MSP430.PcbDoc"手动布线

设置布线规则，电源和地线线宽设置为 25mil，其他走线为 12 mil。在布线设置对话框中选择保留预布线，进行全局自动布线。调整不合理的布线，使电路板走线更合理，保证电路板电气可靠性，对"MSP430.PcbDoc"自动布线后如图 10-74 所示。

补泪滴实际上就是将焊盘与铜膜线之间的连接点加宽，保证连接的可靠性。通过执行菜单命令 Tools→Teardrops 可完成设置，如图 10-75 所示。

在 PCB 设计中，正确地接地可阻止大部分的干扰问题，而将电路板中的地线与敷铜结合使用是抗干扰的最有效手段，添加敷铜的 PCB 如图 10-76 所示。

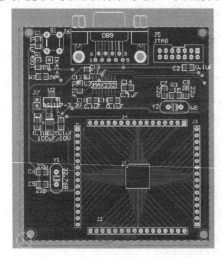 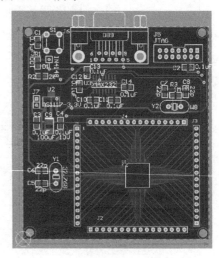

图 10-74　对"MSP430.PcbDoc"自动布线　　　图 10-75　对"MSP430.PcbDoc"补泪滴

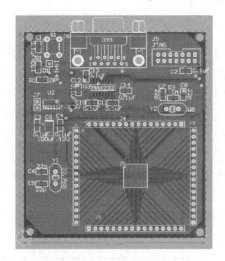

图 10-76 添加敷铜的 PCB

10.4 单片机（基于 ARM）最小系统电路板设计

10.4.1 单片机（基于 ARM）最小系统原理

ARM 系列的嵌入式处理器本身是不能独立工作的，需要提供电源电路、时钟电路和复位电路等，若芯片内部没有程序存储器，则还要加上存储器系统。这些提供嵌入式处理器运行所必须的条件的电路与 ARM 系列嵌入式处理器共同构成了 ARM 系列嵌入式处理器的最小系统。

1. 电源电路

最小系统采用模拟电源，能够满足技术参数的芯片很多，Sipex 半导体 SPX1117 是一个常用的选择，它的性价比高，且有一些产品可以与它直接替换，可以降低采购风险。考虑到最小系统存在使用 A/D 或者 D/A 的差异，设计将数字电源和模拟电源分开。系统采用的单片机芯片为 LPC2138，其供电只需要 3.3 V 电压，电源电路如图 10-77 所示。

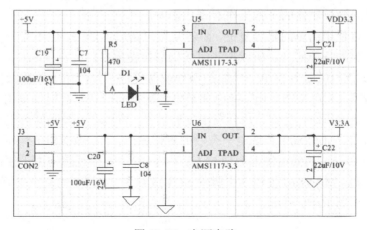

图 10-77 电源电路

2. 时钟电路

目前所有的微控制器均为时序电路，需要一个时钟信号才能工作，大多数微控制器具有晶体振荡器。简单的方法是利用微控制器内部的晶体振荡器，但在有些场合（如减少功耗、需要严格同步等情况）需要使用外部振荡源提供时钟信号。

数字控制振荡器 DCO 已经集成在 LPC2138 内部，在系统中只需设计高速晶体振荡器和低速晶体振荡器两部分电路。低速晶体振荡器满足了低功耗的要求。振荡器默认工作在低频模式，即 32.768 kHz，在本电路中我们使用低频模式，晶振外接 2 个 33 pF 的电容，通过 RTXC1 和 RTXC2 连接到单片机。高速晶振也称为第二振荡器，它为 LPC2138 工作在高频模式提供时钟。在系统中第二振荡器采用 11.0592 MHz 的晶体，第二振荡器外接 2 个 33 pF 的电容，通过 XTAL1 和 XTAL2 连接到单片机，时钟电路如图 10-78 所示。

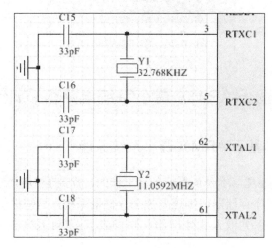

图 10-78　时钟电路

3. 复位电路

为解决微控制器在上电时状态不确定性的问题，所有微控制器均有一个复位逻辑，它负责将微控制器初始化为某个确定的状态。这个复位逻辑需要一个复位信号才能工作。一些微控制器在上电时会产生复位信号，但大多数微控制器需要从外部输入这个信号。复位信号的稳定性和可靠性对微控制器的正常工作有重大影响。

复位电路可以使用简单的阻容复位，阻容复位电路成本低廉，但不能保证在任何情况在都能产生稳定可靠的复位信号，所以很多时候仍需要使用专门的复位芯片。

MAX809/MAX810 是具有单一功能的微处理器复位芯片，用于监控微控制器和其他逻辑系统的电源电压。它可以在上电、掉电和节电情况下向微控制器提供复位信号。当电源电压低于预设的门槛电压时，复位芯片会发出复位信号，直到在一段时间内电源电压又恢复到高于门槛电压为止。MAX809 有低电平有效的复位输出，而 MAX810 有高电平有效的复位输出，典型值是 17 μA 的低电源电流使 MAX809/MAX810 能理想地用于便携式、电池供电的设备。MAX809 和 MAX810 使用 3 引脚的 SOT23 封装。本例中的复位电路采用 MAX809T 作为复位芯片，如图 10-79 所示。

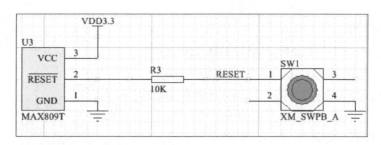

图 10-79 复位电路

4. JTAG 接口电路

调试与测试接口不是系统运行必需的，但现代系统越来越强调可测性，因此调试与测试接口的设计也要重视。LPC2000 有一个内置的 JTAG 调试接口，通过这个接口可以控制芯片的运行并获取内部信息。

系统设计仿真接口，主要用于芯片内部测试。JTAG 的编程方式是在线编程，在传统生产流程中往往先对芯片进行预编程，简化的流程为先固定器件到电路板上，再对 JTAG 编程，从而大大加快了工程进度。JTAG 接口电路如图 10-80 所示。

5. 通信接口电路

SP3223 是 SIPEX 公司生产的 RS-232 收发器，它支持 EIA/TIA-232 和 ITU-TV.28/V.24 通信协议，适用于便携式设备（如笔记本电脑和 PDA）。SP3223 内有一个高效电荷泵，可在+3.0 V～+5.5 V 电源下产生±5.5 V 的 RS-232 电平。在满负载时，SP3223 器件可以 235 kbps 的数据传输速率工作。SP3223 是一个双驱动器/双接收器芯片，其通信接口电路如图 10-81 所示。

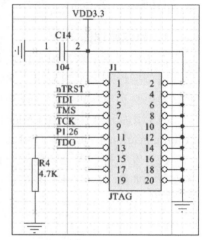

图 10-80 JTAG 接口电路

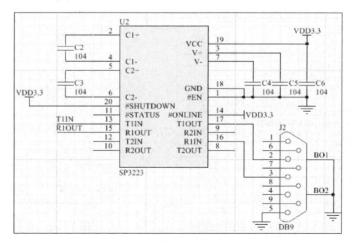

图 10-81 SP3223 的通信接口电路

6. 存储器电路

存储器选择 CAT24WC256，CAT24WC256 支持 I2C 总线数据传输协议。I2C 总线数据传输协议规定，任何将数据传输到总线的器件为发送器，任何从总线接收数据的器件为接收器，数据传送是由产生串行时钟和所有起始停止信号的主器件控制的，CAT24WC256 是作为从器件被操作的。主器件和从器件都可以被用作发送器或接收器，由主器件控制数据发送或接收。存储器 CAT24WC256 的电路设计如图 10-82 所示。

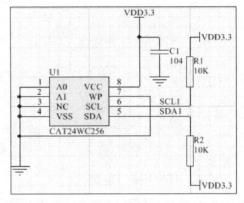

图 10-82　存储器 CAT24WC256 的电路设计

10.4.2　单片机（基于 ARM）最小系统原理图设计

1．新建原理图文件

在工程列表下新建原理图文件"ARM-LPC2138.SchDoc"。绘制"ARM-LPC2138.SchDoc"原理图包括绘制 LPC2138 单片机、复位和晶振电路、RS232 通信接口电路、JTAG 接口电路、存储器电路和电源电路，具体操作步骤如下。

（1）添加元器件库 Miscellaneous Connectors.IntLib、Miscellaneous Devices.IntLib、Maxim Communication Transceiver.IntLib，所用元器件多数均可在这 3 个元器件库中查找到。

（2）在工程列表下新建元器件库文件"ARM-LPC2138.SchLib"，绘制 LPC2138 单片机等部件，如图 10-83～图 10-87 所示。

图 10-83　复位元器件 MAX809

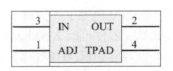

图 10-84　电源芯片 AMS1117

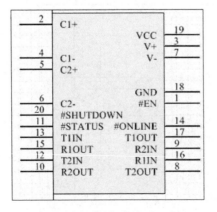

图 10-85　通信芯片 SP3223

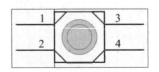

图 10-86　按钮

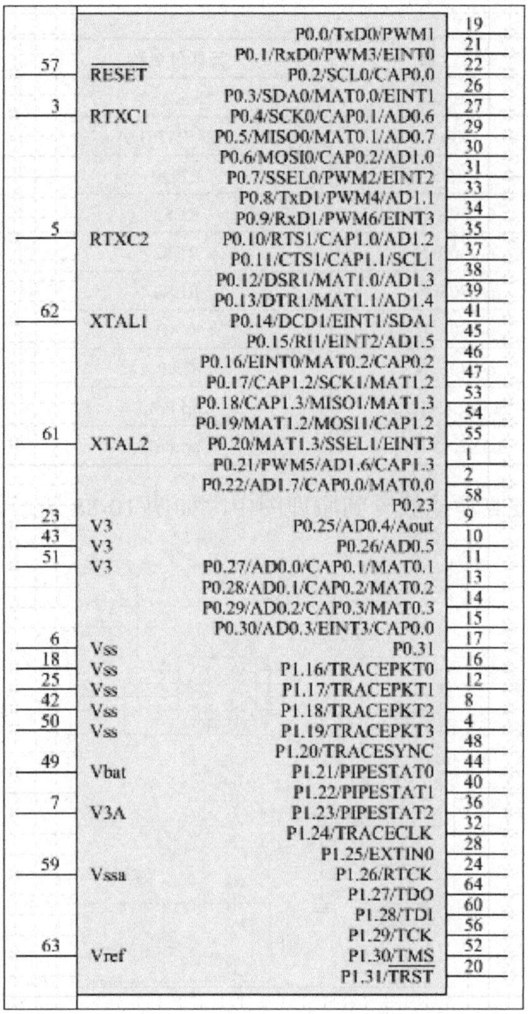

图 10-87　LPC2138 单片机

（3）原理图中的元器件属性见表 10-7。

表 10-7　元器件属性

编　号	封　装	元器件名称	元器件类型
U1	SO8_N	CAT24WC256	CAT24WC256
U2	SOT146-1	SP3223	SP3223
U3	SOT-23_L	MAX809	MAX809T
U4	LQFP64_PM_PAG	LPC2138	LPC2138
U5	SOT223_L	AMS1117-3.3	AMS1117-3.3
U6	SOT223_L	AMS1117-3.3	AMS1117-3.3
Y1	Y-S	CRYSTAL	32.768kHz
Y2	Y-S	CRYSTAL	11.0592MHz
J1	JTAG-20	Header 10X2	JTAG
J2	DB9FL	D Connector 9	DB9

（续表）

编　号	封　装	元器件名称	元器件类型
J3	HDR1X2	Header 2	CON2
SW1	KG	XM_SWPB_A	XM_SWPB_A
D1	LED5	LED0	LED
R1～R3	6-0805_N	RES2	10K
R4	6-0805_N	RES2	4.7K
R5	6-0805_N	RES2	470
C1～C14	6-0805_N	CAP	104
C15～C18	6-0805_N	CAP	33 pF
C19、C20	3.5X2.8X1.9	Cap Pol2	100μF/16V
C21、C22	3.5X2.8X1.9	Cap Pol2	22μF/10V

（4）将所用元器件按照功能放置到原理图中，如图10-88所示。

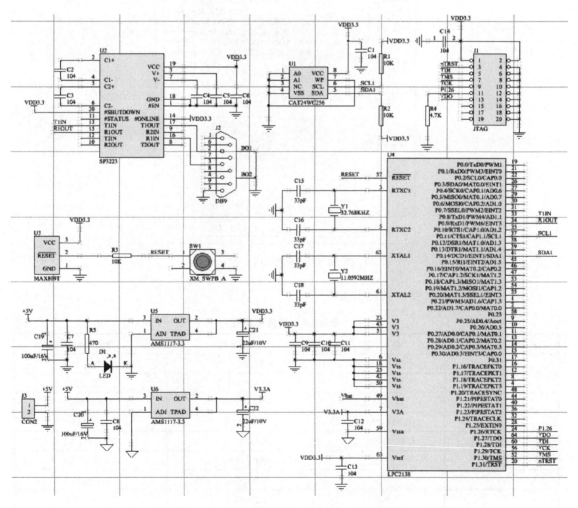

图10-88　"ARM-LPC2138.SchDoc"原理图

(5) 实现电气连接,可采用直接连线的方法,也可采用网络标号的方法,在本例的原理图设计中,采用的是两种方法的结合,可使原理图设计更加灵活。

(6) 连接好电路原理图后,对元器件进行自动标注,执行菜单命令 Tools→Annotation→Annotate Schematics…,在"Schematic Annotation Configuration"对话框中设置标注。

2. 工程编译和生成元器件报表文件

(1) 执行菜单命令 Project→Compile PCB Project Ducuments.PrjPcb,进行工程编译操作,在"Messages"对话框中显示的是网络存在的各种错误和警告信息,如图 10-89 所示。按照提示进行修改,直至正确为止。

图 10-89 "Messages"对话框

(2) 生成元器件报表可以了解元器件的使用情况,便于制版后的焊接。执行菜单命令 Report→ Bill of Material,打开生成元器件报表向导,如图 10-90 所示。

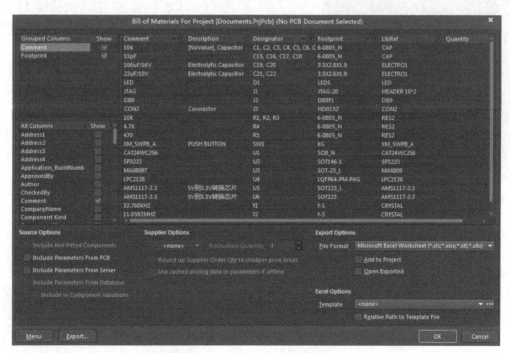

图 10-90 生成元器件报表向导

(3) 单击"Export…"按钮,弹出元器件报表保存对话框,指定保存路径即可。生成的元器件报表如图 10-91 所示。

Comment	Description	Designator	Footprint	LibRef	Quantity
104	[NoValue], Capacitor	C1, C2, C3, C4, C5, C6, C...	6-0805_N	CAP	14
33pF		C15, C16, C17, C18	6-0805_N	CAP	4
100uF/16V	Electrolytic Capacitor	C19, C20	3.5X2.8X1.9	ELECTRO1	2
22uF/10V	Electrolytic Capacitor	C21, C22	3.5X2.8X1.9	ELECTRO1	2
LED		D1	LED5	LED	1
JTAG		J1	JTAG-20	HEADER 10*2	1
DB9		J2	DB9FL	DB9	1
CON2	Connector	J3	HDR1X2	CON2	1
10K		R1, R2, R3	6-0805_N	RES2	3
4.7K		R4	6-0805_N	RES2	1
470		R5	6-0805_N	RES2	1
XM_SWPB_A	PUSH BUTTON	SW1	KG	XM_SWPB_A	1
CAT24WC256		U1	SO8_N	CAT24WC256	1
SP3223		U2	SOT146-1	SP3223	1
MAX809T		U3	SOT-23_L	MAX809	1
LPC2138		U4	LQFP64-PM-PAG	LPC2138	1
AMS1117-3.3	5V到3.3V转换芯片	U5	SOT223_L	AMS1117-3.3	1
AMS1117-3.3	5V到3.3V转换芯片	U6	SOT223	AMS1117-3.3	1
32.768KHZ		Y1	Y-S	CRYSTAL	1
11.0592MHZ		Y2	Y-S	CRYSTAL	1

图 10-91　生成的元器件报表

10.4.3　单片机（基于 ARM）最小系统 PCB 设计

1．规划 PCB

（1）规划 PCB 需执行菜单命令 File→New，选择"PCB Document"图标，新建"ARM-LPC2138.PcbDoc"文件。

（2）在新建的 PCB 环境下，按下快捷键 L，弹出"View Configuration"对话框，在对话框中可进行板层的设置。

（3）绘制电路板框和坐标，在 PCB 编辑环境下，切换到 Mechanical1 层。使用绘制直线图标设置原点，执行菜单命令 Edit→Origin→Set 进行设置。

（4）单击工具栏中的 图标放置尺寸线，PCB 线宽为 80 mm，高为 75 mm，如图 10-92 所示。

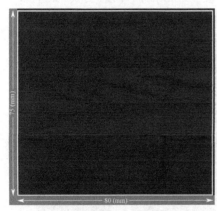

图 10-92　"ARM-LPC2138.PcbDoc"原理图的 PCB 尺寸

2．新建个人封装库

（1）执行菜单命令 File→New→Library→PCB Library，新建封装库文件。

（2）打开文件，执行菜单命令 Tool→Footprint Wizard，打开元器件封装制作向导。若不用向导则单击"Cancel"按钮，打开"PCB Library"对话框，新建封装，进入元器件封装编辑环境。

（3）为了方便使用，在制作完封装后要设置元器件封装的参考点。设置参考点可执行菜单命令 Edit→Set Reference。

（4）制作元器件封装需要设置的部分及其尺寸如图 10-93 所示。

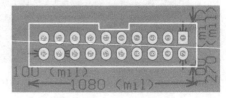

图 10-93　JTAG-20 接口

3. 加载网络

打开"ARM-LPC2138.PcbDoc"文件，执行菜单命令 Design→Import Changes From Documents.PrjPcb，弹出"Engineering Change Order"对话框，如图 10-94 所示。对话框中列出了元器件的封装和网络标号等信息，单击"Validate Changes"按钮，检查元器件封装和网络标号是否存在问题。

图 10-94 "Engineering Change Order"对话框

如果出现错误，需要在原理图中修改后，重复上一步的操作。如果没有错误，单击"Engineering Change Order"对话框中的"Execute Changes"按钮便可加载元器件封装和网络，如图 10-95 所示。

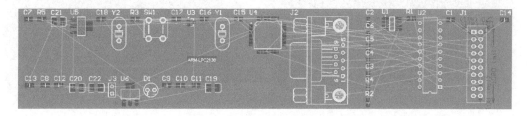

图 10-95 加载元器件封装和网络

4. 布局与布线

按照电路原理图完成初步布局，如图 10-96 所示，电路板的尺寸可根据布局的情况进行调整，最后调整为宽 75 mm，高 65 mm。利用焊盘放置安装孔，将安装孔孔径设置为 3.2 mm，保证 3 mm 螺丝可穿过。

设置布线规则，将电源（+5V）和地线（GND）线宽设置为30 mil，设置 VDD3.3 和 V3.3A 为 20 mil，设置其他走线为 12 mil。PCB 布线采用手动布线的方法，根据电路板布线的一般原则，围绕核心元器件分区域布线，先对地线与电源线进行布线，再对其他连线进行布线。"ARM-LPC2138.PcbDoc"整体布线结果如图 10-97 所示。

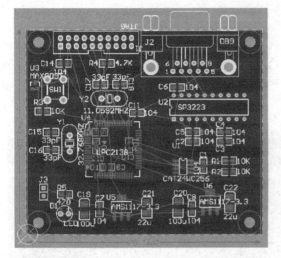 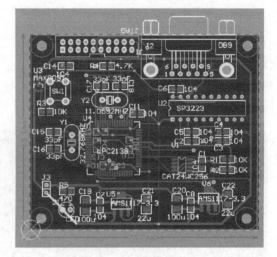

图 10-96 "ARM-LPC2138.PcbDoc"初步布局图　　图 10-97 "ARM-LPC2138.PcbDoc"整体布线结果

补泪滴实际上就是将焊盘与铜膜线之间的连接点加宽，保证连接的可靠性。通过执行菜单命令 Tools→Teardrops 可完成设置，如图 10-98 所示。

在 PCB 设计中，正确地接地可阻止大部分的干扰问题，而将电路板中的地线与敷铜结合使用是抗干扰的最有效手段，添加敷铜的 PCB 如图 10-99 所示。

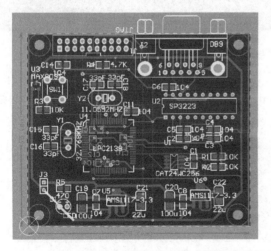 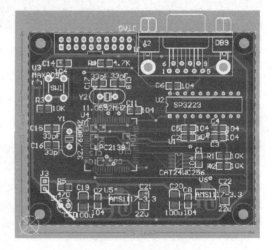

图 10-98 在"ARM-LPC2138.PcbDoc"原理图中补泪滴　　图 10-99 添加敷铜的 PCB

10.5 CPLD（基于 ISPLSI1032）最小系统电路板设计

10.5.1 CPLD（基于 ISPLSI1032）最小系统原理

ISPLSI1032 具有断电数据不丢失，使用人数众多等优点。CPLD（基于 ISPLSI1032）最小系统包括稳压电源电路、时钟发生电路、信号输入按键电路、下载接口电路和扩展接口电路等。在此基础上，可进一步扩展输入电路和输出电路功能。

1. 稳压电源电路

稳压电源电路，采用二极管 1N4001 构成输入整流电路，这样电源可实现交流输入，电容选择 100μF/50V，采用 7805 芯片进行稳压，焊接 7805 芯片后应该加装散热器。稳压电源电路如图 10-100 所示。

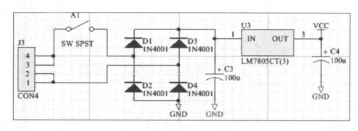

图 10-100　稳压电源电路

2. 时钟发生电路

时钟发生电路采用 32.768 kHz 晶振，电路主要由 CMOS 电路和石英晶体组成脉冲发生器，脉冲发生器是时钟发生电路的核心部分，它的精度和稳定度决定了时钟发生电路的质量，通常用晶体振荡器发出的脉冲经过整形、分频获得 1Hz 的秒脉冲。晶振采用 32768 Hz，QD～QN 的输出频率依次为 2 kHz、1 kHz、512 Hz、256 Hz、128 Hz、64 Hz、32 Hz、8 Hz、4 Hz 和 2 Hz。时钟发生电路如图 10-101 所示。

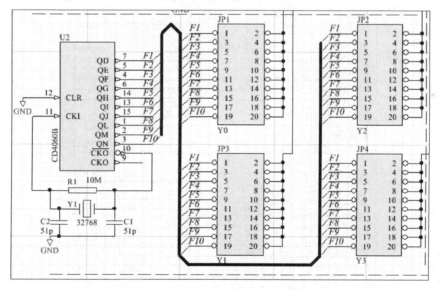

图 10-101　时钟发生电路

3. 信号输入按键电路

在数字电路的实验中，经常需要向数字电路输入高低电平信号或脉冲信号，这些信号需要通过开关或按键来产生，信号输入按键电路如图 10-102 所示。

4. 下载接口电路和扩展接口电路

下载接口电路用于下载编程软件到 CPLD 内部，完成应有的功能控制。扩展接口电路用于实现功能的扩展,如 A/D 转换器、存储器或与单片机的连接等。下载接口电路和扩展接口电路如图 10-103 和图 10-104 所示。

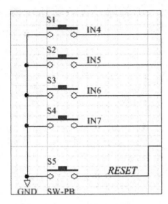
图 10-102　信号输入按键电路

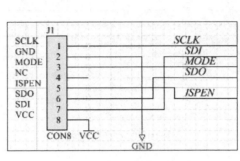
图 10-103　下载接口电路

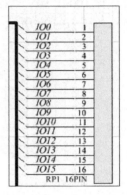
图 10-104　扩展接口电路

5. 扩展输入电路

扩展的按键开关输入电路如图 10-105 所示。为进一步提高输入的可靠性,实现电路的电气隔离,还可以采用光耦隔离输入电路,如图 10-106 所示,R5、D5、D13 和 R13 连接光耦输入端,上拉电阻(R21)和非门(SN74LS14)连接光耦输出端。

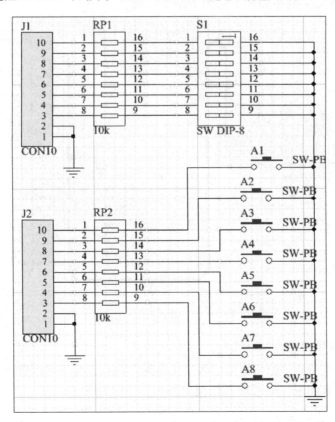

图 10-105　按键开关输入电路

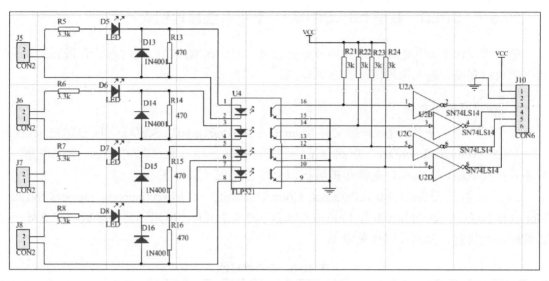

图 10-106　光耦隔离输入电路

6．扩展输出电路

显示输出常采用两种方式，一种是发光二极管组显示，一种是段码显示，段码和发光二极管组显示适用于简单的显示功能。扩展的显示输出电路如图 10-107 所示。

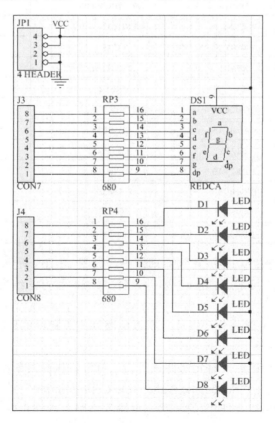

图 10-107　扩展的显示输出电路

10.5.2 CPLD（基于 ISPLSI1032）最小系统原理图设计

电路板设计常常将电路分成 3 部分分开设计，因此在原理图设计时就分开进行绘制，包括主控板原理图、输入原理图和输出原理图。

1. 新建原理图文件

在工程列表下分别新建原理图文件 Main1032.SchDoc、In1032.SchDoc 和 Out1032.SchDoc。

绘制"Main1032.SchDoc"电路包括绘制稳压电源电路、时钟发生电路、下载电路、信号输入按键电路、下载接口电路和扩展接口电路，操作步骤如下。

（1）添加元器件库 Miscellaneous Connectors.IntLib、Miscellaneous Devices.IntLib、Motorola Logic Counter.IntLib 和 Lattice CPLD ispLSI.IntLib，所用元器件多数可在这 4 个元器件库中查找到，元器件属性见表 10-8。

表 10-8 元器件属性

编　号	封　装	元器件名称	元器件类型
J11	HDR1X8	Header 8	CON8
J12	HDR1X4	Header 4	CON4
S5	ANNIU	SW-PB	SW-PB
U5	DIP-16	MC74HC4060N	CD4060B
U7	PLCC84_N	ispLSI1032E-80LJ	ISPLSI1032-80LJ（84）
C1、C2	6-0805_N	CAP	51p
Y1	XTAI-1	CRYSTAL	32768
R25	6-0805_N	RES2	10M
U6	TO-220_A	LM7805CT（3）	LM7805CT（3）
A1	KAIGUAN	SW-SPST	SW-SPST
C3、C4	C1210	Cap Pol3	100u
JP1～JP4	HDR2X10	Header 10X2	Y0～Y3
D17～D20	DIODE-0.4	Diode	1N4001
S1～S4	ANNIU	SW-PB	IN4～IN7
RP1～RP4	HDR1X16	Header 16	16PIN

（2）将所用元器件按照功能放置到原理图中，如图 10-108 所示。

（3）实现电气连接，可采用直接连线、网络标号或两种方法结合的方式，使原理图设计更加灵活。

（4）由于系统采用 3 部分分开设计，所以电路间应有相应的连接电路，如图 10-108 中的数据接口部分所示。

（5）连接好电路原理图后，对元器件进行自动标注，执行菜单命令 Tools→Annotation→Annotate Schematics…，在"Schematic Annotation Configuration"对话框中设置标注。

绘制"In1032.SchDoc"原理图的 8 路光耦输入电路，操作步骤如下。

（1）添加元器件库 Miscellaneous Connectors.IntLib、Miscellaneous Devices.IntLib 和

ON Semi Logic Buffer Line Driver.IntLib，所用元器件多数可在这 3 个元器件库中查找到，元器件属性见表 10-9。

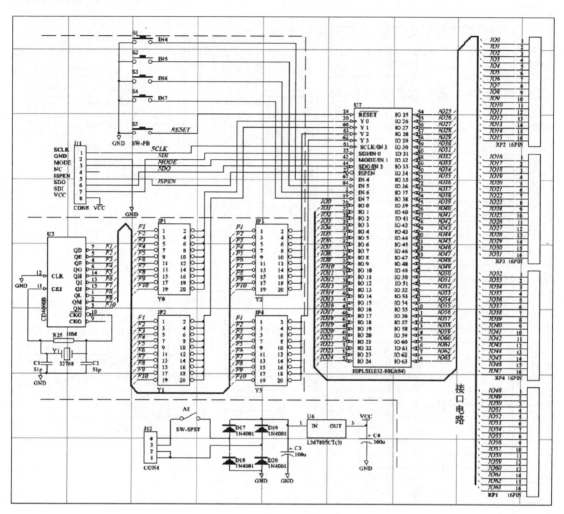

图 10-108 "Main1032.SchDoc" 原理图

表 10-9 元器件属性

编　号	封　装	元器件名称	元器件类型
U1、U2	SO-16_N	TLP521	TLP521
D1～D8	6-0805_N	LED	LED
D9～D16	6-0805_N	DIODE	1N4148
R1～R8	6-0805_N	RES2	3.3k
R9～R16	6-0805_N	RES2	470
J1～J8	HDR1X2	Header 2	CON2
R17～R24	6-0805_N	RES2	3k
U3、U4	751A-02_N	SN74LS14N	SN74LS14

（2）将所用元器件按照功能放置到原理图中，如图 10-109 所示。

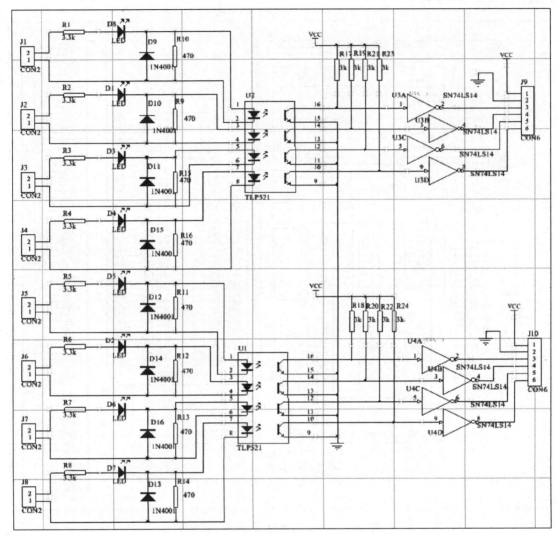

图 10-109 "In1032.SchDoc"原理图

（3）连接好电路原理图后，对元器件进行自动标注，执行菜单命令 Tools→Annotation→Annotate Schematics…，在"Schematic Annotation Configuration"对话框中设置标注。

绘制"Out1032.SchDoc"原理图的拨码开关电路、信号输入按键电路、LED 数码管电路和发光二极管电路，操作步骤如下。

（1）添加元器件库 Miscellaneous Connectors.IntLib 和 Miscellaneous Devices.IntLib，所用元器件多数可在这两个元器件库中查找到，元器件属性见表 10-10。

表 10-10 元器件属性

编　号	封　装	元器件名称	元器件类型
DS1	SHUMAGUAN	Dpy Amber-CA	REDCA
RP7、RP8	SO-16_N	Res Pack4	680

（续表）

编 号	封 装	元器件名称	元器件类型
J15、J16	HDR1X8	Header 8	CON8
JP5	POWER4	Header 4	4 HEADER
J13、J14	HDR1X10	Header 10	CON10
RP5、RP6	SO-16_N	Res Pack4	10k
A2～A9	ANNIU	SW-PB	SW-PB
S6	DIP-16	SW DIP-8	SW DIP-8
D21～D28	6-0805_N	LED	LED

（2）将所用元器件按照功能放置到原理图中，如图 10-110 所示。

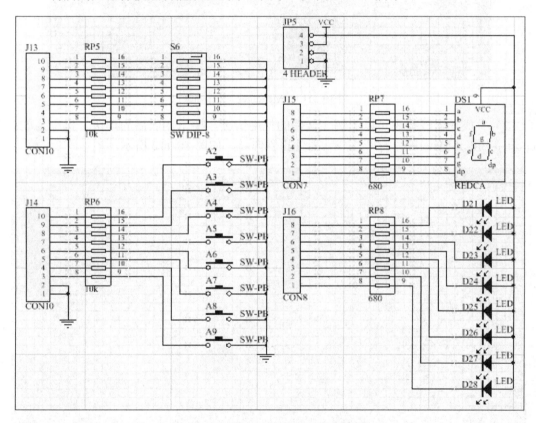

图 10-110 "Out1032.SchDoc" 原理图

（3）连接好电路原理图后，对元器件进行自动标注，执行菜单命令 Tools→Annotation→Annotate Schematics…，在"Schematic Annotation Configuration"对话框中设置标注。

2．工程编译和生成元器件报表文件

（1）执行菜单命令 Project→Compile PCB Project Ducuments.PrjPcb，进行工程编译操作，在"Messages"对话框中显示的是封装网络存在的各种错误和警告信息，如图 10-111 所示。按照提示进行修改，直至正确为止。

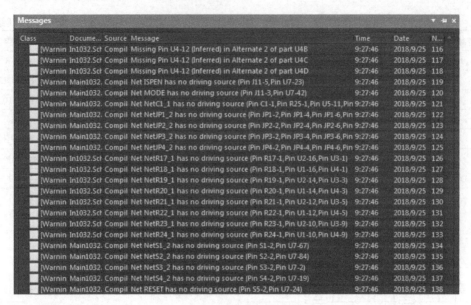

图 10-111 "Messages"对话框

（2）生成元器件报表可以了解元器件的使用情况，便于制版后的焊接。执行菜单命令 Report→ Bill of Material，打开生成元器件报表向导，如图 10-112 所示。

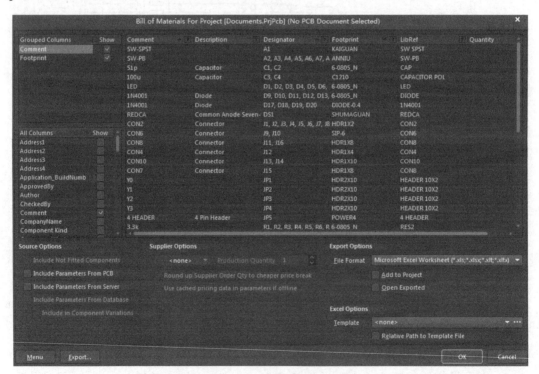

图 10-112 生成元器件报表向导

（3）单击"Export…"按钮，弹出元器件报表保存对话框，指定保存路径即可。生成的元器件报表如图 10-113 所示。

Comment	Description	Designator	Footprint	LibRef	Quantity
SW-SPST		A1	KAIGUAN	SW SPST	1
SW-PB		A2, A3, A4, A5, A6, A7, A8	ANNIU	SW-PB	9
51p	Capacitor	C1, C2	6-0805_N	CAP	2
100u	Capacitor	C3, C4	C1210	CAPACITOR POL	2
LED		D1, D2, D3, D4, D5, D6,	6-0805_N	LED	16
1N4001	Diode	D9, D10, D11, D12, D13,	6-0805_N	DIODE	8
1N4001	Diode	D17, D18, D19, D20	DIODE-0.4	1N4001	4
REDCA	Common Anode Seven-	DS1	SHUMAGUAN	REDCA	1
CON2	Connector	J1, J2, J3, J4, J5, J6, J7, J8	HDR1X2	CON2	8
CON6	Connector	J9, J10	SIP-6	CON6	2
CON8	Connector	J11, J16	HDR1X8	CON8	2
CON4	Connector	J12	HDR1X4	CON4	1
CON10	Connector	J13, J14	HDR1X10	CON10	2
CON7	Connector	J15	HDR1X8	CON8	1
Y0		JP1	HDR2X10	HEADER 10X2	1
Y1		JP2	HDR2X10	HEADER 10X2	1
Y2		JP3	HDR2X10	HEADER 10X2	1
Y3		JP4	HDR2X10	HEADER 10X2	1
4 HEADER	4 Pin Header	JP5	POWER4	4 HEADER	1
3.3k		R1, R2, R3, R4, R5, R6, R	6-0805_N	RES2	8
470		R9, R10, R11, R12, R13,	6-0805_N	RES2	8
3k		R17, R18, R19, R20, R21,	6-0805_N	RES2	8
10M		R25	6-0805_N	RES2	1
16PIN		RP1, RP2, RP3, RP4	IDC16	16PIN	4
10k		RP5, RP6	SO-16_N	RESPACK4	2
680		RP7, RP8	SO-16_N	RESPACK4	2
IN4		S1	ANNIU	SW-PB	1
IN5		S2	ANNIU	SW-PB	1
IN6		S3	ANNIU	SW-PB	1
IN7		S4	ANNIU	SW-PB	1
SW DIP-8	DIP Switch	S6	DIP-16	SW DIP-8	1
TLP521		U1, U2	SO-16_N	TLP521	2
SN74LS14	Hex Inverter SCH	U3	751A-02_N	SN7414	1
SN74LS14	Hex Inverter SCH	U4	SO-14	SN7414	1
CD4060B	ASYNCHRONOUS 14-STA	U5	DIP-16	MM74HC4060	1
LM7805CT(3)	1A LOW DROPOUT REG	U6	TO-220_A	LM7805CT(3)	1
ISPLSI1032-80LJ(84)	In-System Programmabl	U7	PLCC84_N	ISPLSI1032-50LJ(84)	1
32768	Crystal	Y1	XTAI-1	CRYSTAL	1

图 10-113　生成的元器件报表

10.5.3　CPLD（基于 ISPLSI1032）最小系统 PCB 设计

1．规划 PCB

（1）规划 PCB 需执行菜单命令 File→New，选择"PCB Document"图标，新建"ISPLSI1032.PcbDoc"文件。

（2）在新建的 PCB 环境下，按下快捷键 L，弹出"View Configuration"对话框，在对话框中可进行板层的设置。

（3）绘制电路板框和坐标，在 PCB 编辑环境下，切换到 Mechanical1 层。使用绘制直线图标 设置原点，执行菜单命令 Edit→Origin→Set 进行设置。

（4）单击工具栏中的 图标放置尺寸线，"Main1032.SchDoc"原理图的 PCB 线宽为 110 mm，高为 73 mm；"In1032.SchDoc"原理图的 PCB 线宽为 50 mm，高为 65 mm；"Out1032.SchDoc"原理图的 PCB 线宽为 72 mm，高为 55 mm，如图 10-114～图 10-116 所示。

图 10-114　"Main1032.SchDoc"原理图的 PCB 尺寸　　图 10-115　"In1032.SchDoc"原理图的 PCB 尺寸

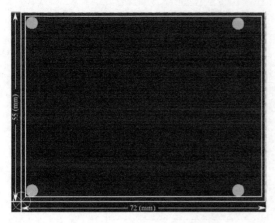

图 10-116 "Out1032.SchDoc"原理图的 PCB 尺寸

2. 新建个人封装库

（1）执行菜单命令 File→New→Library→PCB Library，新建封装库文件。

（2）双击打开文件，执行菜单命令 Tool→Footprint Wizard，打开元器件封装制作向导。若不用向导则单击"Cancel"按钮，打开"PCB Library"对话框，新建封装，进入元器件封装编辑环境。

（3）为了方便使用，在制作完封装后要设置元器件封装的参考点。设置参考点可执行菜单命令 Edit→Set Reference。

（4）制作元器件封装需要设置的部分及其尺寸如图 10-117～图 10-118 所示。

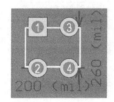

图 10-117 按钮

图 10-118 开关

3. 加载网络

打开"ISPLSI1032.PcbDoc"文件，执行菜单命令 Design→Import Changes From Documents.PrjPcb，弹出"Engineering Change Order"对话框，对话框中列出了元器件封装和网络标号等信息，如图 10-119 所示。单击"Validate Changes"按钮，检查元器件封装和网络标号是否存在问题。

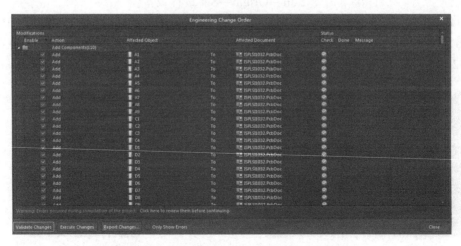

图 10-119 "Engineering Change Order"对话框

如果出现错误，需要在原理图中修改后，重复上一步的操作。如果没有错误，单击"Engineering Change Order"对话框中的"Execute Changes"按钮便可加载元器件封装和网络，如图 10-120 所示。

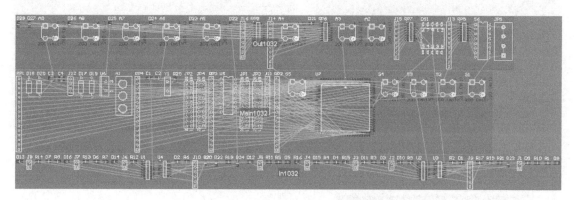

图 10-120　加载元器件封装和网络

4．布局与布线

按照设计要求完成布局与布线的 PCB 如图 10-121～图 10-123 所示。

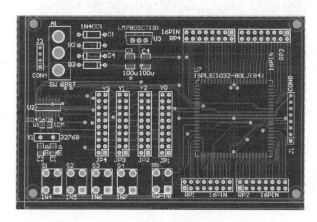
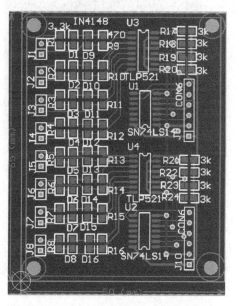

图 10-121　按照要求完成布局与布线的 　　　图 10-122　按照要求完成布局与布线的
"Main1032.SchDoc" 原理图的 PCB 　　　　　　"In1032.SchDoc" 原理图的 PCB

补泪滴实际上就是将焊盘与铜膜线之间的连接点加宽，保证连接的可靠性。通过执行菜单命令 Tools→Teardrops 可完成设置。在 PCB 设计中，正确地接地可阻止大部分的干扰问题，而将电路板中的地线与敷铜结合使用是抗干扰的最有效手段。添加泪滴和敷铜的 PCB 如图 10-124～图 10-126 所示。

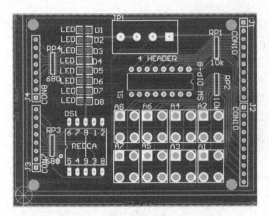

图 10-123 按照要求完成布局和布线的
"Out1032.SchDoc"原理图的 PCB

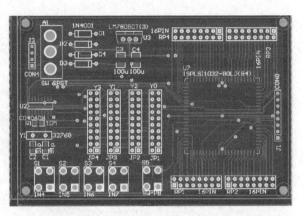

图 10-124 "Main1032.SchDoc"原理图的
PCB 添加泪滴和敷铜

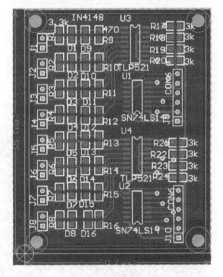

图 10-125 "In1032.SchDoc"原理图的 PCB
添加泪滴和敷铜

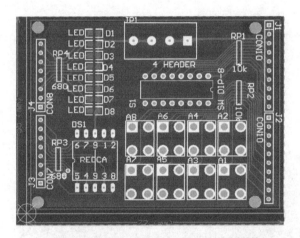

图 10-126 "Out1032.SchDoc"原理图的
PCB 添加泪滴和敷铜

10.6 DSP（基于 TMS320F2407）最小系统电路板设计

10.6.1 DSP（基于 TMS320F2407）最小系统原理

一个典型的 DSP 最小系统包括 DSP 芯片、电源电路、复位电路、时钟电路和 JTAG 接口电路等。考虑到与 PC 通信的需要，最小系统一般还需增添通信接口电路。本节以 TI 公司 C2000 系列的 TMS320F2407 为例介绍 DSP 最小系统的组成和功能。

1．电源电路

TI 公司推出了一些双路低压差电源调整器，即 Low Drop Regulator，其中 TPS767D301 是其最近推出的双路低压差（且其中一路还可调）电压调整器，非常适用于 DSP 应用系统中的电源设计。AMS1117-3.3 电源转换芯片（UP1）作为 5 V 转 3.3 V 的高性能稳压芯片，为整个电路提供稳定可靠的主电源 VCC（3.3V），电源电路如图 10-127 所示。

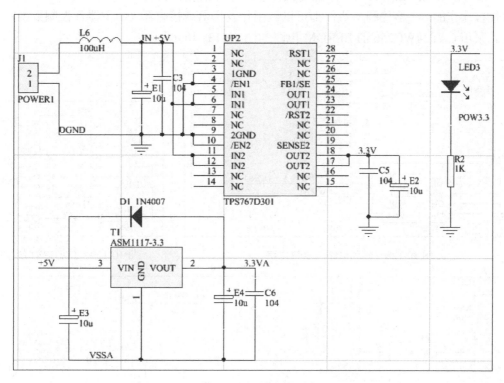

图 10-127　电源电路

2．时钟电路与复位电路

系统采用 10 MHz 的有源晶振，提供可靠的时钟。复位电路采用 IPM706 芯片。时钟电路与复位电路如图 10-128 所示。

3．JTAG 接口电路

JTAG 接口电路提供对 DSP 内部"FLASH"的烧写和仿真调试。DSP 仿真器通过 DSP 芯片上提供的扫描仿真引脚实现仿真功能，扫描仿真消除了传统电路仿真存在的电缆过长引起信号失真以及仿真插头可靠性差等问题。采用扫描仿真，使得在线仿真成为可能，给调试带来极大方便。JTAG 接口电路图 10-129 所示。

4．CAN 总线接口电路

TMS320F2407 内置 CAN2.0 控制器。系统中的 CAN 总线收发器采用的型号是 TJA1050。它将 CANTX 信号和 CANRX 信号转化为 CANH 信号和 CANL 信号，在 CAN 总线上传输。CAN 总线接口电路如图 10-130 所示。

5．存储器电路

存储器选择 CAT24WC256，CAT24WC256 支持 I2C 总线数据传输协议，I2C 总线数据传送协议规定：任何将数据传输到总线的器件为发送器，任何从总线接收数据的器件为接收器，数据传输是由产生串行时钟和所有起始停止信号的主器件控制的，CAT24WC256是作为从器件被操作的。主器件和从器件都可以被用作发送器或接收器，由主器件控制数据发送或接收。采用CAT24WC256的EEROM电路如图10-131所示。

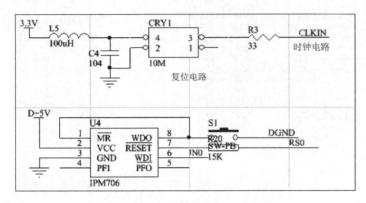

图10-128 时钟电路与复位电路　　　　　图10-129 JTAG接口电路

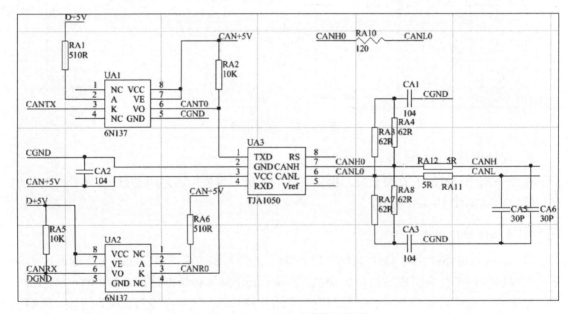

图10-130 CAN总线接口电路

ISSI的IS61LV6416是一个1MB容量，结构为64KB×16 bit的高速率静态随机存取存储器（SRAM）。IS61LV6416采用ISSI公司的高性能CMOS工艺制造。高度可靠的工艺水准加上创新的电路设计技术，使得IS61LV6416的存取时间可快至8 ns，并且具备低功耗的优点。采用IS61LV6416的RAM电路如图10-132所示。

6. 键盘接口电路

键盘接口电路提供外部键盘的安装与输入，键盘属于输入设备，可提供外部信号的输入。键盘接口电路如图10-133所示。

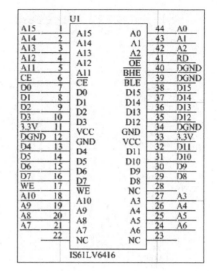

图 10-131　EEROM 电路　　　　图 10-132　RAM 电路

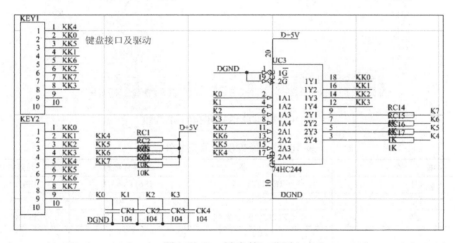

图 10-133　键盘接口电路

10.6.2　DSP（基于 TMS320F2407）最小系统原理图设计

1. 新建原理图文件

在工程列表下新建原理图文件 "DSP-TMS320F2407.SchDoc"。

绘制 "DSP-TMS320F2407.SchDoc" 原理图包括绘制 TMS320F2812 单片机、复位和晶振电路、通信接口电路、CAN 总线接口电路、键盘接口电路、JTAG 接口电路、存储器电路和电源电路，操作步骤如下。

（1）添加元器件库 Miscellaneous Connectors.IntLib、Miscellaneous Devices.IntLib 和 Maxim Communication Transceiver.IntLib，所用元器件多数均可在这 3 个元器件库中查找到。

（2）在工程列表下新建元器件库文件 "DSP-TMS320F2407.SchLib"，绘制 TMS320F2407 单片机，如图 10-134 所示。

（3）原理图中的元器件属性见表 10-11。

图 10-134　TMS320F2407 单片机

表 10-11　原理图中的元器件属性

编　　号	封　　装	元器件名称	元器件类型
U1	TSOP(2)_44	IS61LV6416	IS61LV6416
U2	SO-14	74LS08	74 HC08
U3	F-QFP20X20-G144/N	TMS320LF2407A	TMS320LF2407A
U4	SOW-8	MAX707	IPM706
U5	SOW-8	24L256	CAT24WC256
UP1	DIP14P	DCP010505DP	DCP010505D
UP2	TSSO8X6-G28/Z7.2	TPS767D325	TPS767D301
UA1，UA2	DIP8	6N137	6N137
UA3	SO-8	PCA82C250	TJA1050
UR1 UR2	DIP8	6N137	6N137
UC1，UC2，UC3，UC4	SOJ-20	74LS244	74HC244
C1	0805	CAP	6800 p
C2	0805	CAP	0.33
C3～C15	0805	CAP	104
CK1～CK4	0805	CAP	104
CT1～CT11	0805	CAP	104
CV1～CV4	0805	CAP	104
CC1，CC2	RAD0.2	CAP	104
CA1～CA4	0805	CAP	104
CA5，CA6	0805	CAP	30 P
CP1，CP2	0805	CAP	105

（续表）

编 号	封 装	元器件名称	元器件类型
CAD1~CAD16，CV5	0805	CAP	104
CRY1	MIN-4SMD	Header 2X2	10 M
R1	0805	RES2	16
R15，R17，R18	0805	RES2	10 K
R20	0805	RES2	15 K
R13，R14，R2	0805	RES2	1 K
R6~R12	0805	RES2	10 K
R5	0805	RES2	2.7 K
R19	0805	RES2	1 M
R3	0805	RES1	33
R4	0805	RES2	0 R
RC1~RC13	0805	RES2	10 K
RC14~RC17	0805	RES2	1 K
RA3，RA4，RA7，RA8	0805	RES2	62 R
RA12，RA11	0805	RES2	5 R
RA10	0805	RES1	120
RA1，RA6	0805	RES2	510 R
RA2，RA5	0805	RES2	10 K
RA9	0805	RES2	1 M
RR1	0805	RES2	510 R
RR2	0805	RES2	10 K
RC7	0805	RES2	10 K
L1~L5	1206	INDUCTOR	100 μH
L6	LD	INDUCTOR	100 μH
LP1	1206	INDUCTOR IRON	100 μH
J1	D2P	CON2	POWER1
J2	HDR2X10	Header 10X2	IO
J6	HDR1X4	Header 4	CAN_64 路
J3	HDR1X5	Header 5	SPI
JP1，JP3	HDR1X3	Header 3	JUMP
JP2	HDR2X7	Header 7X2	JTAG
J5	HDR2X17	Header 7X2	AD
J4	HDR1X4	Header 4	CAN_POWER 或 DSP1
E1~E4	3520	ELECTRO1	10 μ
D1	3528	DIODE	1N4007
LED2，LED1	LED	LED	LED
LED3	LED	LED	POW3.3
T1	SOT-223	ASM1117	ASM1117-3.3
S1	HDR1X2	SW-PB	SW-PB
KEY1	HDR1X10	Header 10	KEY1
RTXD1	HDR1X5	Header 5	XHC5P
LCD1	HDR2X10	Header 10X2	CON20
KEY2	HDR1X10	Header 10	KEY2
EP1，EP2	3520	ELECTRO1	10 μ
ZD1	3.3	DIODE SCHOTTKY	5.1 V

（4）将所用元器件按照功能放置到原理图中，如图 10-135 所示。

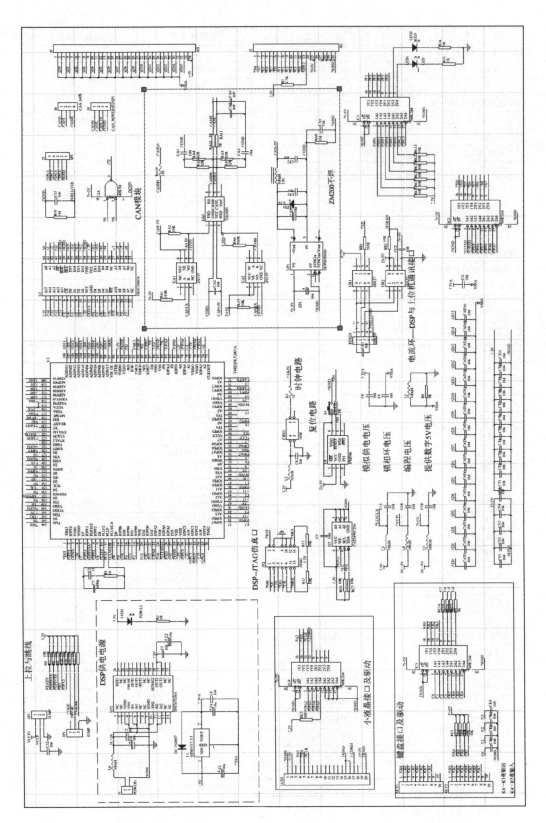

图 10-135 "DSP-TMS320F2407.SchDoc" 原理图

(5) 实现电气连接,可采用直接连线的方法,也可采用网络标号的方法,在本例的原理图设计中,采用的是两种方法的结合,可使原理图设计更加灵活。

(6) 连接好电路原理图后,对元器件进行自动标注,执行菜单命令 Tools→Annotation→Annotate Schematics…,在"Schematic Annotation Configuration"对话框中设置标注。

2. 工程编译和生成元器件报表文件

(1) 执行菜单命令"Project→Compile PCB Project Ducuments.PrjPcb",进行工程编译操作,在"Messages"对话框中显示的是网络存在的各种错误和警告信息,如图10-136所示。按照提示进行修改,直至正确为止。

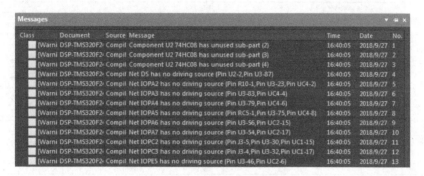

图 10-136 "Messages"对话框

(2) 生成元器件报表可以了解元器件的使用情况,便于制版后的焊接。执行菜单命令 Report→ Bill of Material,打开生成元器件报表向导,如图10-137所示。

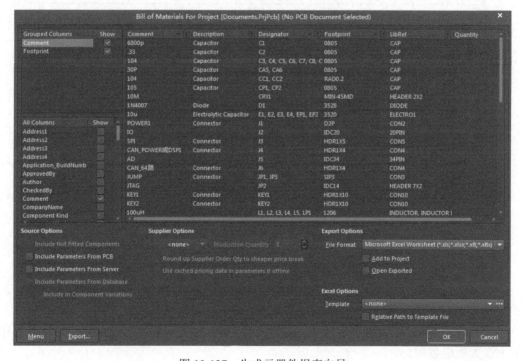

图 10-137 生成元器件报表向导

（3）单击"Export…"按钮，弹出元器件报表保存对话框，指定保存路径即可。生成的元器件报表如图 10-138 所示。

Comment	Description	Designator	Footprint	LibRef	Quantity
6800p	Capacitor	C1	0805	CAP	1
.33	Capacitor	C2	0805	CAP	1
104	Capacitor	C3, C4, C5, C6, C7, C8, C...	0805	CAP	53
30P	Capacitor	CA5, CA6	0805	CAP	2
104	Capacitor	CC1, CC2	RAD0.2	CAP	2
105	Capacitor	CP1, CP2	0805	CAP	2
10M		CRY1	MIN-4SMD	HEADER 2X2	1
1N4007	Diode	D1	3528	DIODE	1
10u	Electrolytic Capacitor	E1, E2, E3, E4, EP1, EP2	3520	ELECTRO1	6
POWER1	Connector	J1	D2P	CON2	1
IO		J2	IDC20	20PIN	1
SPI	Connector	J3	HDR1X5	CON5	1
CAN_POWER或DSP1	Connector	J4	HDR1X4	CON4	1
AD		J5	IDC34	34PIN	1
CAN_64终	Connector	J6	HDR1X4	CON4	1
JUMP	Connector	JP1, JP3	SIP3	CON3	2
JTAG		JP2	IDC14	HEADER 7X2	1
KEY1	Connector	KEY1	HDR1X10	CON10	1
KEY2	Connector	KEY2	HDR1X10	CON10	1
100uH		L1, L2, L3, L4, LP1	1206	INDUCTOR, INDUCTOR I	6
100uH		L6	LD	INDUCTOR	1
CON20	Connector	LCD1	HDC20	CON20	1
LED		LED1, LED2	LED	LED	2
POW3.3		LED3	LED	LED	1
16		R1	0805	RES2	1
1K		R2, R13, R14, RC14, RC1...	0805	RES2	7
33		R3	0805	RES1	1
0R		R4	0805	RES2	1
2.7K		R5	0805	RES2	1
10K		R6, R7, R8, R9, R10, R11...	0805	RES2	26
1M		R19, RA9	0805	RES2	2
15K		R20	0805	RES2	1
510R		RA1, RA6, RR1	0805	RES2	3
62R		RA3, RA4, RA7, RA8	0805	RES2	4
120		RA10	0805	RES1	1
5R		RA11, RA12	0805	RES2	2
XHC5P	Connector	RTXD1	HDR1X5	CON5	1
SW-PB		S1	HDR1X2	SW-PB	1
ASM1117-3.3		T1	SOT-223	ASM1117	1
IS61LV6416		U1	TSOP(2)_44	IS61LV6416	1
74HC08		U2	SO-14	74LS08	1
TMS320LF2407A		U3	F-QFP20X20-G144/N	TMS320LF2407A	1
IPM706		U4	SOW-8	MAX707	1
CAT24WC256		U5	SOW-8	24L256	1
6N137		UA1, UA2, UR1, UR2	DIP8	6N137	4
TJA1050		UA3	SO-8	PCA82C250	1
74HC244		UC1, UC2, UC3, UC4	SOJ-20	74LS244	4
DCP010505D		UP1	DIP14P	DCP010505DP	1
TPS767D301		UP2	TSSO8X6-G28/Z7.2	TPS767D325	1
5.1V	Schottky Diode	ZD1	3.3	DIODE SCHOTTKY	1

图 10-138 生成的元器件报表

10.6.3 DSP（基于 TMS320F2407）最小系统 PCB 设计

1. 规划 PCB

（1）规划 PCB 需执行菜单命令 File→New，选择"PCB Document"图标，新建"DSP-TMS320F2407.PcbDoc"文件。

（2）在新建的 PCB 环境下，按下快捷键 L，弹出"View Configuration"对话框，在对话框中设置板层参数。

（3）绘制电路板框和坐标，在 PCB 编辑环境下，切换到 Mechanical1 层。使用绘制直线图标≋设置原点，执行菜单命令 Edit→ Origin→ Set 进行设置。

（4）单击工具栏中的 图标放置尺寸线，PCB 线宽为 100 mm，高为 130 mm，如图 10-139 所示。

2．新建个人封装库

（1）执行菜单命令 File→New→Library→ PCB Library，新建封装库文件。

（2）双击打开文件，执行菜单命令 Tool→Footprint Wizard，打开元器件封装制作向导。若不用向导则单击"Cancel"按钮，打开"PCB Library"对话框，新建封装，进入元器件封装编辑环境。

（3）为了方便使用，在制作完封装后要设置元器件封装的参考点。设置参考点可执行菜单命令 Edit→Set Reference。

图 10-139 "DSP-TMS320F2407.PcbDoc" 原理图的 PCB 尺寸

（4）制作元器件封装需要设置的部分及其尺寸如图 10-140～图 10-144 所示。

 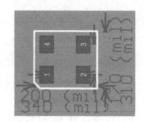 

图 10-140 电源芯片　　　图 10-141 复位芯片　　　图 10-142 接线端口

图 10-143 稳压管　　　图 10-144 TMS320F2407

3．加载网络

打开"DSP-TMS320F2407.PcbDoc"文件，执行菜单命令 Design→Import Changes From Documents.PrjPcb，弹出"Engineering Change Order"对话框，如图 10-145 所示。对话框中列出了元器件封装和网络标号等信息，单击"Validate Changes"按钮，检查元器件封装和网络标号是否存在问题。

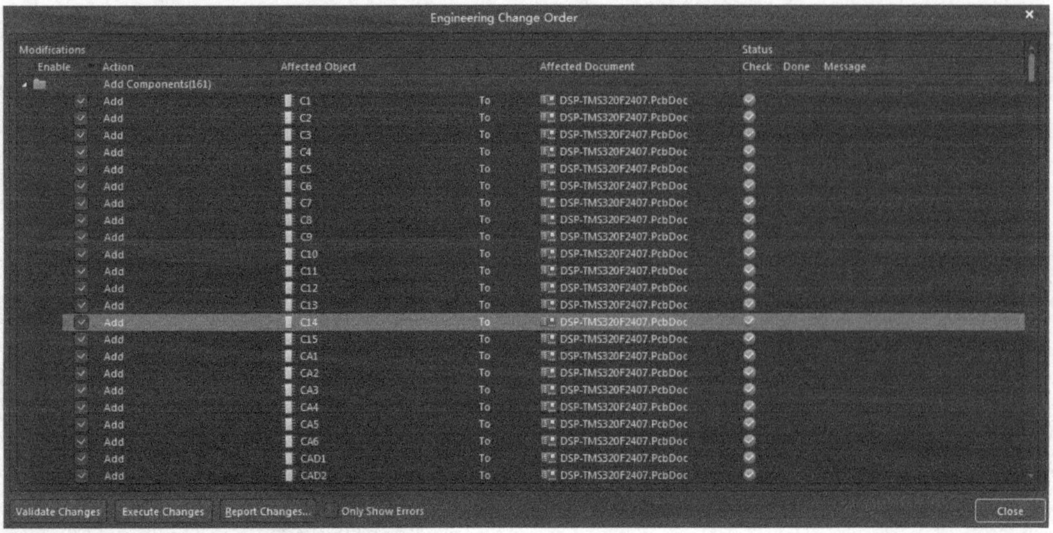

图 10-145 "Engineering Change Order"对话框

如果出现错误，需要在原理图中修改后，重复上一步的操作。如果没有错误，单击"Engineering Change Order"对话框中的"Execute Changes"按钮便可加载元器件封装和网络，如图 10-146 所示。

图 10-146 加载元器件封装和网络

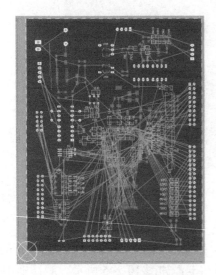

图 10-147 "DSP-TMS320F2407.PcbDoc"原理图完成初步布局

4．布局与布线

按照电路原理图完成初步布局，如图 10-147 所示。

设置布线规则，电源（+5V）和地线（GND）线宽设置为30 mil。布线规则如图 10-148 所示。

PCB 布线采用手动布线的方法，根据电路板布线的一般原则，围绕核心元器件分区域布线，先对地线、电源线和关键元器件（DSP）进行布线，再对其他连线进行布线，其整体布线结果如图 10-149 所示。

补泪滴实际上就是将焊盘与铜膜线之间的连接点加宽，保证连接的可靠性。通过执行菜单命令 Tools→Teardrops 可完成设置，如图 10-150 所示。

在 PCB 设计中，正确地接地可阻止大部分的干扰问题，而将电路板中的地线与敷铜结合使用是抗干扰的最有效手段，添加敷铜的 PCB 如图 10-151 所示。

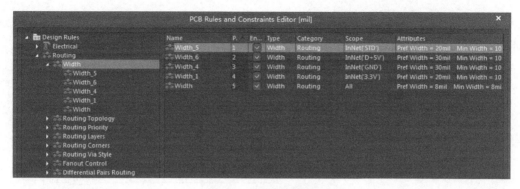

图 10-148 布线规则

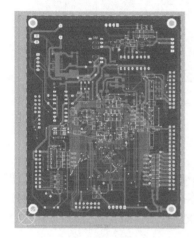

图 10-149 整体布线结果

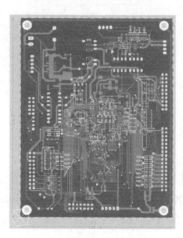

图 10-150 补泪滴

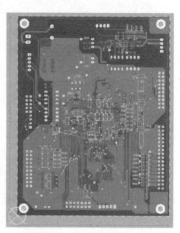

图 10-151 添加敷铜的 PCB

10.7 DSP（基于 TMS320F2812）最小系统电路板设计

10.7.1 DSP（基于 TMS320F2812）最小系统原理

一个典型的 DSP 最小系统应包括 DSP 芯片、电源电路、复位电路、时钟电路和 JTAG 接口电路。考虑到与 PC 通信的需要，最小系统一般还需增添通信接口电路。本节采用 TI 公司 C2000 系列的 TMS320F2812，它是性价比较高的一款器件。该器件集成了丰富而先进的外设，如 128 KB 的 Flash 存储器、4 KB 的引导 ROM、数学运算表、电机控制外设、通信接口外设、2 KB 的 OTP ROM 以及 16 通道高性能 12 位模数转换模块，TMS320F2812 还集成了两个采样保持电路，可以实现双通道信号同步采样，同时具有很高的运算精度（32 位）和系统处理能力（达到 150 MIPS），可广泛应用于电力自动化、电机控制和变频家电等领域。

1. 电源电路

如图 10-152 所示，电源可由外部电源引入，电源插孔 JP1（5V Power）的标识为内正外负，+5 V 稳压直流电源输入，P_SWITCH 是电源的开关。AMS1117-3.3 电源转换芯片

(UP1)作为 5 V 转 3.3 V 的高性能稳压芯片,为整个电路提供稳定可靠的主电源 VCC(3.3 V)。AMS1117-1.8 电源转换芯片(UP2)提供 1.8 V 的电压,供 DSP 内核使用。AMS1117-3.3 和 AMS1117-1.8 输出后并联的 47 μF 电容不能省略,这样能更好地保证电源质量。

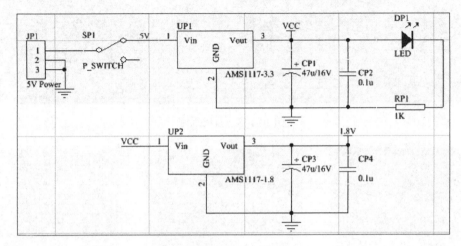

图 10-152　电源电路

2．时钟电路

TMS320F2812 的时钟可以有两种连接方式,即外部振荡器方式和谐振器方式。如果使用内部振荡器,则必须在 X1/XCLKIN 和 X2 两个引脚之间连接一个石英晶体。如果采用外部时钟,可将输入时钟信号直接连到 X1/CLKIN 引脚上,将 X2 悬空。时钟电路如图 10-153 所示。

3．复位电路

使用 RC 电路能保证 DSP 芯片可靠复位,并提供手动复位按钮,方便调试。复位电路如图 10-154 所示。

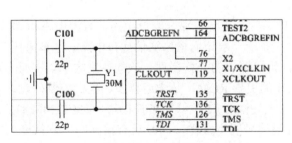

图 10-153　时钟电路

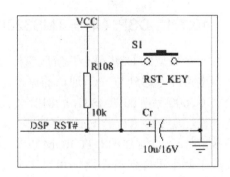

图 10-154　复位电路

4．JTAG 接口电路

JTAG 接口电路提供对 DSP 内部"FLASH"的烧写和仿真调试。DSP 仿真器通过 DSP 芯片上提供的扫描仿真引脚实现仿真功能,扫描仿真消除了传统电路仿真存在的电缆过长引起信号失真以及仿真插头可靠性差等问题。采用扫描仿真,使得在线仿真成为可能,给调试带来极大方便。JTAG 接口电路如图 10-155 所示。

5. 通信接口电路

TMS320F2812 内置 CAN2.0 控制器。系统中的 CAN 总线收发器采用的型号是 SN65HVD230。它将 CANTXA 信号和 CANRXA 信号转化为 CANH 信号和 CANL 信号在 CAN 总线上传输。图 10-156 中的 SN65HVD230 是 3.3 V 供电的芯片,不是 5 V 供电的 PCA82C250 芯片。CAN 总线接口电路如图 10-156 所示。

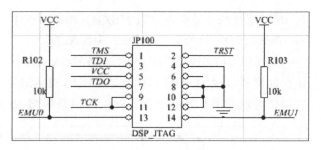

图 10-155　JTAG 接口电路

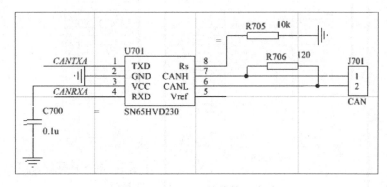

图 10-156　CAN 总线接口电路

SP3223E 是 SIPEX 公司生产的 RS-232 收发器,它支持 EIA/TIA-232 和 ITU-TV.28/V.24 通信协议,适用于便携式设备(如笔记本电脑和 PDA)。SP3223E 内有一个高效电荷泵,可在 +3.0 V～+5.5 V 电源下产生±5.5 V 的 RS-232 电平。在满负载时,SP3223E 可以 235 kbps 的数据传输速率工作。SP3223E 是一个双驱动器/双接收器芯片,其通信接口电路如图 10-157 所示。

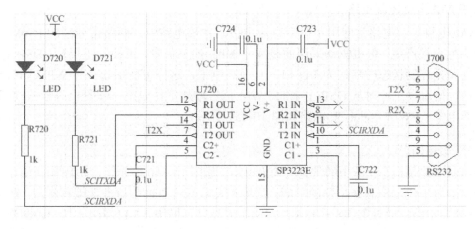

图 10-157　SP3223E 通信接口电路

6. 存储器电路

本例中选用的 RAM 型号为 IS61LV25616AL,大小为 256KB×16 bit。这里用了 A0～A17,

共 18 根地址线（最大内存为 256KB）和 D0～D15，共 16 根数据线。片选（CS2）信号和读写（WR、RD）信号都是由 DSP 引出来的。

外扩的 FLASH 型号为 SST39VF800A，大小为 512KB×16 bit，方便用户烧写较大程序。该存储器和 SRAM 的区别就是地址线比 SRAM 多了一根，所以最大存储可以达到 512KB，片选信号选择用 CS6AND7#。存储器电路如图 10-158 所示。

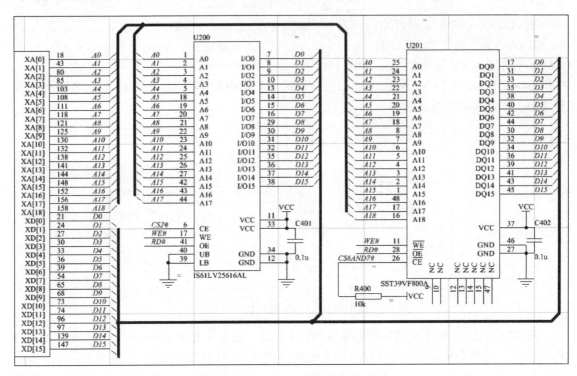

图 10-158　存储器电路

7．PWM 电机控制电路

PWM 电机控制电路常应用于微型直流电机。在该电路中，两路带死区的 PWM 信号从 DSP 引脚上直接产生。电机驱动采用的是 4 个 NPN 的三极管，可控制正反转。DSP 的 PWM 口在复位和无控制状态时默认为 I/O 口，且为高电平，这样可能引起 4 个 NPN 同时导通。为防止这种情况发生，对从 DSP 出来的 PWM 信号增加下拉电阻，即复位时给 NPN 基极施加的是低电平。PWM 电机控制电路如图 10-159 所示。

8．输出电路

蜂鸣器电路是最小系统中的常见的输出电路，如图 10-160 所示。此电路构成简单，只需要一个控制电平便可控制蜂鸣器的鸣叫，具体声音节奏可通过微处理器编程实现。图 10-161 为 LCD 接口电路，此处 LCD 采用 RT12864-I 液晶显示模块。RT12864-I 是一种图形点阵液晶显示器，它主要由行驱动器/列驱动器及 128×64 全点阵液晶显示器组成，可完成图形显示，也可以显示 8×4（16×16 点阵）个汉字。

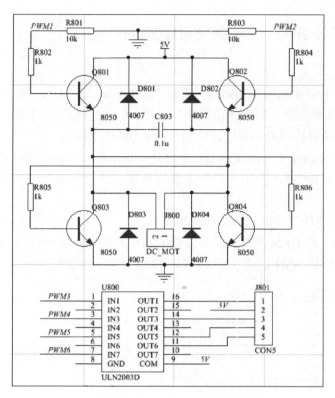

图 10-159 PWM 电机控制电路

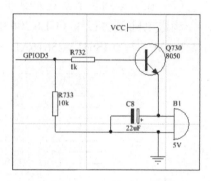

图 10-160 蜂鸣器电路

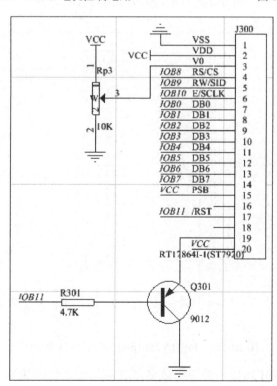

图 10-161 LCD 接口电路

10.7.2 DSP（基于 TMS320F2812）最小系统原理图设计

1. 新建原理图文件

在工程列表下新建原理图文件"DSP-F2812.SchDoc"。绘制"DSP-F2812.SchDoc"原理图包括绘制 TMS320F2812、复位和晶振电路、RS232 通信接口电路、CAN 总线接口电路、输出接口电路、JTAG 接口电路、存储器接口电路和电源电路，具体操作步骤如下。

（1）添加使用的元器件库 Miscellaneous Connectors.IntLib、Miscellaneous Devices.IntLib 和 Maxim Communication Transceiver.IntLib，所用元器件多数均可在这 3 个元器件库中查找到。

（2）在工程列表下新建元器件库文件"DSP-F2812.SchLib"。

步进电机驱动芯片（ULN2003D）和 CAN 收发器芯片（SN65HVD230）如图 10-162 所示，RAM 芯片（IS61LV25616AL）和 FLASH 芯片（SST39VF800A）如图 10-163 所示。

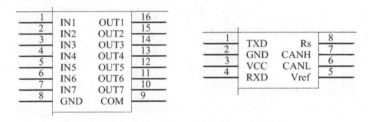

图 10-162　ULN2003D 和 SN65HVD230

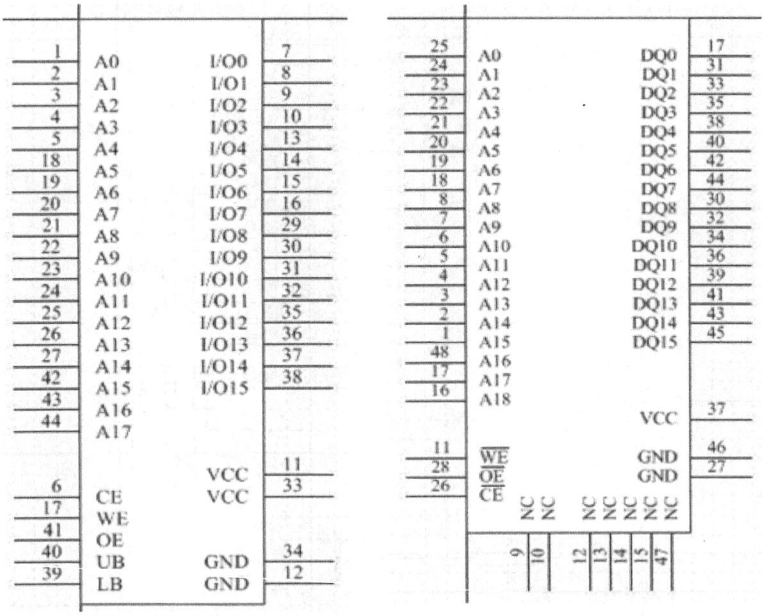

图 10-163　IS61LV25616AL 和 SST39VF800A

DSP 芯片（TMS320F2812）的引脚较多，在制作元器件时采用制作多组件元器件的方法，将 DSP 芯片分为 4 部分制作，如图 10-164 所示。

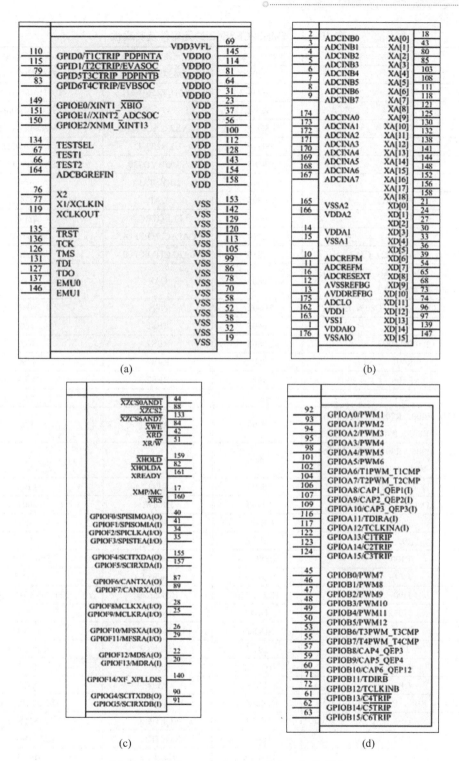

图 10-164 将 TMS320F2812 分为 4 部分制作

（3）TMS320F2812 的元器件及其属性见表 10-12。

表 10-12　TMS320F2812 的元器件及其属性

编　号	封　装	元器件名称	元器件类型
U100	QFP176	TMS320F2812	TMS320F2812
U200	QFP44-3	IS61LV25616AL	IS61LV25616AL
U201	SOP48	SST39VF800A	SST39VF800A
U720	SO-16	MAX232ACPE(16)	MAX3232CSE
U800	SO-16	ULN2003D	ULN2003D
U701	SO-8	SN65HVD230	SN65HVD230
Y1	XTAL1	CRYSTAL	30M
C100 C101	0805	CAP	22p
C8	0805	ELECTRO2	22μF
Cr	1210	CAPACITOR POL	10μ/16V
CP1、CP3、C122、C123	1210	CAPACITOR POL	47μ/16V
C721、C722、C723、C724、C700、C803、C401、C402、CP2、CP4	0805	CAP	0.1μ
Q730、Q801、Q802、Q803、Q804	TO-92A	NPN	8050
R706	0805	RES2	120
R100、R733	0805	RES2	10K
R301	805	RES2	4.7K
R106	805	RES2	24K9
Rp3	RES10	POT2	10K
R102、R103、R400、R705、R101、R801、R803、R108	0805	RES2	10k
R720、R721、R805、R806、R802、R804、RP1、R732	0805	RES2	1k
D720、D721	0805	LED	LED
D801、D802、D803、D804	EJ4001	DIODE	4007
J700	DB-9/M	DB9	RS232
B1	BELL	BELL	5V
JP100	HDR2X8	Header 7X2	DSP_JTAG
J801	HDR1X5	Header 5	CON5
J300	HDR1X20	Header 20	RT12864I-1(ST7920)
J701	JXDZ	Header 2	CAN
J800	JXDZ	Header 2	DC_MOT
JP1	DC-1	Header 3	5V Power
Q301	TO-92A	PNP	9012
DP1	0805	LED	LED
P100、P101、P102、P103	HDR2X17	Header 16X2	HEADER 16X2
UP1	TO-220	VOLTREG	AMS1117-3.3
UP2	TO-220	VOLTREG	AMS1117-1.8
P104	HDR1X2	Header 2	MP/MC
SP1	KAIGUAN	SW SPDT	P_SWITCH
S1	ANNIU	SW-PB	RST_KEY

（4）将所用元器件按照功能放置到原理图中，如图 10-165 所示。

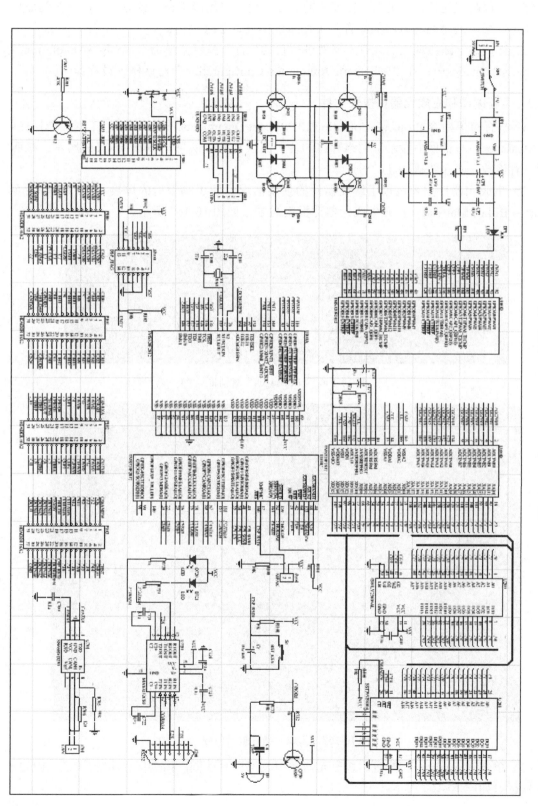

图 10-165 "DSP-F2812.SchDoc" 原理图

（5）实现电气连接，可采用直接连线的方法，也可采用网络标号的方法，在本例的原理图设计中，采用的是两种方法的结合，可使原理图设计更加灵活。

（6）连接好电路原理图后，对元器件进行自动标注，执行菜单命令 Tools→Annotation→Annotate Schematics…，在"Schematic Annotation Configuration"对话框中设置标注。

2．工程编译和生成元器件报表文件

（1）执行菜单命令 Project→Compile PCB Project Ducuments.PrjPcb，进行工程编译操作，在"Messages"对话框中显示了网络存在的各种错误和警告信息，如图 10-166 所示。按照提示进行修改，直至正确为止。

（2）生成元器件报表可以了解元器件的使用情况，便于制版后的焊接。执行菜单命令 Report→ Bill of Material，打开生成元器件报表向导，如图 10-167 所示。

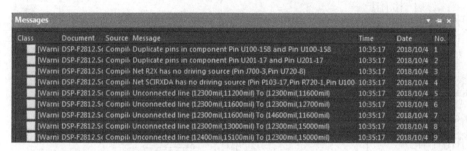

图 10-166　"Messages"对话框

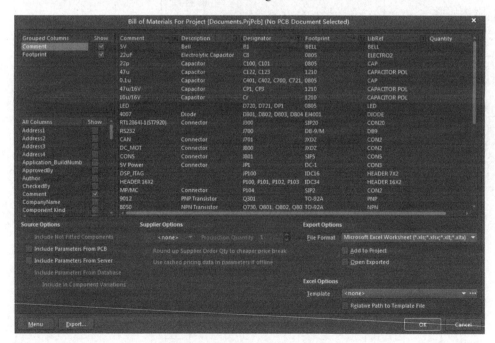

图 10-167　生成元器件报表向导

（3）单击"Export…"按钮，弹出元器件报表保存对话框，指定保存路径即可。生成的元器件报表如图 10-168 所示。

Comment	Description	Designator	Footprint	LibRef	Quantity
5V	Bell	B1	BELL	BELL	1
22uF	Electrolytic Capacitor	C8	0805	ELECTRO2	1
22p	Capacitor	C100, C101	0805	CAP	2
47u	Capacitor	C122, C123	1210	CAPACITOR POL	2
0.1u	Capacitor	C401, C402, C700, C721,	0805	CAP	10
47u/16V	Capacitor	CP1, CP3	1210	CAPACITOR POL	2
10u/16V	Capacitor	Cr	1210	CAPACITOR POL	1
LED		D720, D721, DP1	0805	LED	3
4007	Diode	D801, D802, D803, D804	EJ4001	DIODE	4
RT12864I-1(ST7920)	Connector	J300	SIP20	CON20	1
RS232		J700	DB-9/M	DB9	1
CAN	Connector	J701	JXDZ	CON2	1
DC_MOT	Connector	J800	JXDZ	CON2	1
CON5	Connector	J801	SIP5	CON5	1
5V Power	Connector	JP1	DC-1	CON3	1
DSP_JTAG		JP100	IDC16	HEADER 7X2	1
HEADER 16X2		P100, P101, P102, P103	IDC34	HEADER 16X2	4
MP/MC	Connector	P104	SIP2	CON2	1
9012	PNP Transistor	Q301	TO-92A	PNP	1
8050	NPN Transistor	Q730, Q801, Q802, Q80!	TO-92A	NPN	5
10K		R100, R101, R102, R103	0805	RES2	10
24K9		R106	0805	RES2	1
4.7K		R301	0805	RES2	1
120		R706	0805	RES2	1
1k		R720, R721, R732, R802,	0805	RES2	8
10K	Potentiometer	Rp3	RES10	POT2	1
RST_KEY		S1	ANNIU	SW-PB	1
P_SWITCH		SP1	KAIGUAN	SW SPDT	1
TMS320F2812		U100	QFP176	TMS320F2812	1
IS61LV25616AL		U200	QFP44-3	IS61LV25616AL	1
SST39VF800A		U201	SOP48	SST39VF800A	1
SN65HVD230		U701	SO-8	SN65HVD230	1
MAX3232CSE	+-15KV ESD-PROTECTED	U720	SO-16	MAX232ACPE(16)	1
ULN2003D		U800	SO-16	ULN2003D	1
AMS1117-3.3		UP1	TO-220	VOLTREG	1
AMS1117-1.8		UP2	TO-220	VOLTREG	1
30M	Crystal	Y1	XTAL1	CRYSTAL	1

图 10-168　生成的元器件报表

10.7.3　DSP（基于 TMS320F2812）最小系统 PCB 设计

1. 规划 PCB

（1）规划 PCB 需执行菜单命令 File→New，选择"PCB Document"图标，新建"DSP-F2812.PcbDoc"文件。

（2）在新建的 PCB 环境下，按下快捷键 L，弹出"View Configuration"对话框，设置板层参数。

（3）绘制电路板框和坐标，在 PCB 编辑环境下，切换到 Mechanical1 层。使用绘制直线图标设置原点，执行菜单命令 Edit→Origin→Set 进行设置。

（4）单击工具栏中的 图标放置尺寸线，PCB 线宽为 138 mm，高为 90 mm，如图 10-169 所示。

2. 新建个人封装库

（1）执行菜单命令 File→New→Library→ PCB Library，新建封装库文件。

（2）打开文件，执行菜单命令 Tool→Footprint Wizard，打开元器件封装制作向导，若不用向导则单击"Cancel"按钮。

图 10-169　"DSP-F2812.PcbDoc"原理图的 PCB 尺寸

打开"PCB Library"对话框,新建封装,进入元器件封装编辑环境。

(3)为方便使用,在制作完封装后要设置元器件封装的参考点。设置参考点可执行菜单命令 Edit→Set Reference。

(4)制作元器件封装需要设置的部分及其尺寸如图 10-170~图 10-174 所示。其他一些元器件的封装在前面实战中已经制作,可直接使用。

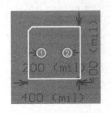 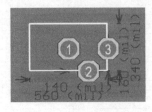 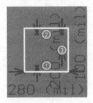

图 10-170　接线端口　　　　图 10-171　电源插口　　　　图 10-172　变阻器

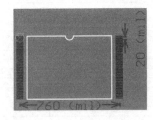 

图 10-173　SST39VF800A　　　　图 10-174　TMS320F2812

3. 加载网络

打开"DSP-F2812.PcbDoc"文件,执行菜单命令 Design→Import Changes From Documents.PrjPcb,弹出"Engineering Change Order"对话框,如图 10-175 所示。对话框中列出了元器件封装和网络标号等信息,单击"Validate Changes"按钮可检查元器件封装和网络标号是否存在问题。

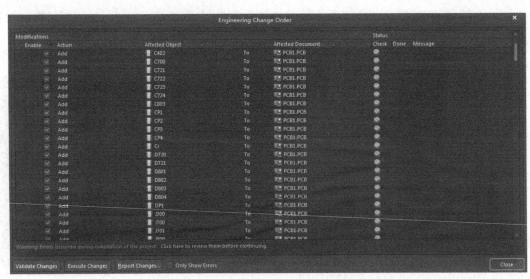

图 10-175　"Engineering Change Order"对话框

如果出现错误，需要在原理图中修改后，重复上一步的操作。如果没有错误，单击"Engineering Change Order"对话框中的"Execute Changes"按钮便可加载元器件封装和网络，如图 10-176 所示。

图 10-176　加载元器件封装和网络

4．布局与布线

按照电路原理图完成初步布局，如图 10-177 所示。

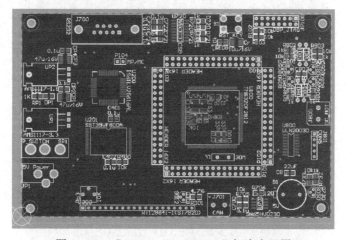

图 10-177　"DSP-F2812.PcbDoc"初步布局图

设置布线规则，电源（+5V）和地线（GND）线宽设置为 30 mil，其他走线为 12 mil。布线规则如图 10-178 所示。

图 10-178　布线规则

PCB 布线采用手动布线的方法，根据电路板布线的一般原则，围绕核心元器件分区域布线，先对地线、电源线和关键元器件（DSP）进行布线，如图 10-179 所示。

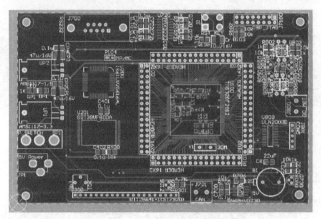

图 10-179　地线、电源线和 DSP 的布线结果

对其他连线进行布线，整体布线结果如图 10-180 所示。

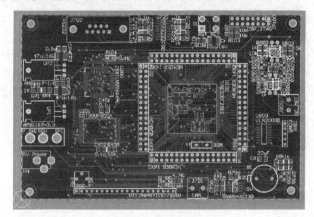

图 10-180　整体布线结果

补泪滴实际上就是将焊盘与铜膜线之间的连接点加宽，保证连接的可靠性。通过执行菜单命令 Tools→Teardrops 可完成设置，如图 10-181 所示。

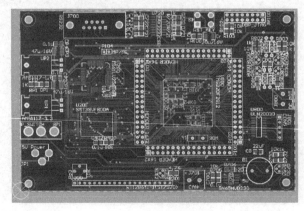

图 10-181　补泪滴

在 PCB 设计中，正确地接地可阻止大部分的干扰问题，而将电路板中的地线与敷铜结合使用是抗干扰的最有效手段，添加敷铜的 PCB 如图 10-182 所示。

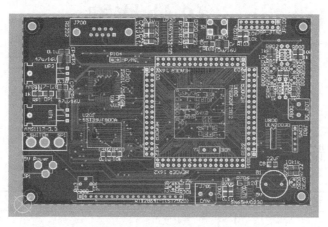

图 10-182　添加敷铜的 PCB

附录 A

Altium Designer 18 快捷键

A.1 设计浏览器快捷键

快 捷 键	功 能
左键单击鼠标	选择文档
双击鼠标右键	编辑文档
右键单击鼠标	显示弹出菜单
Ctrl+F4	关闭当前文档
Ctrl+Tab	循环切换打开的文档
Alt+F4	关闭设计浏览器 DXP

A.2 原理图和 PCB 通用快捷键

快 捷 键	功 能
Shift	在元器件自动平移时快速平移元器件
Y	在放置元器件时上下翻转元器件
X	在放置元器件时左右翻转元器件
Shift+↑↓←→	沿箭头方向以 10 个网格为增量移动鼠标指针
↑↓←→	沿箭头方向以 1 个网格为增量移动鼠标指针
SpaceBar	放弃屏幕刷新
Esc	退出当前命令
End	屏幕刷新
Home	以鼠标指针为中心刷新屏幕
PageDown，Ctrl+鼠标滚轮	以鼠标指针为中心缩小画面
PageUp，Ctrl+鼠标滚轮	以鼠标指针为中心放大画面
鼠标滚轮	上下移动画面
Shift+鼠标滚轮	左右移动画面
Ctrl+Z	撤销上一次操作
Ctrl+Y	重复上一次操作
Ctrl+A	选择全部
Ctrl+S	保存当前文档

（续表）

快捷键	功 能
Ctrl+C	复制
Ctrl+X	剪切
Ctrl+V	粘贴
Ctrl+R	复制并重复粘贴选择的对象
Delete	删除
V+D	显示整个文档
V+F	显示所有对象
X+A	取消选择所有对象
单击并按住鼠标右键	显示滑动小手并移动画面
单击鼠标左键	选择对象
单击鼠标右键	显示弹出菜单或取消当前命令
单击鼠标右键并选择"Find Similar"	选择相同对象
单击鼠标左键并按住拖动	选择区域内部对象
单击并按住鼠标左键	选择对象并移动
双击鼠标左键	编辑对象
Shift+单击鼠标左键	选择或取消选择
TAB	编辑正在放置对象的属性
Shift+C	清除当前过滤的对象
Shift+F	选择与当前对象相同的对象
Y	弹出快速查询菜单
F11	打开或关闭"Inspector"面板
F12	打开或关闭"List"面板

A.3　原理图快捷键

快捷键	功 能
Alt	在水平和垂直线上限制对象移动
G	循环切换捕捉网格设置
空格键（Spacebar）	放置对象时旋转90°
空格键（Spacebar）	放置电线、总线或多边形线时激活开始/结束模式
Shift+空格键（Spacebar）	放置电线、总线或多边形线时切换放置模式
退格键（Backspace）	放置电线、总线或多边形线时删除最后一个拐角
单击并按住鼠标左键+Delete	删除所选线段的拐角
单击并按住鼠标左键+Insert	在选择的线段处增加拐角
Ctrl+单击并拖动鼠标左键	拖动选择的对象

A.4 PCB 快捷键

快捷键	功能
Shift+R	切换3种布线模式
Shift+E	打开或关闭电气网格
Ctrl+G	弹出捕获网格对话框
G	弹出捕获网格菜单
N	在移动元器件时隐藏网状线
L	将元器件镜像到另一布局层（编辑状态）
退格键	在布铜线时删除最后一个拐角
Shift+空格键	在布铜线时切换拐角模式
空格键	在布铜线时改变开始/结束模式
Shift+S	切换打开/关闭单层显示模式
O+D+D+Enter	选择草图显示模式
O+D+F+Enter	选择正常显示模式
O+D	显示/隐藏"Prefences"对话框
L	显示"Board Layers and color"对话框
Ctrl+H	选择连接铜线
Ctrl+Shift+Left-Click	切断线段
+	切换到下一层（数字键盘）
-	切换到上一层（数字键盘）
*	下一布线层（数字键盘）
M+V	移动分割平面层顶点
Alt	在避开障碍物和忽略障碍物之间切换
Ctrl	布线时临时不显示电气网格
Ctrl+M	测量距离
Shift+空格键	顺时针旋转移动的对象
空格键	逆时针旋转移动的对象
Q	公制和英制之间的单位切换